装配式建筑系列新形态教材

装配式混凝土结构设计

王光炎　主编

清華大學出版社
北　京

内容简介

本书依据现行装配式混凝土建筑国家相关标准和规范进行编写。全书共7个教学单元，即绪论、装配式混凝土结构常用材料、装配整体式混凝土剪力墙结构设计、装配整体式混凝土框架结构设计、装配整体式钢筋混凝土楼盖设计、其他预制混凝土构件深化设计、基于BIM的协同设计与生产。

本书基于我国自主结构设计软件——盈建科装配式结构设计软件YJK-AMCS进行编写，内容新颖，及时跟进现行国家标准规范和新型建筑工业化的需要。为便于信息化教学和学生工程实训，扫描书中二维码获取数字教学资源及典型工程图纸。

本书既适合作为职业教育本科和高职高专土建大类装配式建筑的课程教材及工程设计人员的培训教材，也可作为相关工程技术人员的工作参考用书。

图书在版编目(CIP)数据

装配式混凝土结构设计/王光炎主编. —北京：清华大学出版社，2023.4
装配式建筑系列新形态教材
ISBN 978-7-302-62897-2

Ⅰ.①装…　Ⅱ.①王…　Ⅲ.①装配式混凝土结构－结构设计－教材　Ⅳ.①TU370.4

中国国家版本馆CIP数据核字(2023)第038120号

责任编辑：杜　晓
封面设计：曹　来
责任校对：刘　静
责任印制：沈　露

出版发行：清华大学出版社
　　网　　址：http://www.tup.com.cn，http://www.wqbook.com
　　地　　址：北京清华大学学研大厦A座　　**邮　　编**：100084
　　社 总 机：010-83470000　　**邮　　购**：010-62786544
　　投稿与读者服务：010-62776969，c-service@tup.tsinghua.edu.cn
　　质量反馈：010-62772015，zhiliang@tup.tsinghua.edu.cn
　　课件下载：http://www.tup.com.cn，010-83470410
印 装 者：三河市龙大印装有限公司
经　　销：全国新华书店
开　　本：185mm×260mm　　**印　　张**：16　　**字　　数**：366千字
版　　次：2023年6月第1版　　**印　　次**：2023年6月第1次印刷
定　　价：56.00元

产品编号：100581-01

本书编写人员名单

主　编：王光炎

副主编：程彩霞　王东振　蔡成奎　王贤磊
李保盛　徐　洁

参　编：季　楠　侯　倩　李　瑶　秦延勇
韩艳薇　郭雪川　董　礼　岳　阳
闫鹏帅　张伟峰　卢　飞　马其哲

前言

本书在编写中，以党的二十大精神作为指导，将中国式现代化建设和数字中国建设的理念作为本书的编写主线，贯穿始终。

本书根据国家现行装配式混凝土建筑相关标准和规范编写。本书在确定编写大纲之前，进行了充分的行业、企业调研，通过对装配式建筑设计和混凝土预制构件生产行业的人才结构现状、技术技能人才需求状况调研，厘清了企业职业岗位设置情况和典型工作任务，把装配式建筑行业企业发展的最新要求、职业标准、岗位群或技术领域的实际工作任务、工作内容和工作要求进行分析，准确提练汇总，科学归纳出9个典型工作任务，其中对装配式混凝土结构设计这一典型工作任务进行解构，分析出素质、知识、能力要求，制定了科学合理的装配式混凝土结构设计课程标准。根据课程标准和新型建筑工业化的需要构建了教学内容和本书的编写大纲。"装配式混凝土结构设计"课程的教学目标是培养建筑设计企业和混凝土预制构件生产厂家需要的，从事装配式混凝土结构设计及构件生产施工图深化设计的高层次技术技能人才，让学生掌握装配式混凝土结构及其构件和部品概念、装配式混凝土结构构件拆分、结构计算和构造知识，能够正确进行构件施工图识读、绘制装配式混凝土结构施工图及构件深化设计施工图、构件拆分、结构计算、构件深化设计，掌握装配式混凝土结构及构件深化设计相关软件的应用。编者通过多年的教学实践、教学改革和企业工作经验，认识到结构理论知识和结构计算等教学内容对企业高层次技术技能人才培养和学生职业生涯的可持续发展至关重要，本着这一原则，对教学内容进行了精心优化，同时以任务式的体例编写意在加强学习者的动手操作能力培养，课程教学理实一体，理论与实践并重，每个教学单元以典型工程案例设计实践强化技术技能培养。

本书为新形态教材，图文并茂，配置了大量的数字化教学资源，可以实现线上线下混合式教学。为了方便教学和便于学生轻量化自学，本书配有二维码教学资源和典型工程项目图纸，教学单元之首设置了思维导图和教学的知识目标、能力目标、素质目标，每个教学单元后附有复习思考题，各学校可以根据实际教学情况选择使用。

本书编写人员如下：全书由枣庄科技职业学院王光炎担任主编并统稿，湖北城市建设职业学院程彩霞、天元建设集团有限公司王东振、滕州建工建设集团有限公司蔡成奎、北京盈建科软件股份有限公司王贤磊和李保盛、青岛特锐德电气股份有限公司徐洁担任副主编，枣庄科技职业学院季楠和侯倩、辽宁城市建设职业技术学院李瑶、滕州建工建设集团有限公司秦延勇以及北京盈建科软件股份有限公司韩艳薇、郭雪川、董礼、岳阳、闫鹏帅、张伟峰、卢飞和马其哲参与编写，感谢北京盈建科软件股份有限公司赵勇、邱厚煌、吴胜强、庄煌城、郝振鹏、占林锋、钟海明、韩苗苗和杜义龙也为编写工作做出了贡献。

本书在编写过程中参阅了大量文献资料，在此对各位同行以及资料的提供者表示衷心的感谢。由于编者水平有限，本书难免存在不足和疏漏之处，敬请广大读者批评、指正。

编　者

2023 年 1 月

目 录

教学单元 1 绪 论

思维导图

教学目标

1. 知识目标

(1) 了解装配式混凝土结构和预制混凝土构件的概念；

(2) 熟悉装配式混凝土结构的深化设计要求；

(3) 掌握装配式混凝土结构设计的一般流程。

2. 能力目标

(1) 能够了解装配式混凝土结构的相关概念；

(2) 能够明确装配式混凝土结构的深化设计要求；

(3) 能够掌握装配式混凝土结构设计流程并运用。

3. 素质目标

(1) 培养学生探索求知、创新实践的工作作风；

(2) 培养学生团结协作、互帮互助的团队精神；

(3) 培养学生吃苦耐劳、乐观向上的生活态度。

1.1 装配式混凝土结构的概念

装配式混凝土结构是指由预制混凝土构件通过可靠的连接方式进行连接并与现场后浇混凝土、水泥基灌浆料形成整体的装配式混凝土结构，简称装配整体式结构。构件的连接方法一般有连接部位后浇混凝土、采用螺栓或预应力连接等，钢筋连接可采用钢筋套筒灌浆连接、钢筋浆锚搭接连接、焊接、机械连接及预留孔洞搭接连接等方式。装配式混凝土结构适用于住宅建筑、公共建筑、工业建筑和农业建筑等。

1.2 装配式混凝土结构体系

装配式混凝土建筑结构体系可归纳为通用结构体系和专用结构体系两大类，其中专用结构体系一般在通用结构体系的基础上结合具体建筑功能和性能要求发展完善而来。目前的装配式建筑已向现浇和预制相结合的装配整体式混凝土建筑结构体系方向发展。

1.2.1 通用结构体系

目前所发展的装配式混凝土结构完全满足现行国家标准(包括抗震规范)的要求，具有较好的安全性、适用性和耐久性。从国内外的研究和应用经验来看，装配式混凝土结构和现浇结构一样可概括为框架结构体系、剪力墙结构体系及框架-现浇剪力墙(核心筒)结构体系三大类。各种结构体系的选择可根据具体工程的高度、平面、体型、抗震等级、抗震设防烈度及功能特点来确定，结构中承重构件可以全部为预制构件，或为预制与现浇构件相结合。

装配式框架结构与装配式框架-现浇剪力墙(核心筒)结构中的框架、梁、柱全部或部分采用预制构件，承重构件之间的节点、拼缝连接设计均按照等同现浇结构要求进行设计和施工。该结构体系具有和现浇结构等同的性能，结构的适用高度、抗震等级与设计方法与现浇结构基本相同，目前在上海城建集团开发的保障性住房中已广泛应用，预制率达70%，该保障住房成为国内预制化率较高的高层住宅。装配式框架结构可以结合预制外挂墙板应用，实现主要结构接近100%的预制化率，尽量减少现场的湿作业。

装配式剪力墙结构可以分为全预制剪力墙结构、部分预制剪力墙结构和适当降低结构性能要求的多层剪力墙结构(以下简称为装配式大板结构)。全预制剪力墙结构是指全部剪力墙采用预制构件装配。预制墙体之间的拼缝性能基本等同于现浇结构或者略低于现浇结构,结构设计时需要通过设计与计算满足拼缝的承载力、变形要求,并在整体结构分析中考虑拼缝的影响。全预制剪力墙结构体系的预制率高,但拼缝的连接构造比较复杂、施工难度较大,难以保证完全等同于现浇剪力墙结构,目前的研究和工程实践还不充分,其在地震区的推广应用还需要今后进一步的研究。部分预制剪力墙结构主要是指内墙现浇、外墙预制的结构。由于内墙现浇,结构性能和现浇结构类似,适用高度较高、适用性好;采用预制外墙可以与保温、饰面、防水、门窗、阳台等一体化预制,充分发挥预制结构的优势。该体系的适用高度可参照现行现浇结构的有关标准并适当降低,是目前阶段较为实用的一种结构体系。在以上全预制和部分预制剪力墙结构体系中,预制剪力墙可采用整块预制墙板和预制叠合墙板,其中在抗震设防地区应优先采用预制叠合板。

1.2.2 专用结构体系

装配式混凝土结构可结合各地区不同的抗震设防烈度、建筑节能要求、自然条件和结构特点,来研究开发专用结构体系,这样不仅可以提高装配结构模数定型的标准化要求,还可以提高建筑的预制率,从而提高施工效率,对缩短工期和降低成本具有非常重要的意义。

许多工业化程度高的国家都曾开发出各种装配式建筑专用体系,例如德国的预制空心模板墙体系、美国的预制混凝土双 T 板楼盖体系和预制混合型抗弯框架体系、日本的 R-PC 抗震框架体系、英国的 L 板体系、法国的预应力装配框架体系、WR-PC 壁式框架体系、W-PC预制墙板体系等。我国的装配式混凝土单层工业厂房及住宅用多层装配剪力墙结构体系即装配式大板建筑体系等也都属于专用结构体系范畴。近几年,我国学者开发了一系列新型的预制混凝土结构体系,如预制混凝土框架内嵌带竖缝预制混凝土墙板结构体系、钢支撑-预制混凝土框架结构体系等。

1.3 预制混凝土构件的概念

预制混凝土构件是指在工厂中通过标准化、机械化方式加工生产的混凝土部件,其主要组成材料为混凝土、钢筋、预埋件、保温材料等。由于构件在工厂内机械化加工生产,因此构件质量及精度可控,且受环境制约较小。采用预制混凝土构件建造,具备节能减排、减噪降尘、减员增效、缩短工期等诸多优势。

预制混凝土构件的主要类型包括:全预制柱、全预制梁、叠合梁、全预制剪力墙、单层叠合剪力墙、双层叠合剪力墙、外挂墙板、预制混凝土夹心保温外墙板、预制叠合保温外墙板、全预制楼板、叠合楼板、全预制阳台板、叠合阳台板、预制飘窗、全预制空调板、全预制女儿墙、装饰柱等。

预制混凝土构件按结构形式可分为水平构件和竖向构件,其中水平构件包括预制叠合板、预制空调板、预制阳台板、预制楼梯板、预制梁等;竖向构件包括预制楼梯隔墙板、预制内墙板、预制外墙板(预制外墙飘窗)、预制女儿墙、预制 PCF 板、预制柱等。

预制构件可按照成型时混凝土浇筑次数分为一次浇筑成型混凝土构件和二次浇筑成型混凝土构件。其中一次浇筑成型混凝土构件包括预制叠合板、预制阳台板、预制空调板、预制内墙板、预制楼梯、预制梁、预制柱等;二次浇筑成型混凝土构件包括预制外墙板(保温装饰一体化外墙板)、预制女儿墙、预制 PCF 板等。

1.4 国内外装配式混凝土结构的发展

1.4.1 国内装配式混凝土结构的发展

我国自 20 世纪 50 年代开始向苏联学习,1959 年引入的苏联拉姑钦科薄壁深梁式大板建筑在历史上第一次打破了中国几千年来“秦砖汉瓦”的传统。之后,许多城市建立了预制构件生产基地,主要推广装配式大板居住体系,这是我国最早研究发展并形成规模的工业化建筑体系。

20 世纪 60 年代,多种装配式混凝土建筑体系得到快速发展,预应力混凝土圆孔板、预应力空心板等快速推广;许多城市建立了预制构件生产基地,主要推广装配式大板居住建筑体系,这是我国最早研究发展并形成规模的工业化建筑体系,现场湿作业量少,施工速度快,受季节影响小,施工环境整洁文明。

20 世纪 70—80 年代,装配式建筑应用大量推广,北京从东欧引入了装配式大板住宅体系,建设面积达 70 万 m^2,至 20 世纪 80 年代末全国已经形成预制构件厂数万家,年产量达 2500 万 m^2。

20 世纪末开始,由于劳动力的数量下降和成本提高,以及建筑业“四节一环保”可持续发展要求的提出,装配式混凝土结构作为建筑产业现代化的主要结构形式,又开始迅速发展。同时,结构设计技术、材料技术、施工技术的进步也为装配式混凝土结构的发展提供了条件。在市场和政府双重推动下,预制装配式混凝土建筑结构的研究和工程实践已成为建筑业发展的新热点,国内众多企业、大专院校、研究院所均开展了比较广泛的研究和工程应用示范。在引入欧美、日本等发达国家的现代化结构技术的基础上,完成了大量的理论研究、结构试验研究、生产装备和工艺研究、施工装备和工艺研究,初步开发了一系列适合我国国情的建筑结构技术体系。为了配合和推广装配式混凝土结构技术的应用,国家和许多地方发布实施了相应的技术标准和政策措施。

21 世纪,在“环保趋严+劳动力紧缺”背景下,装配式建筑迎来发展新契机。2014 年以来,中央及全国各地政府均出台了相关文件明确推动建筑工业化,形成了如装配式剪力墙结构、装配式框架结构、装配式钢结构等多种形式的装配式建筑技术,我国装配式建筑行业迎来了新的快速发展时期。制造业转型升级大背景下,中央层面持续出台相关政策推进装配式建筑行业的发展。随着各地积极推进装配式建筑项目落地,我国新建装配式建筑规模不断壮大。据住建部数据显示,2016—2020 年我国新建装配式建筑面积逐年大幅增长。2020 年,全国新开工装配式建筑面积达 6.3 亿 m^2,较 2019 年增长 50%。“十三五”的收官之年,我国圆满完成了《“十三五”装配式建筑行动方案》确定的到 2020 年新开工装配式建筑面积占新建建筑面积达 15%以上的工作目标,并且是以 20.5%的比例超额完成。

1.4.2 国外装配式混凝土结构的发展

西欧是预制装配式建筑的发源地，早在20世纪50年代，为解决第二次世界大战后住房紧张问题，欧洲许多国家特别是西欧一些国家大力推广装配式建筑，掀起了建筑工业化高潮。20世纪60年代，住宅工业化扩展到美国、加拿大及日本等国家。目前，西欧6层以下的住宅普遍采用装配式建筑，在混凝土结构中占比达35%～40%。

1. 美国

美国地域大，多元化发展，预应力预制构件应用广。美国装配式住宅盛行于20世纪70年代。1976年，美国国会通过了国家工业化住宅建造及安全法案，同年出台一系列严格的行业规范标准，一直沿用至今。除注重质量外，美国现在的装配式住宅更加注重美观、舒适性及个性化。在美国，大城市住宅的结构类型以装配式混凝土和装配式钢结构住宅为主，在小城镇多以轻钢结构、木结构住宅体系为主。美国住宅用构件和部品的标准化、系列化、专业化、商品化、社会化程度很高，几乎达到100%。用户可通过产品目录买到所需的产品。这些构件结构性能好，有很大通用性，也易于机械化生产。

2. 德国

德国的装配式住宅主要采取叠合板、现浇混凝土、剪力墙结构体系，采用装配式构件与现浇混凝土相结合的结构，耐久性较好。德国是世界上建筑能耗降低幅度最快的国家，近几年更是提出发展零能耗的被动式建筑。从大幅度的节能到被动式建筑，德国都采取了装配式住宅来实施，装配式住宅与节能标准相互之间充分融合，形成强大的预制装配式建筑产业链：高校、研究机构和企业研发提供技术支持，建筑、结构、水暖电协作配套，施工企业与机械设备供应商合作密切，机械设备、材料和物流先进，摆脱了固定模数尺寸限制。

3. 日本

日本于1968年就提出了装配式住宅的概念。1990年，推出采用部件化、工业化生产方式、高生产效率、住宅内部结构可变、适应居民多种不同需求的中高层住宅生产体系。在推进规模化和产业化结构调整进程中，日本住宅产业经历了从标准化、多样化、工业化到集约化、信息化的不断演变和完善过程。日本政府强有力的干预和支持对住宅产业的发展起到了重要作用：通过立法来确保预制混凝土结构的质量，坚持技术创新，制定了一系列住宅建设工业化的方针、政策，建立统一的模数标准，化解了标准化、大批量生产和住宅多样化之间的矛盾。

4. 英国

英国选择发展钢结构的道路，新建项目钢结构占70%。钢结构建筑、模块化建筑在新建建筑中占比70%以上，形成了从设计、制作到供应的成套技术及有效的供应链管理。

5. 法国

法国选择走预制混凝土结构的道路，1959—1970年起步，1980年后渐成体系，绝大多数为预制混凝土构造体系，尺寸模数化、构件标准化，少量采用钢结构和木结构，装配式连接多采用焊接和螺栓连接。

6. 丹麦

丹麦建筑产业化发达，产业链完整。建筑结构以混凝土结构为主。受法国影响，丹麦政府强制要求设计模数化。另外,丹麦的预制构件产业发达,结构、门窗、厨卫等构件标准化程度高,如装配式大板结构、箱式模块结构等实现了标准化、批量化工厂生产。

7. 瑞典

瑞典以木结构建筑为主,装配式木结构产业链极其完整和发达。发展历史上百年,涵盖低层、多层甚至高层建筑,90%的房屋为木结构建筑。

8. 加拿大

加拿大建筑较多采用剪力墙+空心楼板,严寒地区混凝土装配化率高。类似美国,构件通用性高,大城市多为装配式混凝土结构和钢结构,小城镇多为钢或钢-木结构,抗震设防烈度6度以下地区采用全预制混凝土结构(含高层)。

9. 新加坡

新加坡装配式建筑以剪力墙结构为主。该国80%的住宅由政府建造,组屋项目强制装配化,装配率达到70%,大部分为塔式或板式混凝土多层、高层建筑,装配式施工技术主要应用于组屋建设。

1.5 装配式混凝土建筑的发展优势

与传统现浇混凝土建筑相比,装配式混凝土建筑具有设计多样化、建筑科技化、生产工厂化、施工精细化、生产绿色化、施工高效化等显著优势。

1.5.1 设计多样化

装配式混凝土建筑采用大开间布局方式,根据用户需求对空间进行灵活分隔,也可以满足家庭成员变化时调整空间布置的要求,从而达到居住舒适化的目的。可灵活拆卸、安装的轻质隔墙板是实现住宅空间灵活分隔、改造的手段,轻钢龙骨外罩石膏板或其他质轻吸声的板材是这种形式隔墙的常用做法。

1.5.2 建筑科技化

装配式建筑构件可在工厂增加保温层,在工厂加工生产质量有保证,与传统施工工艺相比功能效果更好。预制构件尺寸的高精度可以保证墙体和门窗间隙的密封效果更好。保温材料可以使用具有隔声、吸音功能的材料,降低噪声,提高居住品质。保温材料使用不燃或难燃材料,可避免建筑物发生火灾时火势在保温层蔓延。预制装配构件间连接构造采用柔性连接工艺,可以提高结构的抗震性。质轻材料的普遍使用可以减小建筑自重,减少建筑物的地基基础费用。简洁的外立面在长期使用的情况下,可以减少外墙开裂、褪色、变形的发生。轻质隔墙既有利于厨房、卫生间及各种配套设施设备的布置,也有利于后期电气设备和通信设备的改造和升级。

1.5.3 生产工厂化

预制装配式构件采用工厂化生产,有以下优点:预制外墙板可以采用模具、标准化蒸养工艺及机械化喷涂等现代工艺；保温板主要使用板毡材料，可以替代传统的散装及颗粒状保温材料；屋架、屋面板、金属构件、预制混凝土构件、设备设施等制作精度较传统现场浇筑质量更高；石膏板、地砖、涂料、壁纸及吊顶天花板这些工艺复杂的材料只有通过工厂的专业设备才可以保证产品品质及生产效率。工厂化生产的另外一个优点是可以在材料及构件生产过程中随时控制材料的耐火性、保温隔音性、防火性、防潮性、抗冻性等性能。

1.5.4 施工精细化

装配式建筑预制构件现场采用装配化施工方式。采用装配化施工，有以下优点：施工工期短，特别适用于工期紧张的工程；可以减少工作量，节省劳动力；因为构件出厂时其产品质量已验收合格，施工现场只需要控制预制构件安装施工质量。

装配式建筑构件在预制工厂生产，生产过程中可由专业安装队伍对温度、湿度严格按照相关要求条件进行控制，构件的质量更容易得到保证。装配式混凝土可以提高建筑精度。现浇混凝土的误差往往以厘米计，而预制构件的误差以毫米计，误差大了就无法装配。预制混凝土构件在工厂模台上和精致的模具中生产，控制误差比现场容易。预制构件的高精度会带动现场后浇混凝土部分精度的提高。装配式混凝土建筑可以提高混凝土浇筑、振捣和养护环节的质量。浇筑、振捣和养护是保证混凝土密实和水化反应充分、进而保证混凝土强度和耐久性的非常重要的环节。现场浇筑混凝土，模具组装不易做到严丝合缝，容易漏浆；墙、柱等立式构件不易做到很好地振捣；现场也很难做到符合要求的养护。工厂制作构件，模具组对可以严丝合缝，混凝土不会漏浆；墙、柱等立式构件大多沿水平方向浇筑，振捣方便，板式构件在振捣台上振捣，效果更好；预制工厂一般采用蒸汽养护方式，养护的升温速度、恒温保持和降温速度智能化控制，养护湿度也能够得到充分保证，养护质量大大提高。装配式建筑外墙保温可采用夹心保温方式，即“三明治板”，保温层外有超过50mm厚的钢筋混凝土外叶板，比常规的粘贴保温板铺网刮薄浆料的工艺安全性、可靠性大大提高，保温层不会脱落，防火性能得到保证。近几年，相继有高层建筑外墙保温层大面积脱落和火灾事故发生，主要原因是保温层黏结不牢，刮浆保护层太薄，“三明治板”解决了这两个问题。工厂作业环境比工地现场更适合全面细致地进行质量检查和控制。装配式建筑的构件运输到现场后进行装配，大大提高了工程质量并降低了安全隐患。

1.5.5 生产绿色化

装配式建筑循环经济特征显著，由于采用的钢模板可循环使用，节省了大量脚手架和模板作业，节约了木材资源。此外，由于构件在工厂生产，现场湿作业少，大大减少了噪声和烟尘，对环境影响较小。预制构件表面光洁平整，可以取消找平层和抹灰层。现浇混凝土使用商品混凝土，用混凝土罐车运输，每次运输混凝土都会有浆料挂在罐壁上，混凝土搅拌站出仓混凝土量比实际浇筑混凝土量大约多2%，这些多余量都挂在了混凝土罐车上，还要用水冲洗掉。装配式建筑则大大减少了这部分损耗，工地不用满搭脚手架，减少脚手架材料消耗达70%以上。装配式建筑精细化和集成化会降低各个环节如围护、保温、装饰等环节的材料与能源消耗。集约化装饰会大量节约材料。装配式建筑进行建筑设计时，首先对户型进行优选，在选定户型的基础上进行模数化设计和生产。由于采用灵活的结构形式，住宅内部空间可进一步改进，延长了住宅使用寿命。

1.5.6 施工高效化

装配式建筑的构件由预制工厂批量采用钢模生产，减少脚手架和模板数量，尤其是生产形式较复杂的构件时，优势更为明显；同时省掉了相应的施工流程，大大提高了时间利用率。装配式结构建筑使一些高处和高空作业转移到车间进行，即使没有自动化，生产效率也会提高。工厂作业环境比现场优越，工厂化生产不受气象条件制约，刮风下雨不影响构件制作。装配式建筑由于采用预制工厂施工，现场装配施工，机械化程度高，减少现场施工及管理人员数量，节省了人工费，提高了劳动生产率。装配式结构建筑是一种集约生产方式，构件制作可以实现机械化、自动化和智能化，大幅度提高生产效率。欧洲某生产叠合楼板的专业工厂，年产 120 万 m^2 楼板，生产线上只有 6 名工人。而手工作业方式生产这么多的楼板需要近 200 名工人。装配式结构建筑节省劳动力主要取决于预制率大小、生产工艺自动化程度和连接节点设计。预制率高、自动化程度高和安装节点简单的工程，可节省劳动力 50%以上。

1.6 装配式混凝土结构深化设计

装配式混凝土建筑深化设计是指在设计单位提供的施工图的基础上，结合装配式混凝土建筑的特点以及参建各方的生产和施工能力对图纸进行细化补充和完善，制作能够直接指导预制构件生产和现场安装施工的图纸并经原设计单位签字确认。装配式混凝土建筑深化设计也被称为二次设计，用于指导预制构件生产的深化设计也被称为构件拆分设计。

1.6.1 装配式混凝土结构在初步设计阶段的深化设计

设计说明书中，工程概况应明确装配式结构类型、装配率；上部结构设计应增加预制构件布置说明、预制构件混凝土强度等级、钢筋种类、钢筋保护层、装配式结构构件典型连接方式（包括结构受力构件和非受力构件等连接）、预制构件吊装、临时支撑要求；主要结构材料应明确预制构件连接材料、接缝密封材料等。

设计图纸中，主要楼层结构平面布置图应注明预制构件示意、拆分定位及规格尺寸；结构主要连接示意图应包括预制构件与现浇部分、预制构件与预制构件之间应有连接详图。

计算书应包括连接节点、拼缝计算、装配式结构预制率的计算等内容。

1.6.2 装配式混凝土结构在施工图设计阶段的深化设计

结构设计总说明应包括的内容如下。

（1）装配式结构类型，各单体采用的预制结构构件布置情况等。

（2）采用装配式结构的相关法规与标准，注明采用的国家行业标准和地方标准。

（3）预制构件种类、常用代码及构件编号说明。

（4）采用装配式结构地震作用调整、预制构件的施工荷载等。

（5）连接材料种类，包括连接套筒型号、浆锚金属波纹管、水泥基灌浆料性能指标、螺栓规格、栓钉材料、接缝所用材料、接缝密封材料及其他连接方式所用材料等。

（6）装配式混凝土工程的要求：预制结构构件钢筋接头连接方式及相关要求；预制构件制作、安装注意事项、对预制构件提出的质量及验收要求；装配式结构的施工、制作、施工安装注意事项、施工顺序说明、施工质量检测和验收要求；明确装配式结构构件在生产、运输、安装（吊装）阶段的强度及裂缝验算要求。

结构施工图应包括以下几点。

（1）构件布置图应区分现浇结构及预制结构。

（2）装配式混凝土结构的连接详图，包括连接节点、连接详图等。

（3）绘出预制构件之间和预制与现浇构件间的相互定位关系、构件代号、连接材料、附加钢筋（或埋件）的规格、型号，并注明连接方法以及对施工安装、后浇混凝土的有关要求等。

（4）采用夹心保温墙板时，应绘制拉结件布置及连接详图。

（5）构件模板图应标示模板尺寸、预留洞及预埋件位置、尺寸、预埋件编号、必要的标高；构件配筋图的纵剖面标示钢筋形式、箍筋直径及间距，配筋复杂时宜将非预应力筋分离绘出，横剖面图注明断面尺寸、钢筋规格、位置、数量等。形状简单、规则的预制构件在满足以上规定的前提下，可用列表法绘制。

（6）计算书应包含采用装配式结构的相关系数调整计算，并给出装配式结构预制率的计算、连接接缝计算、无支撑叠合构件两阶段验算、夹心保温板连接计算；采用预制夹心保温墙体时，内外层板间连接件连接构造应符合其产品说明的要求，当采用新型连接件时，应有结构计算书或结构试验验证。

1.6.3 深化设计图纸要求

1. 深化设计总说明

深化设计总说明应按照施工图结构设计总说明的要求制定，包括工程概况、结构体系、材料说明、预制混凝土结构构造、构件厂生产要求、现场施工要求等。

2. 深化设计图纸

深化设计应根据施工图进行，其主要包括3部分的内容：一是和预制构件位置及数量有关的内容；二是细部节点构造；三是单一构件制作图。其中，和预制构件位置及数量有关的内容包括预制构件装配图、预制梁吊装顺序及临时支撑配置图、现浇层预埋件布置图、叠合梁上部主筋配置图、梁柱节点钢筋排布图等；细部节点构造包括预制构件钢筋标准图、预制构件开模图、预埋件详图、预制构件箍筋尺寸图、预制构件钢筋补强图等；构件制作图包括构件模板图和构件配筋图。

3. 深化设计计算书

深化设计阶段需要设计的内容包括预制构件脱模吊装用预埋件的设计、预制柱临时支撑设计、外挂墙板临时支撑设计和梁临时支撑设计等。

装配式混凝土结构构件深化设计应满足工厂制作、施工装配等相关环节承接工序的技术和安全要求，各种预埋件、连接件设计应准确、清晰、合理，并完成预制结构构件在短暂设计状况下的设计验算。

【学习笔记】

复习思考题

一、单选题

1. 装配式混凝土结构的简称是(   )。

A. 混凝土结构　　B. 整体式结构
C. 装配整体式结构　　D. 混凝土整体结构

2. 装配式混凝土建筑结构体系可归纳为(   )两大类。

A. 通用结构体系和专用结构体系　　B. 通用结构体系和专业结构体系
C. 普通结构体系和特殊结构体系　　D. 共用结构体系和专业结构体系

3. 采用预制混凝土构件建造的优势不包括(   )。

A. 节能减排　　B. 减噪降尘　　C. 减员增效　　D. 增加工期

4. 装配式混凝土建筑的发展优势不包括(   )。

A. 生产工业化　　B. 设计单一化　　C. 生产绿色化　　D. 施工精细化

二、简答题

1. 装配式混凝土结构的概念是什么？

2. 预制混凝土构件的概念是什么？

3. 预制混凝土构件的主要类型有哪些？

4. 装配式混凝土建筑有哪些发展优势？

5. 装配式混凝土结构深化设计包括哪些内容？

教学单元 2 装配式混凝土结构常用材料

思维导图

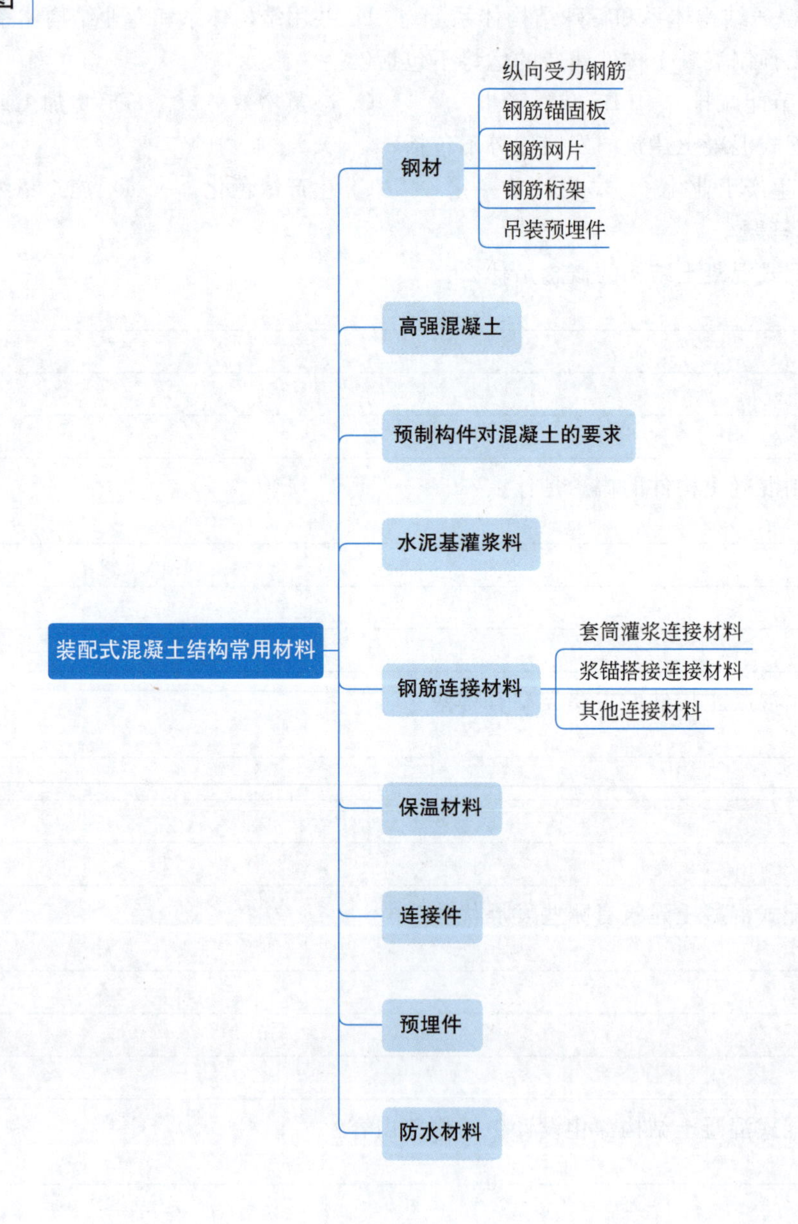

教学目标

1. 知识目标

(1) 了解装配式混凝土结构常用建筑材料的种类;

(2) 熟悉装配式混凝土结构常用建筑材料的特性;

(3) 掌握装配式混凝土结构常用建筑材料的应用。

2. 能力目标

(1) 能够正确识别装配式混凝土结构常用材料的种类;

(2) 能够对装配式混凝土结构常用建筑材料进行检测;

(3) 能够正确选择和使用装配式混凝土结构的材料。

3. 素质目标

(1) 培养学生保护环境,绿色发展的理念;

(2) 培养学生精益求精的工匠精神和创新意识;

(3) 培养学生不断探求新知的能力。

2.1 钢　　材

2.1.1 纵向受力钢筋

装配式混凝土结构所使用的钢筋宜采用高强钢筋。梁柱的纵向受力筋宜采用HRB400、HRB500钢筋,钢筋强度标准值应不小于95%的保证率。钢筋力学性能指标和耐久性要求均应符合现行国家标准《混凝土结构设计规范》(GB 50010—2010)(2015年版)的规定。

普通钢筋采用套筒灌浆连接和浆锚搭接时,钢筋应采用热轧带肋钢筋。热轧带肋钢筋的肋可以使钢筋与灌浆料产生足够的摩擦,进而有效传递钢筋间应力。

2.1.2 钢筋锚固板

钢筋锚固板全称为钢筋机械锚固板,指设置于钢筋端部的承压板,主要用于梁或柱端部钢筋的锚固,如图2-1所示。

钢筋锚固板的锚固性能安全可靠,施工工艺简单,施工速度快,有效缩短了钢筋锚固长度,解决了节点核心区钢筋过密的问题。根据钢筋与混凝土间黏结力发挥程度的不同,锚固板分为全锚固板与部分锚固板。全锚固板是指依靠端部承压面的混凝土承压作用而发挥钢筋抗拉强度的锚固板;部分锚固板是指部分依靠端部承压面的混凝土承压作用,部分依靠钢筋埋入长度范围内钢筋与混凝土的黏结而发挥钢筋抗拉强度的锚固板。

锚固板应按照不同分类确定其尺寸,对于全锚固板承压面积不应小于钢筋公称面积的9倍;对于部分锚固板,其承压面积不应小于钢筋公称面积的4.5倍,厚度不应小于被锚固钢筋直径,锚固钢筋直径不宜大于40mm。图2-2所示为带锚固板钢筋的受力机理示意图。

图 2-1　钢筋锚固板

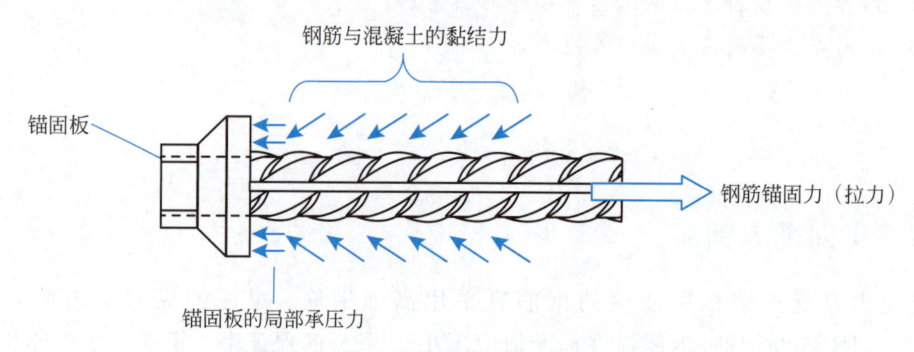

图 2-2　带锚固板钢筋的受力机理示意图

在使用部分锚固板时，为了保证钢筋的锚固承载力，防止出现劈裂破坏，钢筋锚固长度范围内的混凝土保护层厚度不宜小于其直径的 1.5 倍，且在锚固长度范围内应配置不少于 3 道箍筋，箍筋直径不小于纵向钢筋直径的 0.25 倍，间距不大于纵向钢筋直径的 5 倍，且不应大于 100mm，第一根箍筋与锚固板承压面的距离应小于纵向钢筋直径。当锚固长度范围内钢筋的混凝土保护层厚度大于 5 倍钢筋直径时，可不设横向箍筋。此外，钢筋净间距不宜小于纵向钢筋直径的 1.5 倍。

2.1.3 钢筋网片

钢筋网片是指两种相同或不同直径的钢筋以一定间距垂直排列，交叉点均用电阻点焊焊接在一起的钢筋焊接网(见图 2-3)。钢筋网片易于工厂生产及规模化生产，是施工效率高、经济效益高、符合建筑工业化发展趋势的新型构件。

在预制混凝土构件中，尤其是墙板、楼板等板类构件中，推荐使用钢筋网片，可大幅提高现场施工效率。在结构设计时，应合理确定预制构件的尺寸与规格，便于钢筋焊接网的正确施工。

钢筋焊接网的制作及使用应满足现行行业标准《钢筋焊接网混凝土结构技术规程》(JGJ 114—2014)的各项规定和要求。

图 2-3　钢筋焊接网

2.1.4　钢筋桁架

钢筋桁架常用于钢筋桁架叠合楼板施工中，主要作用是增加叠合楼板的整体刚度和水平界面抗剪性能。钢筋桁架的制作及使用应满足《装配式混凝土结构技术规程》(JGJ 1—2014)中的各项规定和要求。图 2-4 为三角钢筋桁架，其下弦和上弦钢筋可以作为楼板的下部和上部受力钢筋使用。

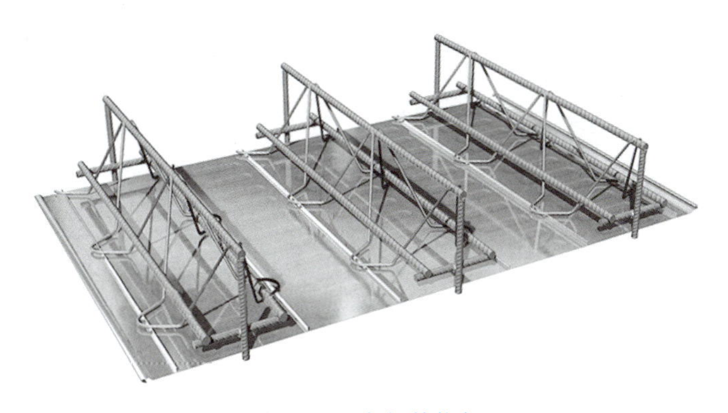

图 2-4　三角钢筋桁架

2.1.5　吊装预埋件

预埋螺栓(见图 2-5)是将螺栓预埋在预制混凝土构件中，留出的螺栓丝扣用来固定构件，可起到连接固定的作用，常见做法是预制挂板通过在构件内预埋螺栓与预制叠合板或者阳台板进行连接。与之对应的预埋方式还有预埋螺母，构件表面无凸出物，便于运输与安装。

预制混凝土构件的预埋件常用圆头吊钉(见图 2-6)、套筒吊钉(见图 2-7)、平板吊钉。圆头吊钉适用于所有预制混凝土构件的起吊，无须加固钢筋并且拆装方便；套筒吊钉使用后预制构件表面平整，但缺点是若在螺纹接驳器的丝杆拧入套筒过程中，丝杆未拧到位或者受到损伤均会降低起吊能力，故不适用于大型构件；平板吊钉适合墙板类薄型构件，起吊方式简单，安全可靠，并且平板吊钉种类多，可根据不同使用环境及产品手册进行选用。

为了方便施工，避免金属锈蚀，保证吊装的可靠性，预制构件的吊装方式应优先采用内埋式螺母、内埋式吊杆或预留吊装孔。吊装用内埋式螺母、吊杆、吊钉等应根据相应的产品标准和技术规程选用，其材料应符合国家现行相关规定。若采用钢筋吊环，应采用未经冷加工的 HPB300 钢筋。

图 2-5 预埋螺栓

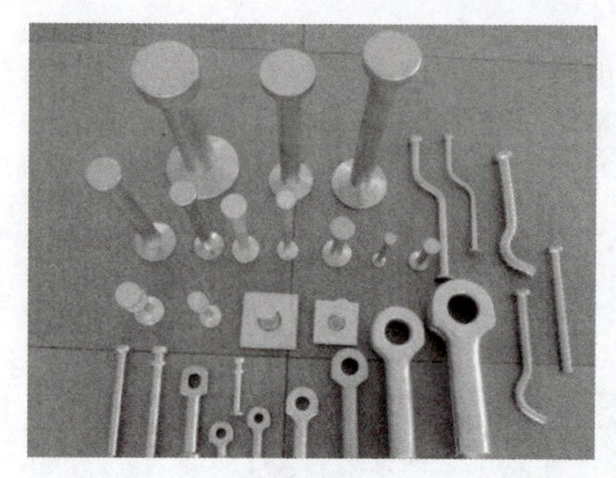

图 2-6 圆头吊钉

图 2-7 套筒吊钉

2.2 高强混凝土

高强混凝土在我国一般指 C60～C90 强度等级的混凝土，是用水泥、砂、石原材料外加减水剂或同时外加粉煤灰、矿粉、矿渣、硅粉等混合料，经常规工艺生产而获得的。制备高强混凝土时一般都从降低水胶比、增大胶凝材料用量和使用高效减水剂方面来考虑。在配制高强混凝土时，水泥在胶凝材料中所占的比例是影响高强混凝土强度的最主要因素，在一定范围内，水泥掺量增大，混凝土强度也相应增加；且制备高强混凝土时，硅灰、矿渣粉、粉煤灰等矿物掺合料以及高效减水剂都是必不可少的(见图 2-8 和图 2-9)。减水剂的选用要根据胶凝材料来确定，二者对于高强混凝土的工作性能影响较大。此外，由于材料界面结构和装配式构件浇筑部位钢筋密集，需要选择粒径较小的碎石来作为制备高强混凝土的骨料。

高强混凝土作为一种新的建筑材料，有着抗压强度高、抗变形能力强、孔隙率低、密度大等优点，在高层建筑结构、大跨度桥梁结构以及某些特种结构，如海上平台、漂浮结构等中都得到了广泛的应用。现有试验表明，预制混凝土结构高强混凝土后浇整体式梁柱组合件的抗震性能和主要抗震性能指标与现浇高强混凝土梁柱组合件基本接近，表明高强预制混凝土结构后浇整体式框架与现浇高强混凝土框架结构具有相同或相近的抗震能力。

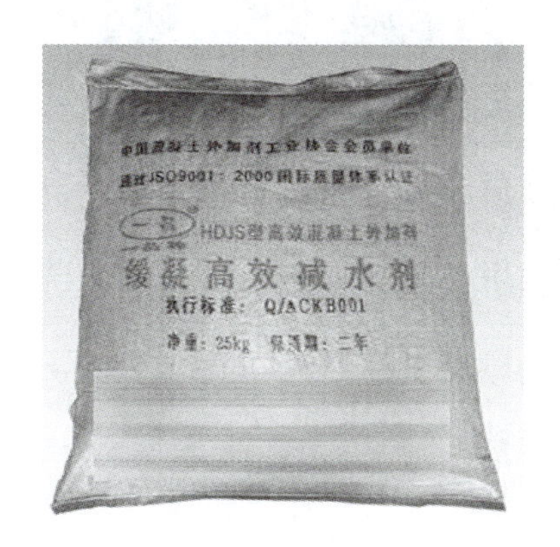

图 2-8　高效减水剂

图 2-9　粉煤灰

2.3　预制构件对混凝土的要求

装配式混凝土结构主要通过现场干湿作业结合（或只有干作业）的方式，尽可能减少现场湿作业的工作量。因此，装配式混凝土结构既包括预制构件混凝土，还包括现场后浇混凝土。

对于装配式混凝土结构，预制混凝土构件在养护成型后，需要经过存储、运输、吊装、连接等工序后才能应用于建筑本身。考虑到在装配式建筑生产、施工过程中，混凝土构件可能承受难以预计的荷载组合，因此需要保证预制构件混凝土的质量，对其采用的混凝土的最低强度等级要高于现浇混凝土强度等级。根据《装配式混凝土结构技术规程》(JGJ 1—2014)。预制构件混凝土强度等级不宜低于 C30。预应力混凝土预制构件的混凝土强度等级不宜低于 C40，且不应低于 C30。承受重复荷载的钢筋混凝土构件，混凝土强度等级不应低于 C30。

对于装配整体式混凝土结构，预制混凝土构件在现场经过可靠连接后，需在连接部位浇筑混凝土形成整体。对于后浇混凝土，混凝土强度等级不应低于 C25，且不应低于预制构件的混凝土强度等级。

2.4　水泥基灌浆料

水泥基灌浆料是由水泥、骨料、外加剂和矿物掺合料等原材料在专业化工厂按比例计量混合而成（见图 2-10），在使用地点按规定比例加水或配套组分拌合（见图 2-11），用于螺栓锚固、结构加固、预应力孔道等灌浆。

对于装配式混凝土结构而言，水泥基灌浆料的主要作用是对结构中的节点和接缝位置进行灌浆处理,使其达到建筑工程对混凝土结构稳定性的要求。

图 2-10　灌浆料

图 2-11　灌浆料制作

灌浆料的技术性质如下。

1. 一般规定

试件成型时,水泥基灌浆材料和拌合水的温度应与试验室的环境温度一致。

2. 流动度试验

流动度试验应采用符合《水泥基灌浆材料应用技术规范》(GB/T 50448—2015)中附录A 水泥基灌浆材料基本性能试验方法要求的搅拌机和水泥基灌浆材料。

截锥圆模应符合《水泥胶砂流动度测定方法》(GB/T 2419—2005)的规定,尺寸为下口内径 100mm±0.5mm,上口内径 70mm±0.5mm,高 60mm±0.5mm。玻璃板尺寸 500mm×500mm,并应水平放置。

3. 抗压强度试验

抗压强度试验应符合下列规定:抗压强度试验试件应采用尺寸为 40mm×40mm×160mm 的棱柱体。抗压强度的试验应执行《水泥胶砂强度检验方法(ISO 法)》(GB/T 17671—2021)中的有关规定。

4. 竖向膨胀率试验

竖向膨胀率试验结果取一组 3 个试件的算术平均值。

水泥基灌浆料的流动度、膨胀率、抗压强度、氯离子含量、泌水率等应满足《水泥基灌浆材料应用技术规范》(GB/T 50448—2015)的要求,见表 2-1。要求材料性能配合比稳定,施工简单,灌浆便捷高效,质量稳定。

表 2-1　水泥基灌浆材料主要性能指标

类别		Ⅰ类	Ⅱ类	Ⅲ类	Ⅳ类
最大骨料粒径/mm		≤4.75			>4.75 且≤25
截锥流动度/mm	初始值	—	≥340	≥290	≥650*
	30min	—	≥310	≥260	≥550*

续表

类别		Ⅰ类	Ⅱ类	Ⅲ类	Ⅳ类
流锥流动度/s	初始值	≤35	—	—	—
	30min	≤50	—	—	—
竖向膨胀率/%	3h	0.1～3.5			
	24h与3h的膨胀值之差	0.02～0.50			
抗压强度/MPa	1d	≥15	≥20		
	3d	≥30	≥40		
	28d	≥50	≥60		
氯离子含量/%		<0.1			
泌水率/%		0			

注：* 表示坍落扩展度数值。

2.5 钢筋连接材料

按照内部构造的不同，灌浆连接可以分为套筒灌浆连接和浆锚搭接两种方式，其中灌浆套筒连接是目前应用较广泛、较成熟可靠的装配式混凝土结构钢筋连接方式。这两种连接方式主要是在内部构造和材料要求方面不同，在施工方法、要求和质量检验方面均保持一致。

2.5.1 套筒灌浆连接材料

套筒灌浆连接是指在预制混凝土构件内预埋的金属套筒中插入单根带肋钢筋并灌注无收缩、高强度水泥基灌浆料，通过灌浆料硬化形成整体并实现传力的钢筋对接连接。灌浆套筒连接技术适用于低层、多层及高层装配式结构的竖向构件纵向钢筋的连接。钢筋套筒灌浆连接材料包括灌浆套筒和灌浆料两种。

1. 灌浆套筒

钢筋连接用灌浆套筒可通过铸造工艺、锻造工艺或机械加工工艺制造，分为全灌浆套筒和半灌浆套筒。全灌浆套筒两端不连续钢筋均需插入套筒内并通过灌浆实现钢筋连接（见图2-12）。全灌浆套筒适用于竖向构件（预制墙、预制柱）和水平构件（预制梁）的钢筋连接。

半灌浆套筒一端采用灌浆方式连接，而另一端通过螺纹与预埋钢筋进行连接（见图2-13）。半灌浆套筒适用于预制框架柱、剪力墙等竖向结构的连接。

灌浆套筒的构造包括筒壁、剪力槽、灌浆口、出浆口、钢筋定位销，制作灌浆套筒的材料可以采用碳素结构钢、合金结构钢或球墨铸铁等。传统的灌浆套筒内侧筒壁的凹凸构造复杂，采用机械加工工艺制作的难度较大。因此，许多国家和地区多年来一直采用球墨铸铁用铸造方法制造灌浆套筒。近年来，我国在已有的钢筋机械连接技术的基础上，开发出了

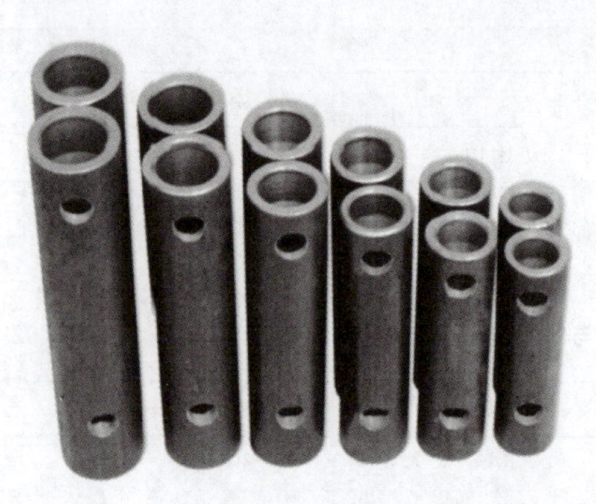

图 2-12　全灌浆套筒

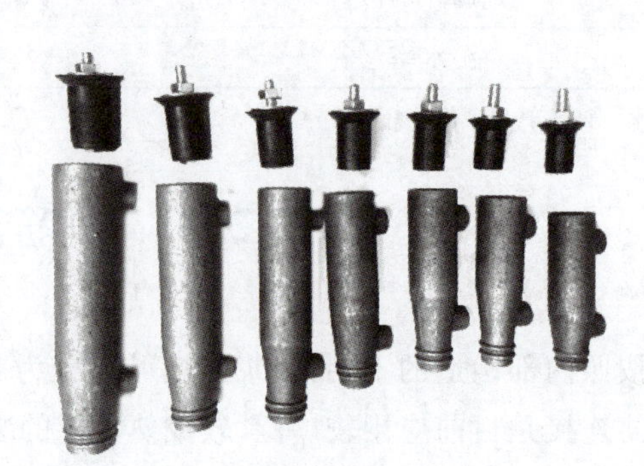

图 2-13　半灌浆套筒

用碳素结构钢或合金钢材料，并采用机械加工方法制作灌浆套筒，经过多年工程实践的考验，证实了其良好、可靠的连接性能。灌浆套筒的材料性能见表 2-2和表 2-3。

表 2-2　球墨铸铁灌浆套筒的材料性能表

项目	抗拉强度/MPa	断后伸长率/%	球化率/%	硬度/HBW
性能指标	≥550	≥5	≥85	180～250

表 2-3　各类钢灌浆套筒的材料性能

项目	屈服强度/MPa	抗拉强度/MPa	断后伸长率/%
性能指标	≥355	≥600	≥16

《钢筋套筒灌浆连接应用技术规程》(JGJ 355—2015)规定套筒灌浆连接接头的抗拉强度不应小于连接钢筋抗拉强度标准值，且破坏时应断于接头外的钢筋。钢筋套筒灌浆连接接头的屈服强度不应小于连接钢筋屈服强度标准值，也就是说套筒灌浆连接节点的承载力应等同于连接钢筋或更高，即使发生破坏，也是套筒连接之外的钢筋先于套筒区域破坏。

2. 灌浆料

灌浆料是以水泥为基本原料，配以适当的细集料、混凝土外加剂和其他材料组成的干混料。加水搅拌后，灌浆料应具有高强、早强、无收缩、微膨胀和流动性好等特性，以使其能与套筒、被连接钢筋更有效地结合在一起共同工作，同时满足装配式结构快速施工的要求。

钢筋套筒灌浆连接用灌浆料应符合行业标准《钢筋连接用套筒灌浆料》(JG/T 408—2019)的规定见表 2-4。

表 2-4 常温型套筒灌浆料的性能指标

检测项目		性能指标
流动度/mm	初始	≥300
	30min	≥260
抗压强度/MPa	1d	≥35
	3d	≥60
	28d	≥85
竖向膨胀率/%	3h	0.02～2
	24h 与 3h 差值	0.02～0.40
28d 自干燥收缩/%		≤0.045
氯离子含量/%		≤0.03
泌水率/%		0

注:氯离子含量以灌浆料总量为基准。

3. 灌浆堵缝料

灌浆堵缝料用于封堵预制构件与下部构件间的接缝,以保证通过灌浆孔灌浆时,灌浆料能填满上下构件间的接缝而不溢出,实现上下构件混凝土间的连接。堵缝料通常采用堵缝速凝砂浆,这是一种高强度水泥基砂浆,强度大于 50MPa,具有成型后不塌落、凝结速度快和干缩变形小的优点。

2.5.2 浆锚搭接连接材料

浆锚搭接连接材料是指在预制混凝土构件中采用特殊工艺预留孔道,待混凝土达到一定强度后,插入需搭接的钢筋,并灌注水泥基灌浆料而实现的钢筋搭接连接方式。浆锚搭接连接是基于黏结锚固原理进行连接的间接锚固方法,分为约束浆锚搭接连接和金属波纹管浆锚搭接连接两种。

1. 约束浆锚搭接连接

约束浆锚搭接连接在接头范围内预埋螺旋箍筋,并与预制构件钢筋同时预埋在模板内(见图 2-14)。通过抽芯成孔后,插入钢筋并压力灌浆直至排气孔溢出。不连续钢筋通过灌浆料、混凝土与预埋钢筋形成搭接接头。

2. 金属波纹管浆锚搭接连接

金属波纹管浆锚搭接连接采用金属波纹管成孔,波纹管预埋构件内,并与预埋钢筋绑扎固定(见图 2-15)。不连续钢筋插入波纹管后,灌注无收缩、高强度水泥基灌浆料形成搭接接头。金属波纹管浆锚搭接连接材料包含浆锚孔波纹管和浆锚搭接灌浆料两种。

1) 浆锚孔波纹管

浆锚孔波纹管是浆锚搭接连接使用的材料,预埋于预制构件中,形成浆锚孔内壁。金属波纹管宜采用软钢带制作,波纹高度不应小于 2.5mm,壁厚不宜小于 0.3mm。

图 2-14 约束浆锚搭接连接

图 2-15 金属波纹管浆锚搭接连接

2）浆锚搭接灌浆料

浆锚搭接使用的灌浆料特性与套筒灌浆料类似，也为水泥基材料，但抗压强度相比较低。因为浆锚孔壁的抗压强度低于套筒，若浆锚搭接灌浆料使用套筒灌浆料相同的强度会造成性能过剩。《装配式混凝土结构技术规程》(JGJ 1—2014)给出了浆锚搭接连接接头灌浆料的性能要求，见表 2-5。

表 2-5 浆锚搭接灌浆料性能指标

项目		工作性能要求
抗压强度/MPa	1d	≥35
	3d	≥55
	28d	≥80
竖向膨胀率/%	3h	≥0.02
	24h 与 3h 差值	0.02～0.50
流动度/mm	初始	≥200
	30min	≥150
泌水率/%		0
氯离子含量/%		≤0.06

2.5.3 其他连接材料

装配式混凝土结构中，除了广泛应用的灌浆套筒连接和浆锚搭接两种方式以外，在某些情况下，现浇混凝土结构常见的钢筋连接方式包括焊接、机械连接和搭接等也可能会得到应用。其中，涉及的连接材料如挤压套筒、螺纹套筒等需符合现行国家规范的要求。

2.6 保温材料

对于装配式混凝土结构，采用工厂化生产的预制保温墙体，可保证墙体施工质量，并大幅减少建筑垃圾、粉尘和废水排放，降低施工噪声，同时杜绝工地现场堆积保温材料的火灾隐患。因此，装配式混凝土结构适应了建筑节能的发展趋势。装配式建筑降低能耗的重点在于建筑物的保温隔热，选择合适的保温材料是保温隔热的重要保证。

目前市场上有多种保温材料，根据材料性质，可大致划分为无机材料、有机材料和复合材料。相比而言，无机保温材料的导热系数偏大，保温节能效果与有机保温材料相比略有差距。但是，有机材料的防火性能常常不能满足我国相关规范对其燃烧性能的要求，其适用的场合受到一定限制。

无机类保温材料是一种在建筑物内外墙粉刷的保温材料，包括岩棉板（见图2-16）、泡沫玻璃保温板（见图2-17）、发泡水泥板、无机保温砂浆等。该类保温材料具有使用寿命长、节能、施工难度小、防火防冻、性能稳定、耐老化、价格低廉、可循环再生利用等优点；同时具有密度大、保温效果差、具有吸水性、厚度不易控制、施工影响大等缺点。

图2-16　岩棉板

图2-17　泡沫玻璃保温板

有机类保温材料主要为合成高分子保温材料，包括模塑聚苯板、挤塑聚苯板（见图2-18）、酚醛泡沫板、聚氨酯泡沫板等。该类保温材料质量轻、致密性高、不环保、施工难度较大、成本较高、资源有限且难以循环再利用。

复合保温板包括石墨聚苯板（见图2-19）、真金板、真空绝热板等。

图2-18　挤塑聚苯板

图2-19　石墨聚苯板

夹心外墙板在我国的应用时间比较短，因此，我国《装配式混凝土结构技术规程》（JGJ 1—2014）参考美国PCI手册，对夹心保温材料的性能提出了要求。根据美国的使用经验，挤塑聚苯乙烯（XPS）的抗压强度高、吸水率低，在外墙板中应用最为广泛。

2.7 连 接 件

连接件是指穿过保温材料,连接预制保温墙体内、外层混凝土墙板,使内外叶混凝土墙板共同工作的连接器。连接件起到连接预制夹心保温墙体3个构造层的作用,不仅承受外叶墙和保温板的自重,还承受风荷载、地震作用等其他荷载。除保证预制夹心保温墙体的整体性能外,连接件还需满足耐久性、导热性、变形性等方面的要求。

按照使用材料的不同,常用的连接件包括金属合金连接件、普通钢筋连接件和纤维增强复合材料(FRP)连接件(见图2-20)。

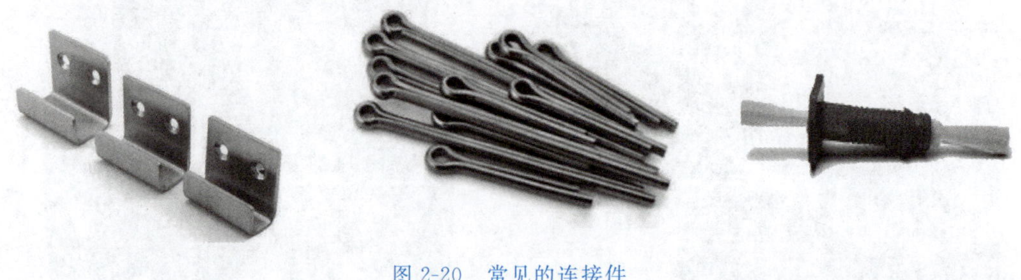

图2-20 常见的连接件

金属合金连接件耐腐蚀性能好、导热系数低,但造价高,现阶段很难普遍推广;钢筋连接件具有造价低、施工方便、可以制造成各种形状等优点,但由于热桥效应的存在,大大影响了墙体的保温效果,节能环保性能差,在保温要求较高的地区和领域,逐渐被其他类型的连接件取代。

与金属连接件相比,FRP连接件具有较大优势,主要优点包括导热系数低、耐久性好、造价低、强度高、质量轻等。FRP连接件可有效避免墙体在连接件部位的热桥效应,提高墙体的保温效果与安全性,作为一种高效、节能、环保型连接件在建筑工程领域具有广阔的工程应用前景。目前,应用较为广泛的是玻璃纤维复合材料(GFRP)连接件。玻璃纤维复合材料不仅强度较高、导热系数低、耐久性好,而且弹性模量可满足拉结件截面刚度要求,可在酸、碱、氯盐和潮湿的环境中使用,是预制夹心保温墙体连接件的理想材料。FRP连接件宜用单向粗纱与多向纤维布复合,采用拉挤成型工艺制作,拉结件的纤维体积含量不宜低于60%。

按照形状不同,FRP连接件主要分为棒式、片式和格构式3种。通常棒式连接件抗弯及受剪刚度较小,适用于剪力连接程度相对较低的墙体;片式连接件截面尺寸较大,抗弯及受剪刚度大,适用于剪力连接程度相对较高的墙体。

2.8 预 埋 件

预埋件(预制埋件)就是预先安装(埋藏)在隐蔽工程内的构件,即在结构浇筑时安置的构配件,用于砌筑上部结构时的搭接,以利于外部工程设备基础的安装固定。预埋件大多由金属材料制造，例如钢筋或者铸铁，也可使用木头、塑料等非金属刚性材料。

常见的预埋件包括以下几种。

1. 连接类

预制构件生产中需要预埋灌浆套筒、波纹套管、金属和非金属拉结件等(见图 2-21～图 2-23)。

图 2-21 灌浆套筒注浆管固定磁座

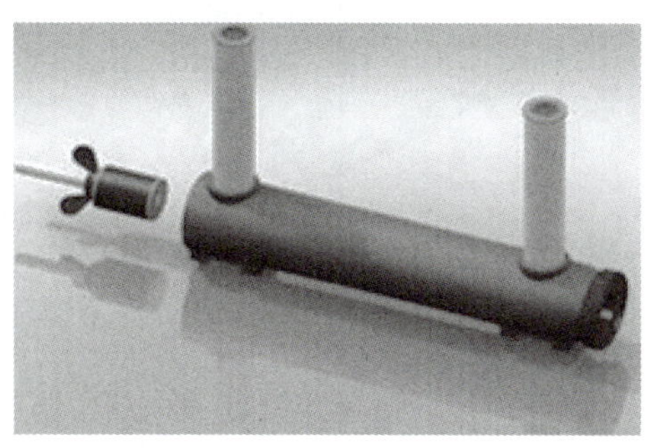

图 2-22 灌浆套筒与模板间固定工装

图 2-23 外饰面石材连接件安装

2. 安装施工辅助件

安装施工辅助件包括各种吊件及固定成型工装、后浇带模板固定螺栓、斜支撑固定螺栓等(见图 2-24～图 2-27)。

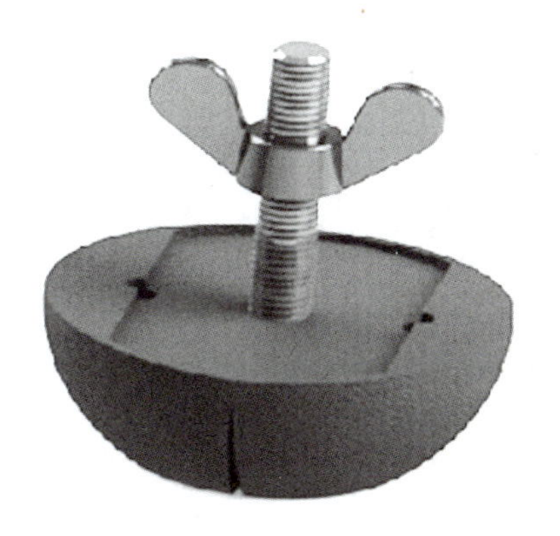

图 2-24 吊钉端部凹口成型器

图 2-25 扁口锚栓

图 2-26　平板锚栓

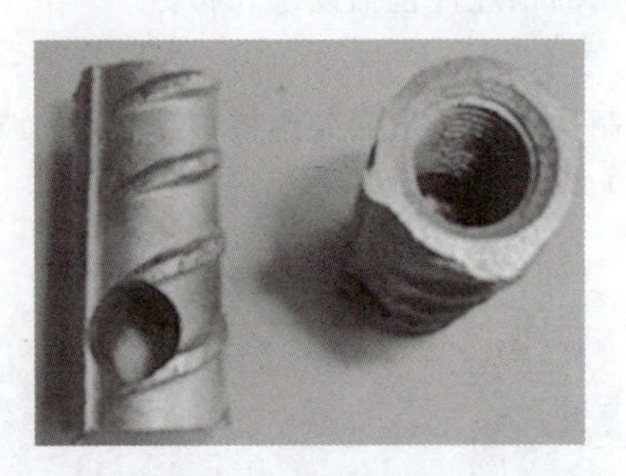

图 2-27　螺纹锚栓

3. 电气类

电气类预埋件包括开关盒、插座盒、弱电系统接线盒(消防显示器、控制器、按钮、电话、电视、对讲等)预埋及预留孔洞等(见图 2-28)。

图 2-28　电盒预埋及固定工装

4. 水暖类

水暖类预埋件包括给水管道的预留洞预埋套管(见图 2-29);地漏、排水栓、雨水斗的预埋等。

图 2-29　给水管道的预留洞

5. 门窗类

门窗类预埋件包括预埋门窗木砖、门窗焊接件等(见图 2-30 和图 2-31)。

图 2-30　预埋门窗木砖

图 2-31　门窗预埋焊接件

6. 装饰装修类

装饰装修类预埋件包括电视线穿墙预埋管、灯具吊点、空调管线预留洞、楼梯连接预埋件等(见图 2-32 和图 2-33)。

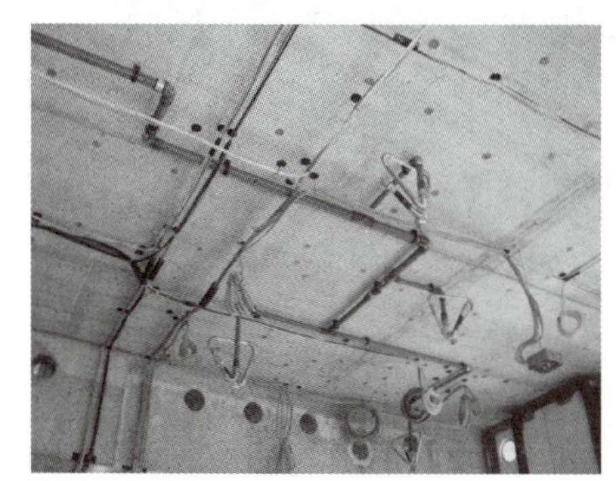
图 2-32　管线吊点

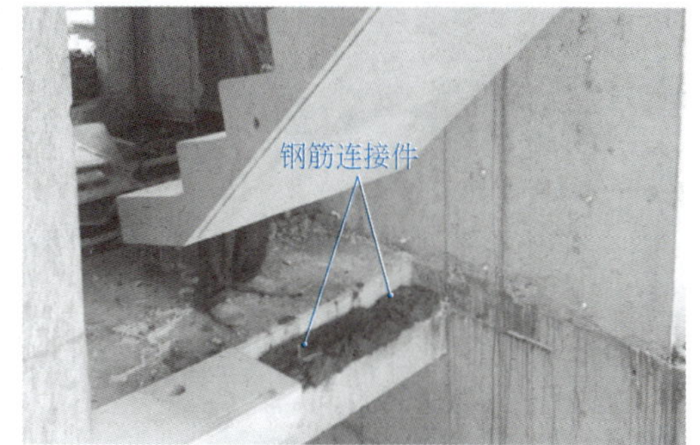

图 2 33　楼梯连接预埋件

7. 其他

其他预埋件包括钢筋支架、混凝土保护层支架、外露钢筋止漏卡件、止漏胶管、止漏胶圈等(见图 2-34～图 2-37)。

图 2-34　环形塑料支架

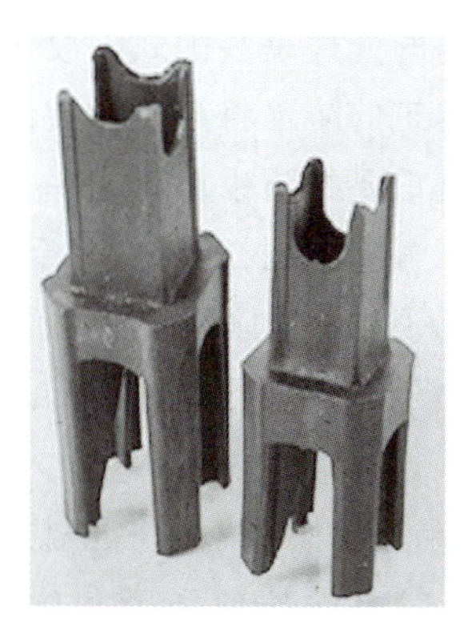

图 2-35　马凳塑料支架

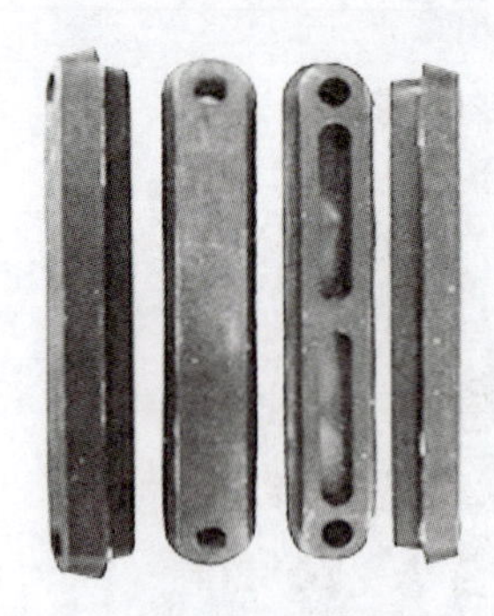
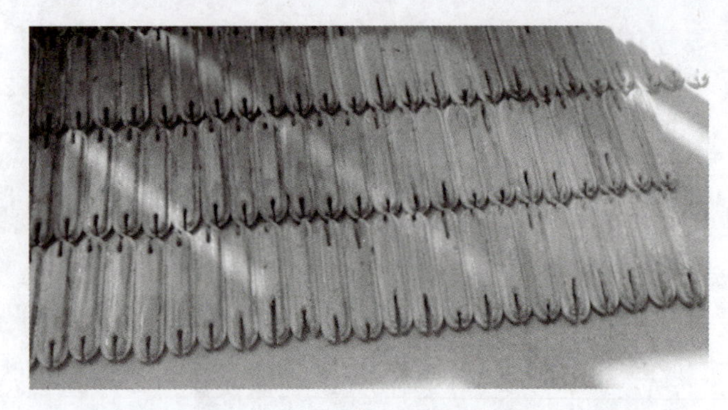

图 2-36 叠合板外露钢筋止漏卡件

图 2-37 外露钢筋止漏胶管、胶圈

埋件、套筒、接驳器、预留孔等材料应合格，品种、规格、型号等应符合设计和方案要求。预埋位置应正确，定位应牢固。

2.9 防水材料

装配式混凝土建筑因其建造独特，预制墙板之间形成横向与竖向的拼接缝，其拼缝为建筑防水的薄弱部位，因此，拼缝的处理是装配式混凝土建筑防水的重要环节，且防水材料的性能及施工对装配式混凝土建筑的防水将产生重要的影响。

密封胶是装配式混凝土建筑重要的防水材料之一，以非成型状态嵌入装配式建筑预制构件接缝中，通过与接缝表面黏结使其密封并能够承受接缝位移以达到气密、水密的目的。密封胶按其基础胶料的化学成分分类，可以分为聚硫、聚氨酯、有机硅、氯丁橡胶、丁基橡胶、硅烷改性聚醚(MS 密封胶)等。其中硅酮、聚氨酯、硅烷改性聚醚密封胶目前在我国应用较为广泛(见图 2-38)。

硅酮密封胶具有优良的弹性与耐候性，但与混凝土的黏结效果差、涂饰性差，且易造成基材污染；聚氨酯密封胶具有较高的拉伸强度和优良的弹性，但是耐候性、耐碱性、耐水性差，不能长期耐热，而且单组分胶贮存稳定性受外界影响较大，高温高热环境下使用

图 2-38 填刮硅酮密封胶

可能产生气泡和裂纹,长期使用后因自身老化存在开裂漏水风险,大多用于非阳光照射的胶缝里,如建筑内部接缝密封;MS密封胶具有优异的黏结性、耐候性、贮存稳定性、抗污染性、涂覆性以及低温下良好的弹性等优点,因其结合了硅酮胶和聚氨酯胶的优点,并同时改进了它们的缺点,使其在预制混凝土外墙板、石材间及室内家装填缝与黏结中应用最为广泛。

密封胶作为接缝处的第一道防水措施,须具有持久的弹性密封防水效果,能提高整体围护结构的水密性和气密性,保障整体结构的耐久性和设计使用寿命,因此需要满足以下规定。

1. 密封胶应与混凝土具有相容性且有优异的黏结性

混凝土属于碱性材料,其表面疏松多孔,导致有效黏结面积减小;预制构件隔离剂残存在构件表面,不利于密封胶的黏结;混凝土的反碱现象,会对密封胶的黏结界面造成破坏。因此,密封胶与混凝土应有优异的黏结力。

2. 密封胶应具有良好的力学性能

装配式建筑用密封胶的力学性能应包括位移能力、弹性恢复率、拉伸模量、断裂伸长率等指标。为满足拼缝因预制构件的热胀冷缩、干湿度变化、风力、地震、地基沉降等因素引起变位,密封胶必须具有一定的弹性、自由伸缩变形能力以及优异的恢复率。

3. 密封胶应具有耐候性、耐久性

密封胶主要应用于外墙板拼缝处,因其长久处在日晒雨淋、紫外线直射的室外环境中,为防止其老化失去正常功能,需具有良好的耐候性。目前,密封胶的耐久性与建筑设计使用年限无法做到相当,其使用年限一般不大于20年,当其失去密封防水效果时应进行更换。

4. 密封胶应具有环保性

混凝土属于多孔性材料,容易被污染。普通硅酮胶因为增塑剂迁移渗透到材料孔隙中,会造成永久性渗透污染;同时,硅酮胶表面带有电荷,容易吸附空气中的灰尘,经雨水冲刷后会在胶缝下侧形成垂流污染,故选择密封胶时应注重其环保性。

此外,密封胶的理化性能应符合表2-6的规定。

表 2-6　密封胶的理化性能

<table>
<tr><th rowspan="2">序号</th><th colspan="2" rowspan="2">项　　目</th><th colspan="7">技术指标</th></tr>
<tr><th>50LM</th><th>35LM</th><th>25LM</th><th>25HM</th><th>20LM</th><th>20HM</th><th>12.5E</th></tr>
<tr><td rowspan="2">1</td><td rowspan="2">流动性</td><td>下垂度[a]/mm</td><td colspan="7">≤3</td></tr>
<tr><td>流平性[b]</td><td colspan="7">光滑平整</td></tr>
<tr><td>2</td><td colspan="2">表干时间/h</td><td colspan="7">≤24</td></tr>
<tr><td>3</td><td colspan="2">挤出性[c]/(mL/min)</td><td colspan="7">≥150</td></tr>
<tr><td>4</td><td colspan="2">适用期[d]/min</td><td colspan="7">≥30</td></tr>
<tr><td>5</td><td colspan="2">弹性恢复率/%</td><td colspan="2">≥80</td><td colspan="2">≥70</td><td colspan="3">≥60</td></tr>
<tr><td rowspan="2">6</td><td rowspan="2">拉伸模量/MPa</td><td>23℃</td><td colspan="2" rowspan="2">≤0.4 和≤0.6</td><td colspan="2" rowspan="2">>0.4 或>0.6</td><td rowspan="2">≤0.4 或≤0.6</td><td rowspan="2">>0.4 或>0.6</td><td rowspan="2">—</td></tr>
<tr><td>−20℃</td></tr>
<tr><td>7</td><td colspan="2">定伸黏结性</td><td colspan="7">无破坏</td></tr>
<tr><td>8</td><td colspan="2">浸水后定伸黏结性</td><td colspan="7">无破坏</td></tr>
<tr><td>9</td><td colspan="2">浸油后定伸黏结性[e]</td><td colspan="6">无破坏</td><td>—</td></tr>
<tr><td>10</td><td colspan="2">冷拉-热压后黏接性</td><td colspan="7">无破坏</td></tr>
<tr><td>11</td><td colspan="2">质量损失/%</td><td colspan="7">≤8</td></tr>
</table>

注：1. 下垂度[a] 仅适用于非下垂型产品，允许采用供需双方商定的其他指标值。
2. 流平性[b] 仅适用于自流平型产品，允许采用供需双方商定的其他指标值。
3. 挤出性[c] 仅适用于单组分产品。
4. 适用期[d] 仅适用于多组分产品，允许采用供需双方商定的其他指标值。
5. 浸油后定伸黏结性[e] 为可选项目，仅适用于长期接触油类的产品。

对于装配式混凝土建筑防水性能的优劣，密封胶起到重要的作用。密封胶应根据接缝设计、功能要求、位移变形、施工便捷等要求进行选择，且应施工规范、到位，同时对施工各个环节进行严格控制，才能有效地发挥密封胶应有的性能，使装配式建筑的防水质量得到有效的保障。

【学习笔记】

复习思考题

一、单选题

1. 装配式混凝土结构所使用的钢筋宜采用( )。

A. 高强钢筋 B. 普通钢筋 C. 带肋钢筋 D. 光圆钢筋

2. ( )措施不是制备高强混凝土时经常采用的。

A. 降低水胶比 B. 使用高效减水剂

C. 增大水胶比 D. 增大胶凝材料用量

3. 测定水泥基灌浆料的抗压强度,试件的尺寸是( )。

A. 150mm×150mm×150mm B. 70.7mm×70.7mm×70.7mm

C. 40mm×40mm×160mm D. 100mm×100mm×100mm

二、简答题

1. 在使用部分锚固板时,为了保证钢筋的锚固承载力,防止出现劈裂破坏,应满足哪些要求?

2. 预制构件对混凝土的要求有哪些?

3. 常用无机保温材料的种类及特性是什么?

4. 纤维增强复合材料(FRP)连接件的特性是什么?

5. 密封胶的特性是什么?

教学单元3 装配整体式混凝土剪力墙结构设计

思维导图

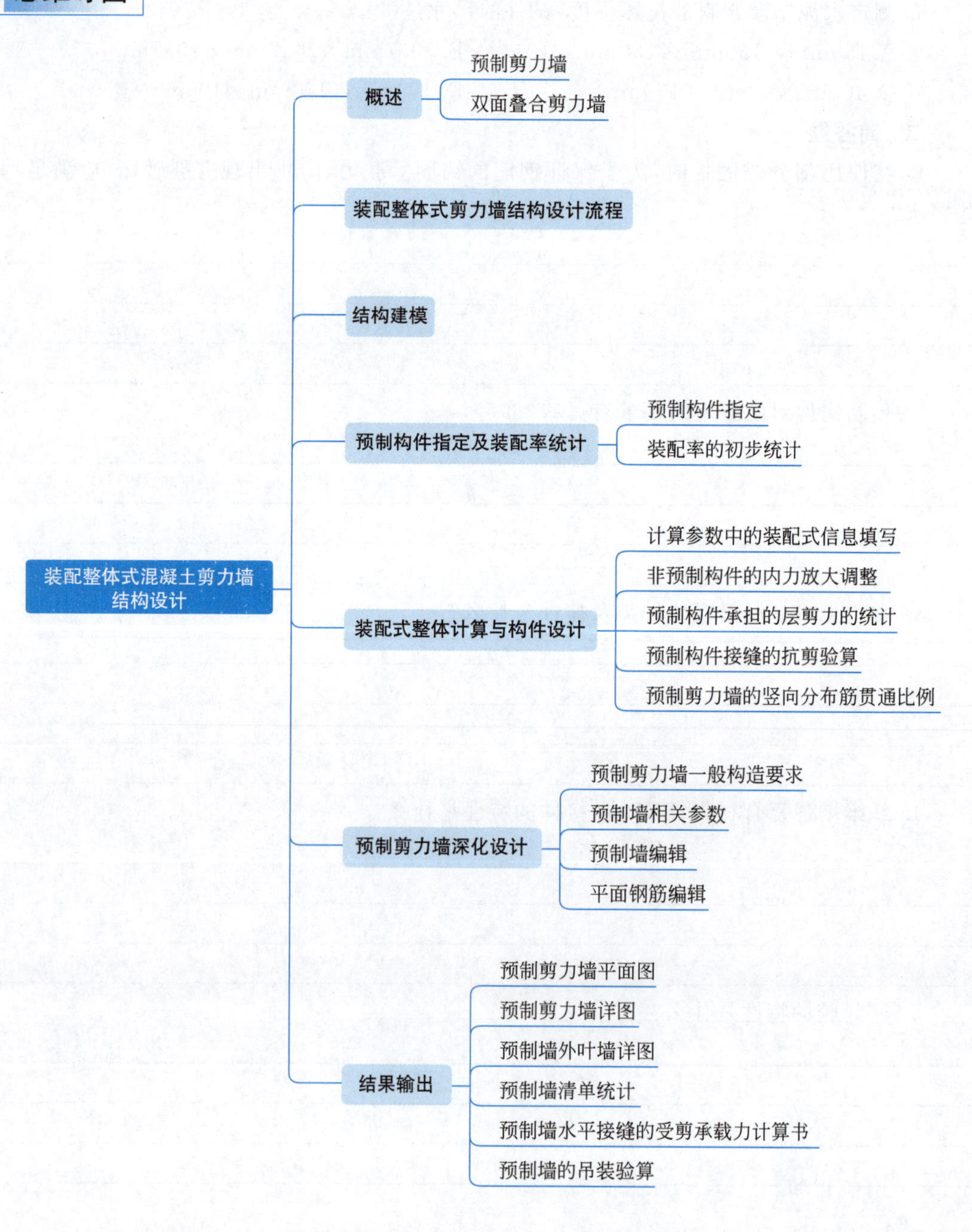

教学目标

1. 知识目标

(1) 了解装配整体式混凝土剪力墙结构的概念;
(2) 熟悉装配整体式混凝土剪力墙结构设计流程;
(3) 掌握装配整体式混凝土剪力墙结构设计要点。

2. 能力目标

(1) 能够搭建装配整体式混凝土剪力墙结构模型;
(2) 能够对混凝土剪力墙结构进行合理拆分;
(3) 能够计算装配式剪力墙结构的装配率;
(4) 能够进行混凝土剪力墙的设计及验算;
(5) 能够输出装配整体式混凝土剪力墙结构施工图。

3. 素质目标

(1) 培养学生团结协作的团队精神;
(2) 培养学生集体主义观念;
(3) 培养学生的民族自豪感和爱国主义情怀。

3.1 概 述

装配整体式剪力墙结构体系的主要预制构件包括预制剪力墙、叠合板、预制楼梯、预制阳台板、预制空调板等。预制剪力墙三维图如图 3-1 所示。

对于高层住宅建筑而言,装配整体式剪力墙结构具有良好的实用性、建造速度快、施工效率高、现场污染少、构件质量稳定、实现了机械化施工,符合建筑产业现代化的发展趋势。

预制剪力墙和双面叠合剪力墙是装配整体式剪力墙结构的抗侧力构件的两种类型。

本教学单元主要介绍预制剪力墙的计算和设计。预制梁、预制柱和叠合板的深化设计分别在教学单元 4 和教学单元 5 中介绍。其他的预制构件的深化设计在教学单元 6 中介绍。

3.1.1 预制剪力墙

预制剪力墙是指剪力墙墙体在工厂预制完成后运输至现场,通过套筒灌浆连接、浆锚搭接、浇筑预留后浇区等方式与主体结构连接的预制构件(见图 3-2 和图 3-3)。

3.1.2 双面叠合剪力墙

双面叠合剪力墙由两片不小于 50mm 厚的钢筋混凝土预制板组成,其中内外预制板配置水平和竖向钢筋,且通过桁架钢筋连接为整体(见图 3-4 和图 3-5)。在工厂流水线上进行生产,生产完毕后运输到现场安装就位,并在双面叠合剪力墙的中间部位浇筑混凝土,与内外预制混凝土板和桁架钢筋形成整体,共同承受结构竖向和水平荷载。

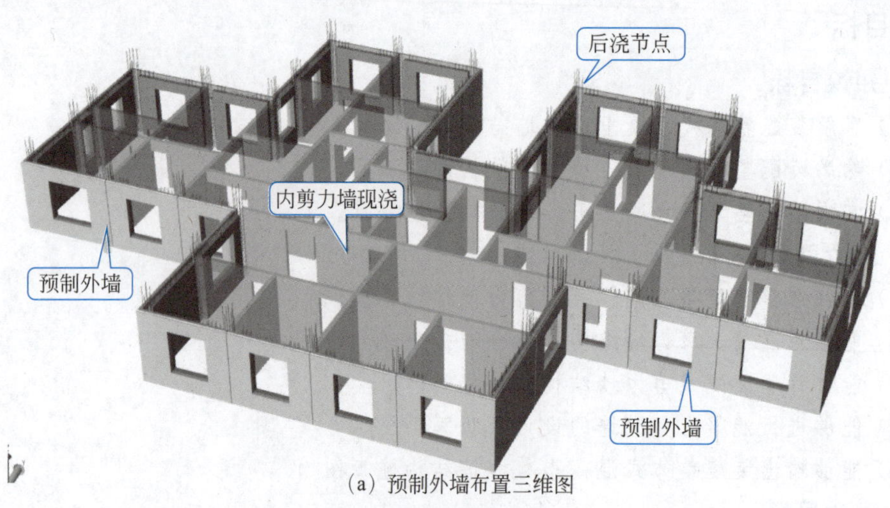

（a）预制外墙布置三维图

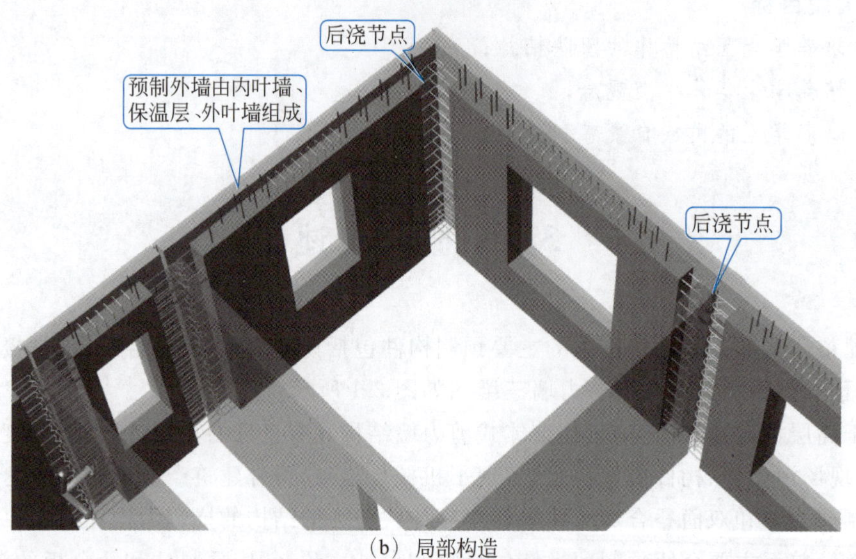

（b）局部构造

图 3-1　预制剪力墙三维图

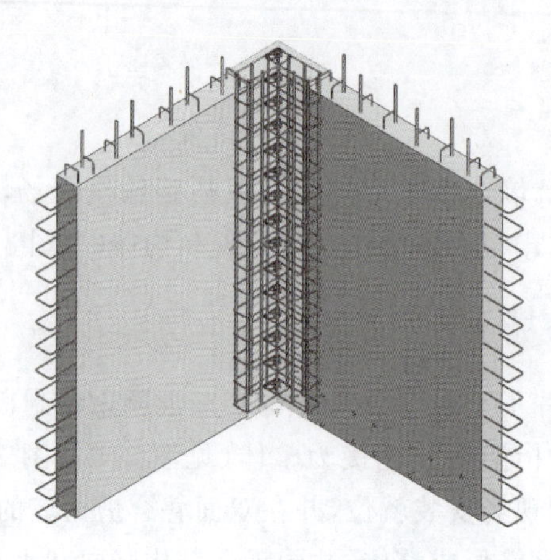

图 3-2　剪力墙示意图

图 3-3　预制剪力墙

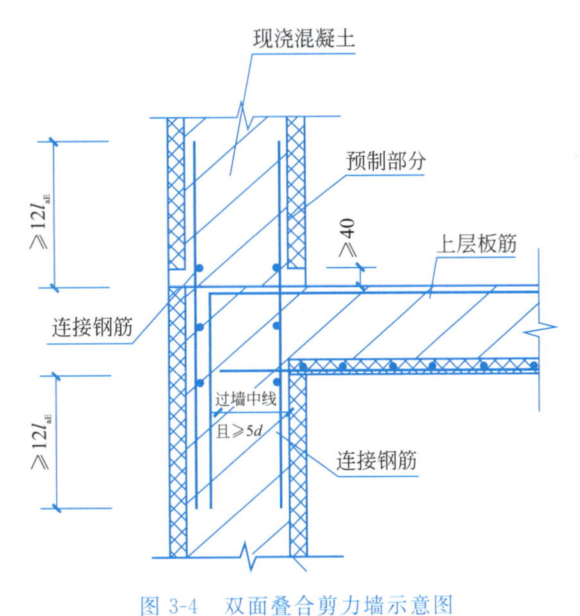

图 3-4　双面叠合剪力墙示意图

d—叠合板底板配筋直径；l_{aE}—抗震构件的钢筋锚固长度

根据《装配式混凝土建筑技术标准》(GB/T 51231—2016)：双面叠合剪力墙的墙肢厚度不宜小于 200mm，单叶预制墙板厚度不宜小于 50mm，空腔净距不宜小于 100mm。预制墙板内外叶内表面应设置粗糙面，粗糙面凹凸深度不应小于 4mm。

双面叠合剪力墙中钢筋桁架应满足运输、吊装和现浇混凝土施工的要求，并应符合下列规定(见图 3-6)：

图 3-5　双面叠合剪力墙

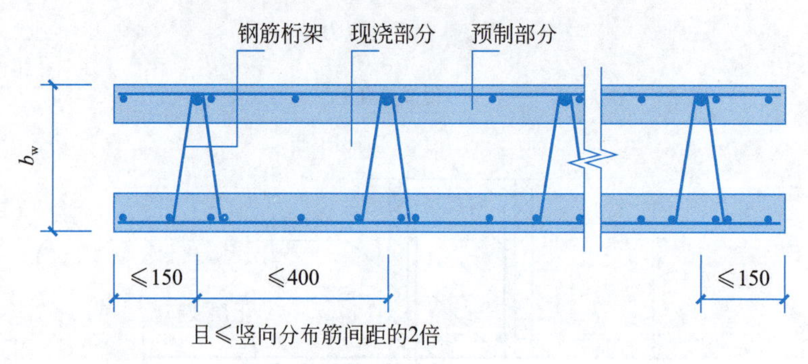

图 3-6　双面叠合剪力墙中的钢筋桁架的预制布置要求

（1）钢筋桁架宜竖向设置，单片预制叠合剪力墙墙肢不应少于 2 根；

（2）钢筋桁架中心间距不宜大于 400mm，且不大于竖向分布筋间距的 2 倍；钢筋桁架距叠合剪力墙预制墙板边的水平距离不宜大于 150mm；

（3）钢筋桁架的上弦钢筋直径不宜小于 10mm，下弦钢筋及腹杆钢筋直径不宜小于 6mm；

（4）钢筋桁架应与两层分布筋的钢筋网片可靠连接，连接方式可采用焊接。

3.2　装配整体式剪力墙结构设计流程

装配整体式剪力墙结构的设计流程为：结构建模→预制构件的指定→装配率的初步统计→装配式整体计算与构件设计→预制构件的深化设计→结果输出。

3.3 结构建模

装配式剪力墙和普通剪力墙的建模步骤基本相同，需要注意以下几点内容。

(1) 注重建筑设计方案的概念设计，严格控制建筑的高宽比。

(2) 根据现场土质情况，采取合理适宜的地基方案，加强地下室结构的刚度和整体性设计，适当提高基础结构的整体性和刚度，尽量避免结构产生不均匀沉降。

(3) 重视无侧支墙体的稳定性验算，采取相应的加强技术措施。

(4) 因结构底部加强部位属于结构抗震设计的重要部位，为提高装配整体式剪力墙结构的整体抗震性能，底部加强区一般采用全现浇结构。

(5) 严格控制剪力墙墙肢的轴压比和剪压比，避免墙肢出现拉应力，加强屋面结构的整体性，屋面宜采用现浇混凝土梁板。

剪力墙结构模型如图 3-7 所示。

图 3-7 剪力墙结构模型

扫码学习建立完整结构模型的操作流程

教学视频：建立完整结构模型

3.4 预制构件指定及装配率统计

3.4.1 预制构件指定

在建模阶段完成整体建模后，即可对预制构件进行指定。预制构件指定是指将原有混凝土构件指定为预制构件的过程，预制构件指定又称为预制构件拆分，是装配式建筑的重要环节，对降低成本、提高效率、保证质量起到重要作用。预制构件指定包含的主要内容有：

(1) 确定现浇和预制楼层范围；

(2) 确定现浇段和预制构件尺寸；

(3) 节点设计；

(4) 构件设计。

1. 预制剪力墙的指定

1) 预制剪力墙拆分的基本原则

(1) 预制剪力墙宜按照建筑开间和进深尺寸拆分，拆分时宜拆分为一字形，单个构件的质量不宜大于5t。

(2) 预制构件拆分前，应与施工单位协调，根据最重预制构件的位置布置塔吊安装的位置，质量重的构件不宜处在塔式起重机的回转半径远端处。

(3) 预制剪力墙的拆分应符合模数协调原则，优化构件的尺寸和形状，减少预制构件的种类和规格。

(4) 预制剪力墙的竖向拆分宜在各层的层高处进行，水平拆分应保证门窗洞口的完整性，方便标准化生产。

(5) 剪力墙约束边缘构件范围内，边缘构件宜采用现浇。

(6) 剪力墙结构和部分框支剪力墙结构底部加强部位宜采用现浇混凝土。

2) 预制墙指定

预制构件的指定在【预制构件拆分】菜单下(见图 3-8)。对剪力墙结构而言，主要的预制构件有预制外墙、预制内墙、预制填充墙、叠合板和预制楼梯等。

【指定预制墙】菜单下可以分别将墙指定为预制剪力墙(一般预制墙)或者双面叠合预制剪力墙(双皮墙)，软件会自动判别预制内墙和预制外墙，也可以交互修改该墙作为预制外墙或者预制内墙，如图 3-9～图 3-11 所示。

图 3-8　预制构件拆分

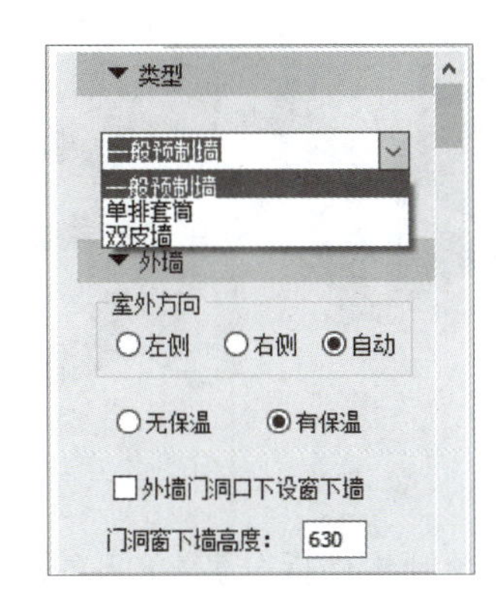

图 3-9　预制墙类型

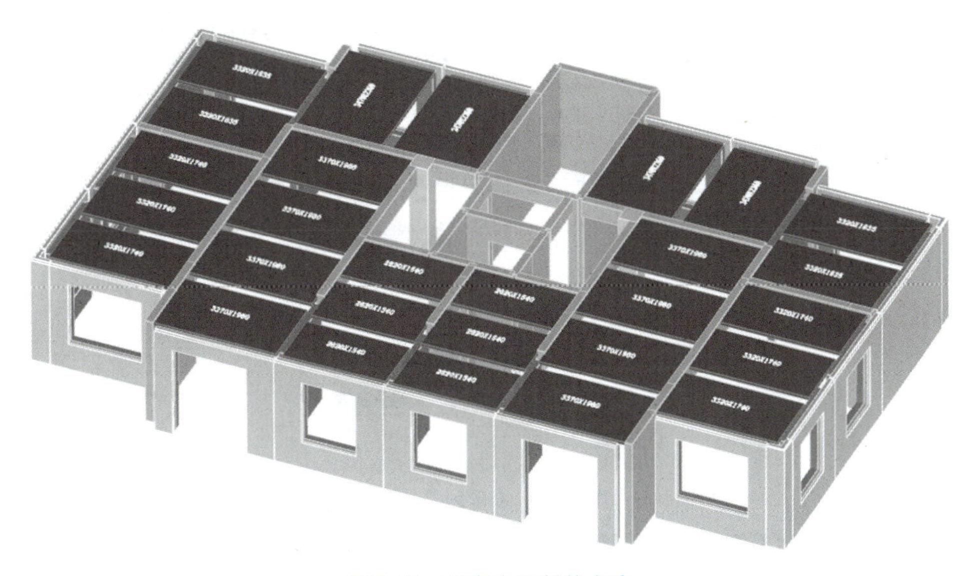

图 3-10　指定为预制剪力墙

扫码学习预制墙指定的操作流程

教学视频：预制墙指定

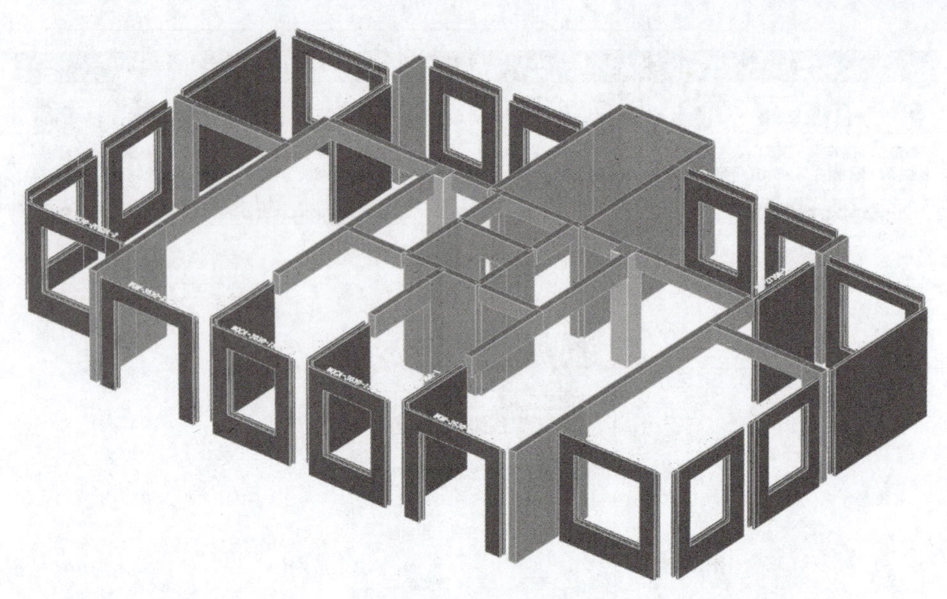

图 3-11　指定为双面叠合剪力墙

预制墙指定完成后，可以在【预制构件拆分】菜单下的【编辑预制墙】子菜单中进行预制墙构件编辑(见图 3-12)。

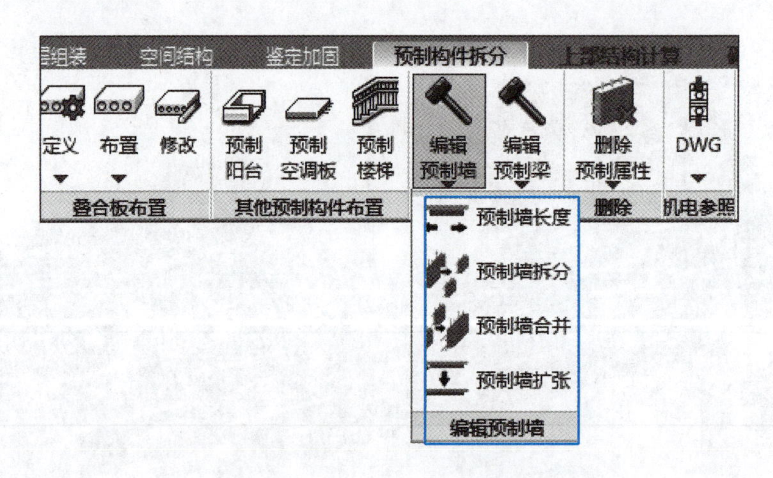

图 3-12　编辑预制构件

进入菜单后可以分别进行预制墙的长度修改，预制墙的拆分，预制墙的合并以及预制墙的扩张。

(1) 预制墙长度修改如图 3-13 和图 3-14 所示。

图 3-13　拆分前

图 3-14　拆分后

（2）预制墙拆分如图 3-15 和图 3-16 所示。

（3）预制墙合并如图 3-17 和图 3-18 所示。

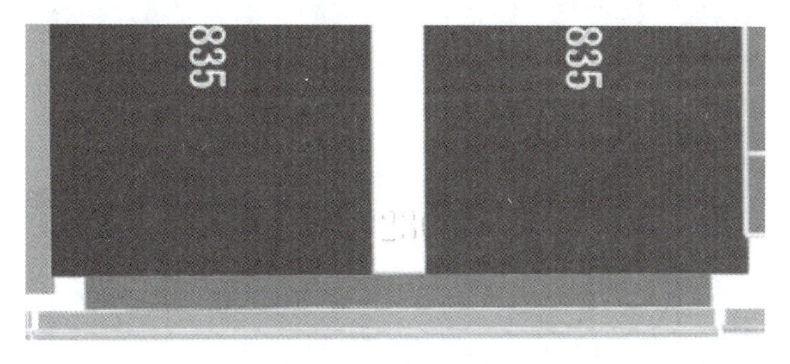

图 3-15　预制墙拆分前

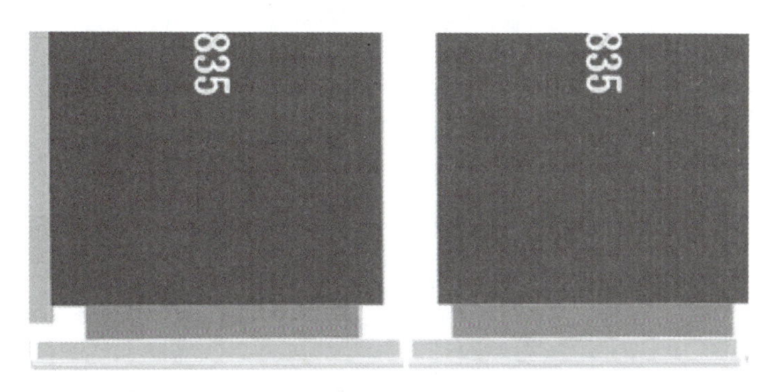

图 3-16　预制墙拆分后

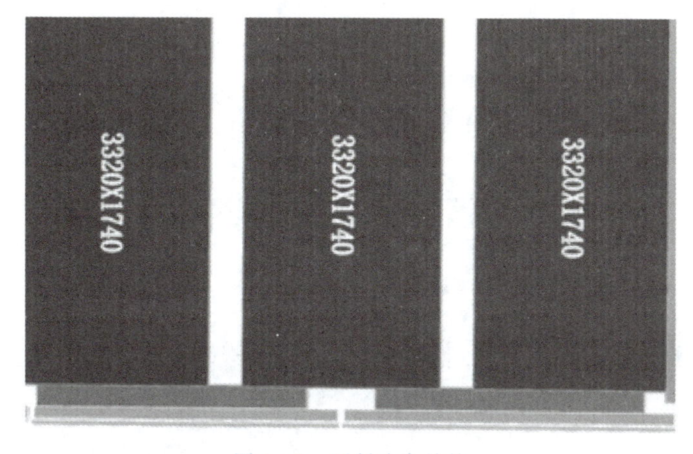

图 3-17　预制墙合并前

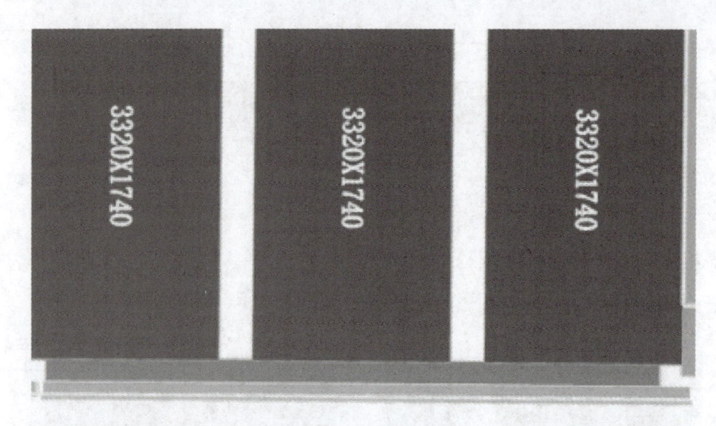

图 3-18　预制墙合并后

2. 叠合板的布置

叠合板的布置在【叠合板布置】菜单下进行(见图 3-19)，该部分内容将在教学单元 5 中介绍。图 3-20 为叠合板布置完成后的效果图。

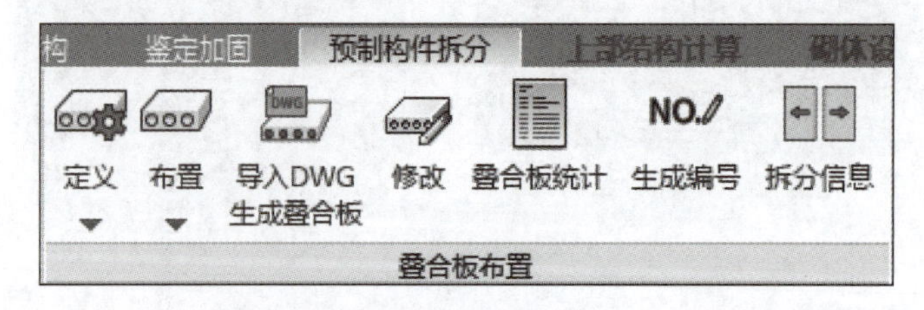

图 3-19　叠合板布置菜单

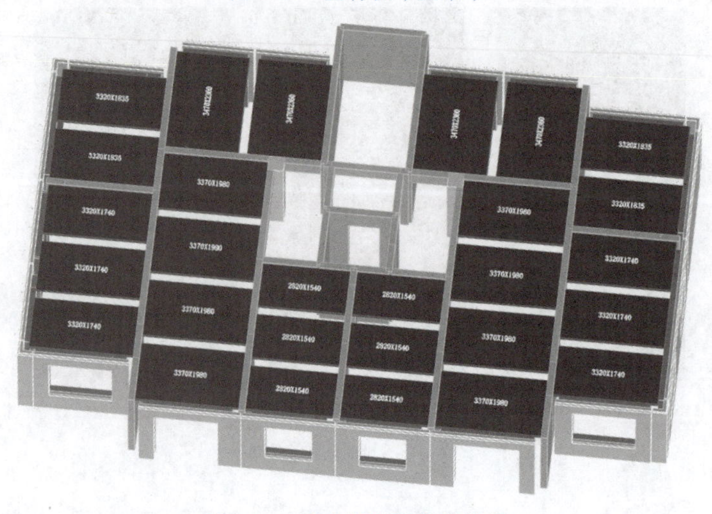

图 3-20　叠合板布置完成效果

3. 预制楼梯

预制楼梯在【其他预制构件布置】菜单中【预制楼梯】按钮下进行布置(见图 3-21),该部分内容将在教学单元 6 中介绍。图 3-22 为预制楼梯布置完成的效果图。

图 3-21　预制楼梯菜单

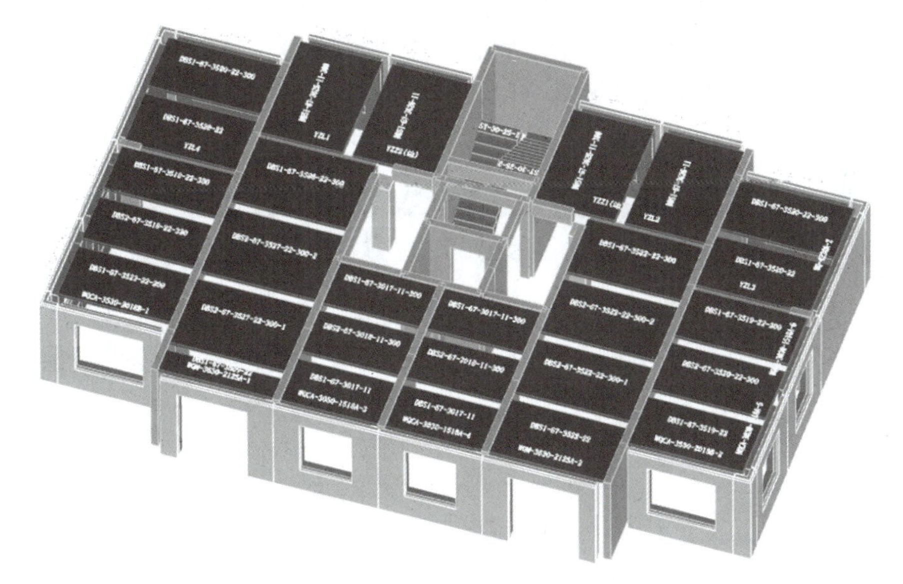

图 3-22　预制楼梯布置完成效果

3.4.2　装配率的初步统计

完成拆分后,软件提供了对装配率实时统计的功能。

装配率指单体建筑室外地坪以上的主体结构、围护墙和内隔墙、装修和设备管线等采用预制部品部件的综合比例。装配率是装配式建筑的预制部品部件比例是否满足国家或各省区市要求的一项重要指标。

软件除支持国标《装配式建筑评价标准》(GB/T 51129—2017)外,还支持以下省份地标的装配率统计:

- 《河南省装配式评价标准》(DBJ41/T 222—2019)
- 河北省《装配式建筑评价标准》(DB13(J)/T 8321—2019)
- 《上海市装配式建筑单体预制率和装配率计算细则》
- 《深圳市装配式建筑评分规则》(混凝土结构部分)
- 《珠海市装配式建筑单体预制率和装配率计算细则(试行)》
- 广东省《装配式建筑评价标准》(DB1/T 15-163—2019)

- 山东省《装配式建筑评价标准》(DB37/T 5127—2018)
- 《湖南省绿色装配式建筑评价标准》(DBJ43/T 332—2018)
- 《福建省装配式建筑装配率计算细则》
- 《重庆市装配式建筑装配率计算细则(2021版)》
- 陕西省《装配式建筑评价标准》(DBJ 61/T 168—2020)
- 北京市《装配式建筑评价标准》(DB 11/T 1831—2021)
- 浙江省《装配式建筑评价标准》(DB 33/T 1165—2019)
- 《江苏省装配式建筑综合评定标准》(DB32/T 3753—2020)
- 安徽省《装配式建筑评价技术规范》(DB34/T 3830—2021)
- 《合肥市装配式建筑装配率计算方法》(2020版)
- 《蚌埠市装配式建筑装配率计算方法(2021版)》
- 江西省《装配式建筑评价标准》(DB/T 36-064—2021)

单击【全楼装配率】按钮即可弹出装配率统计参数设置对话框(见图3-23)。

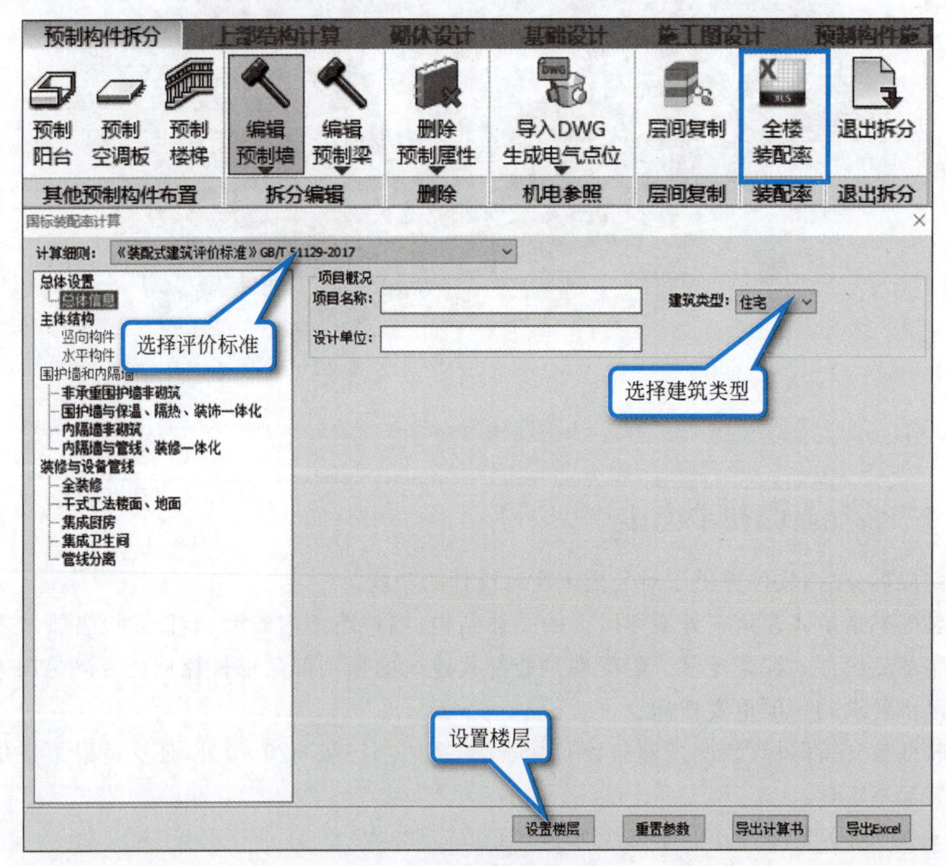

图3-23　装配率统计菜单

首先根据实际项目所在地区选择相应的评价标准,本例选择《装配式建筑评价标准》(GB/T 51129—2017);选择建筑类型为住宅;然后单击【设置楼层】(见图3-24)。

单击【添加分层】,由于本例第1~12自然层均为一个标准层,在自然层号下将第1~12

层全部添加进去，基准层填入第 1 自然层。

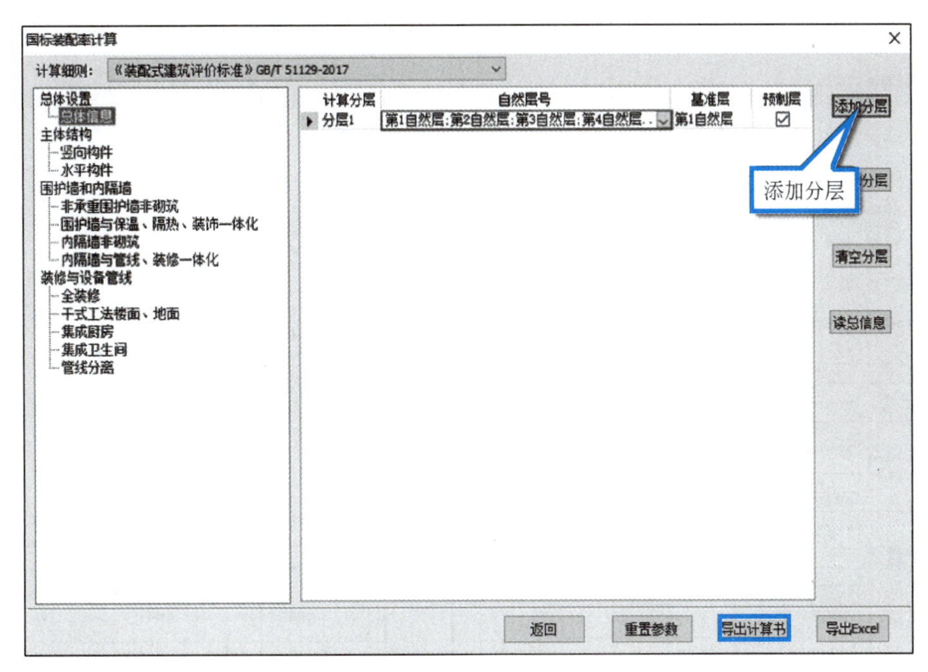

图 3-24　楼层设置菜单

装配率统计时主体结构的竖向及水平构件软件可自动识别，对于围护墙和内隔墙、装修与设备管线等信息需要根据工程实际情况录入(见图 3-25)。

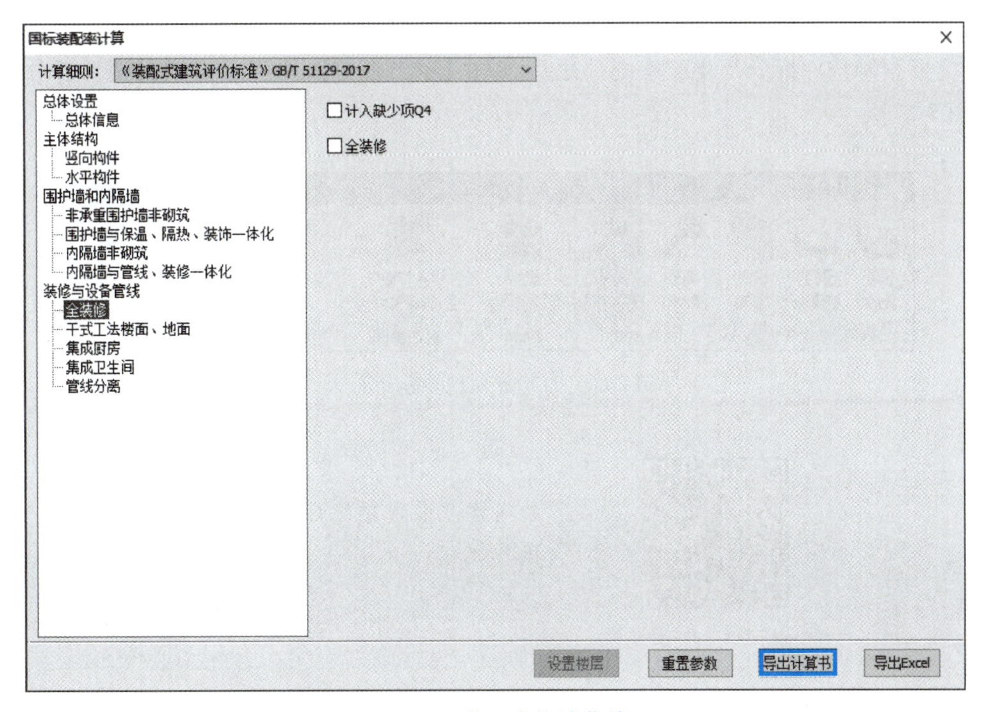

图 3-25　装配率统计菜单

单击【导出计算书】，即可生成 Word 版的装配率计算书（见图 3-26）。

YJK Building Software

一、项目基本情况

1. 项目概况

项目名称：教学模型
设计单位：
建筑类型：住宅

二、项目装配率

项目装配率计算以单位建筑为计算对象，依据《装配式建筑评价标准》GB/T 51129-2017 进行评价。

Table2-1 装配率汇总表

评价项		应用比例	自评得分	未包含项
主体结构 Q1	竖向构件	60.1%	25.58	—
	水平构件	84.9%	20.00	—
围护墙和内隔墙 Q2	非承重围护墙非砌筑	0.0%	0.00	—
	围护墙与保温、隔热、装饰一体化	0.0%	0.00	—
	内隔墙非砌筑	0.0%	0.00	—
	内隔墙与管线、装修一体化	0.0%	0.00	—
装修与设备管线 Q3	全装修	0.0%	0.00	—
	干式工法的楼、地面	0.0%	0.00	—
	集成厨房	0.0%	0.00	—
	集成卫生间	0.0%	0.00	—
	管线分离	0.0%	0.00	—
装配率	P=[(Q1+Q2+Q3)/(100-Q4)]x100%	45.6%		

2

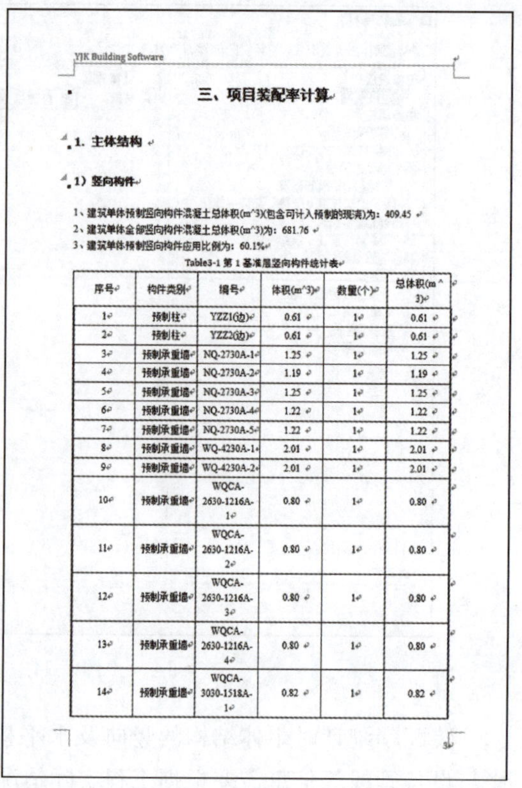

YJK Building Software

三、项目装配率计算

1. 主体结构

1）竖向构件

1、建筑单体预制竖向构件混凝土总体积(m^3)(包含可计入预制的现浇)为：409.45
2、建筑单体全部竖向构件混凝土总体积(m^3)为：681.76
3、建筑单体预制竖向构件应用比例为：60.1%

Table3-1 第 1 基准层竖向构件统计表

序号	构件类别	编号	体积(m^3)	数量(个)	总体积(m^3)
1	预制柱	YZZ1(边)	0.61	1	0.61
2	预制柱	YZZ2(边)	0.61	1	0.61
3	预制承重墙	NQ-2730A-1	1.25	1	1.25
4	预制承重墙	NQ-2730A-2	1.19	1	1.19
5	预制承重墙	NQ-2730A-3	1.25	1	1.25
6	预制承重墙	NQ-2730A-4	1.22	1	1.22
7	预制承重墙	NQ-2730A-5	1.22	1	1.22
8	预制承重墙	WQ-4230A-1	2.01	1	2.01
9	预制承重墙	WQ-4230A-2	2.01	1	2.01
10	预制承重墙	WQCA-2630-1216A-1	0.80	1	0.80
11	预制承重墙	WQCA-2630-1216A-2	0.80	1	0.80
12	预制承重墙	WQCA-2630-1216A-3	0.80	1	0.80
13	预制承重墙	WQCA-2630-1216A-4	0.80	1	0.80
14	预制承重墙	WQCA-3030-1518A-1	0.82	1	0.82

3

图 3-26　装配率计算书

完成预制构件拆分及装配率统计之后，单击【退出拆分】，即可退出预制构件拆分菜单（见图 3-27）。

图 3-27　退出预制构件拆分菜单

扫码学习装配率统计的操作流程

教学视频：装配率统计

3.5　装配整体式计算与构件设计

在建模中对预制梁、预制柱、预制剪力墙指定之后，即可进行上部结构计算。软件在上部结构计算中将自动按照规范的要求，根据预制构件信息做出各种计算调整。建模指定预制构件和上部结构计算的相关功能可完全满足装配式结构设计阶段的各项要求。

上部结构计算主要进行以下预制构件信息相关的调整。

(1) 在各种设计状况下，装配整体式结构可采用与现浇混凝土结构相同的方法进行结构分析。当同一层内既有预制又有现浇抗侧力构件时，地震设计状况下宜对现浇抗侧力构件的弯矩和剪力进行适当放大。

(2) 抗震设计时，对同一层内既有现浇墙肢也有预制墙肢的装配整体式剪力墙结构，现浇墙肢水平地震作用弯矩、剪力宜乘以不小于1.1的增大系数。

(3) 预制构件承担的层剪力、倾覆力矩的统计。

(4) 预制构件接缝抗剪验算，包括预制梁端接缝抗剪承载力验算、预制柱底接缝抗剪承载力验算及预制墙底接缝抗剪承载力验算。

3.5.1　计算参数中的装配式信息填写

在【上部结构计算】菜单【计算参数】中补充装配式结构的信息，【计算参数】增加【装配式】一页(见图3-28)。具体参数设置如下。

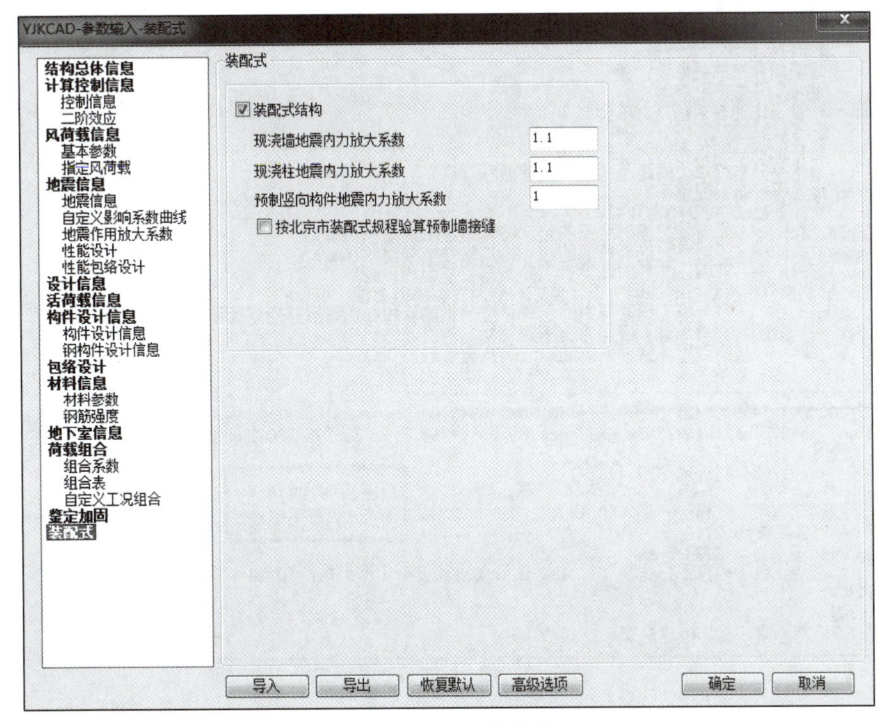

图3-28　装配式参数设置

1. 装配式结构

勾选【装配式结构】选项，软件在设计时会去识别、统计预制构件，并按照装配式相关规范进行设计。

2. 地震内力放大系数

《装配式混凝土结构技术规程》(JGJ 1—2014)规定：“抗震设计时，对同一层内既有现浇墙肢也有预制墙肢的装配整体式剪力墙结构，现浇墙肢水平地震作用弯矩、剪力宜乘以不小于 1.1 的增大系数。”

软件自动判断本层内是否有预制墙肢，有则自动对现浇墙地震内力乘以该参数设置的放大系数。

软件还提供了【现浇墙地震内力放大系数】、【现浇柱地震内力放大系数】和【预制竖向构件地震内力放大系数】3 项内容，分别可对现浇墙、现浇柱、预制竖向构件进行地震内力调整，方便灵活指定。

3.5.2 非预制构件的内力放大调整

在带有预制墙的楼层中，软件对现浇剪力墙的地震内力自动乘以计算参数中的【现浇墙地震内力放大系数】。该系数在现浇剪力墙的构件信息中进行输出：zps——装配式结构中现浇混凝土墙地震内力放大系数(见图 3-29)。

```
zps --- 装配式结构中竖向构件地震内力放大系数
zpseam --- 预制构件接缝验算时的受剪承载力增大系数
ηmu, ηvu, ηmd, ηvd --- 柱、墙顶、底的强柱弱梁、强剪弱弯调整系数

B,H,Lwc --- 墙截面宽度、截面高度、墙竖向高度(m)
λw --- 墙计算剪跨比
aa --- 墙一端钢筋合力点到边缘的距离(mm)
Fy --- 墙暗柱纵筋强度设计值
Fyw --- 墙竖向分布筋强度设计值
Rwv --- 墙竖向分布筋配筋率
Nu,Uc --- 轴压比的控制轴力、轴压比
As --- 墙一端暗柱配筋面积(mm2)
M,N --- 暗柱配筋As的控制内力(kN,kN-m)
Ash --- 墙水平分布筋单位间距范围内的配筋面积(mm2)
Rsh --- 墙水平分布筋配筋率
V,N --- 水平筋Ash的控制内力(kN)
AsSTop,AsETop --- 不对称配筋时墙顶的起、终端暗柱配筋面积(mm2)
AsSBtm,AsEBtm --- 不对称配筋时墙底的起、终端暗柱配筋面积(mm2)
AsFTop,AsFBtm --- 双偏压配筋时墙顶、底分布筋配筋面积(mm2)
Vc --- 预制构件接缝验算时的剪力设计值或斜截面受剪承载力设计值(kN)
Ast,AstNeed --- 分别为施工缝验算时的已有总竖向钢筋面积和所需额外插筋面积(mm2)，计算时考虑了超配系数
Rvx,Rvy --- 分别为X、Y地震下墙剪力占基底总剪力的百分比
WS_XF,WS_YF --- 投影到整体坐标系下的X、Y向抗剪承载力(kN)

------------------------------------------------------------
N-WC=36 (I=1000041 J=1000042) B*H*Lwc(m)=0.20*3.65*3.00
Cover= 15(mm) aa=200(mm) Nfw=3 Nfw_gz=3 Rcw=35.0 Fy=360 Fyv=360 Fyw=360 Rwv=0.30
砼墙 C35 加强区
livec=1.000  jzx=1.034, jzy=1.022  zps=1.100
ηmu=1.000  ηvu=1.200  ηmd=1.000  ηvd=1.200
( 29)M=    -244.5 V=     146.6 λw= 0.483
     Nu=   -3752.4 Uc=0.22
(  1)M=     445.5 N=   -3133.5 As=       0.0
( 29)V=     175.9 N=   -2748.1 Ash=    100.0 AshCal=      0.0 Rsh= 0.25
Rvx=0.04%<30%
Rvy=5.81%<30%
抗剪承载力: WS_XF=     0.00  WS_YF=   1079.86
```

对同层非预制墙乘以1.1的放大系数

图 3-29 现浇混凝土墙地震内力放大系数

3.5.3 预制构件承担的层剪力的统计

《装配式混凝土结构技术规程》(JGJ 1—2014)6.1.1 条规定：装配整体式剪力墙结构和装配整体式部分框支剪力墙结构，在规定的水平力作用下，当预制剪力墙构件底部承担的总剪力大于该层总剪力的 50%时，其最大适用高度应适当降低；当预制剪力墙构件底部承担的总剪力大于该层总剪力的 80%时，最大适用高度应取表 3-1 中括号内的数值。

表 3-1 装配整体式结构房屋的最大适用高度 单位：m

结构类型	非抗震设计	抗震设防烈度			
		6 度	7 度	8 度(0.2g)	8 度(0.3g)
装配整体式框架结构	70	60	50	40	30
装配整体式框架-现浇剪力墙结构	150	130	120	100	80
装配整体式剪力墙结构	140(130)	130(120)	110(100)	90(80)	70(60)
装配整体式部分框支剪力墙结构	120(110)	110(100)	90(80)	70(60)	40(30)

注：房屋高度指室外地面到主要屋面的高度，不包括局部突出屋顶的部分。

软件在 v02q.out 文件中输出了预制剪力墙在规定水平力下的层总剪力及占该层总剪力的百分比(见图 3-30)。

```
************************************************************
                 预制墙规定水平力剪力百分比
************************************************************

层号   塔号          墙剪力        总剪力       墙剪力百分比
 18     1    X        81.4        109.2        74.57%
 17     1    X       352.2        412.7        85.35%
 16     1    X       526.2        667.3        78.86%
 15     1    X       683.8        877.5        77.92%
 14     1    X       812.4       1049.1        77.43%
 13     1    X       917.9       1189.7        77.16%
 12     1    X      1006.4       1307.6        76.96%
 11     1    X      1083.5       1410.5        76.81%
 10     1    X      1153.8       1504.8        76.67%
  9     1    X      1221.1       1595.5        76.53%
  8     1    X      1287.8       1686.1        76.38%
  7     1    X      1354.7       1777.6        76.21%
  6     1    X      1422.1       1870.3        76.04%
  5     1    X      1488.5       1961.6        75.88%
  4     1    X      1551.1       2046.7        75.79%
  3     1    X      1607.9       2119.2        75.87%
  2     1    X      1659.7       2171.2        76.44%
  1     1    X      1692.0       2194.7        77.10%
```

图 3-30 规定水平力剪力百分比

3.5.4 预制构件接缝的抗剪验算

上部结构预制构件接缝抗剪承载力验算包括预制梁端、预制柱底、预制墙底 3 种。装配整体式结构中，接缝的正截面承载力尚应符合现国家标准《混凝土结构设计规范》(GB 50010—2010)(2015 年版)的规定。接缝的受剪承载力应符合下列规定。

(1) 持久设计状况：

$$\gamma_0 V_{jd} \leqslant V_u \tag{3-1}$$

式中：γ_0——结构重要性系数，安全等级为一级时不应小于 1.1，安全等级为二级时不应小于 1.0；

V_{jd}——持久设计状况下接缝剪力设计值；

V_u——持久设计状况下梁端、柱端、剪力墙底部接缝受剪承载力设计值。

（2）地震设计状况：

$$V_{jdE} \leqslant V_{uE}/\gamma_{RE} \tag{3-2}$$

式中：V_{jdE}——地震设计状况下接缝剪力设计值；

V_{uE}——地震设计状况下梁端、柱端、剪力墙底部接缝受剪承载力设计值；

γ_{RE}——承载力抗震调整系数，其取值见表 3-2。

表 3-2　承载力抗震调整系数

承载力计算	正截面承载力计算					斜截面承载力计算	受冲切承载力计算	局部受压承载力计算
结构构件类别	受弯构件	偏心受压柱		偏心受拉构件	剪力墙	各类构件及框架节点		
		轴压比小于 0.15	轴压比不小于 0.15					
γ_{RE}	0.75	0.75	0.8	0.85	0.85	0.85	0.85	1.0

注：预埋件锚筋截面计算的承载力抗震调整系数 γ_{RE} 应取为 1.0。

在梁、柱端部箍筋加密区及剪力墙底部加强部位，尚应符合式(3-3)要求：

$$\eta_j V_{mua} \leqslant V_{uE} \tag{3-3}$$

式中：V_{uE}——地震设计状况下梁端、柱端、剪力墙底部接缝受剪承载力设计值；

V_{mua}——被连接构件端部按实配钢筋面积计算的斜截面受剪承载力设计值；

η_j——接缝受剪承载力增大系数，抗震等级为一、二级取 1.2，抗震等级为三、四级取 1.1。

预制梁端接缝抗剪验算根据《装配式混凝土结构技术规程》(JGJ 1—2014)规定进行，软件会遍历持久设计状况和地震设计状况的所有工况组合，输出包络后的接缝验算所需纵筋最大值。

预制柱底接缝抗剪验算根据式(3-3)进行，软件只遍历所有地震工况的组合，输出包络后的接缝验算所需纵筋最大值。

预制墙底接缝抗剪验算根据式(3-2)和式(3-3)进行，当预制墙位于底部加强部位则按式(3-3)进行，当预制墙位于非底部加强部位则按式(3-2)进行，软件只遍历所有地震工况的组合，输出包络后的接缝验算所需竖向筋最大值。

软件会在进行水平接缝验算的预制构件文本信息中输出接缝内力增大系数，即 zpseam——预制构件接缝验算时的受剪承载力增大系数。软件在配筋简图中输出预制构件接缝验算包络后所需抗剪钢筋的面积(见图 3-31)。

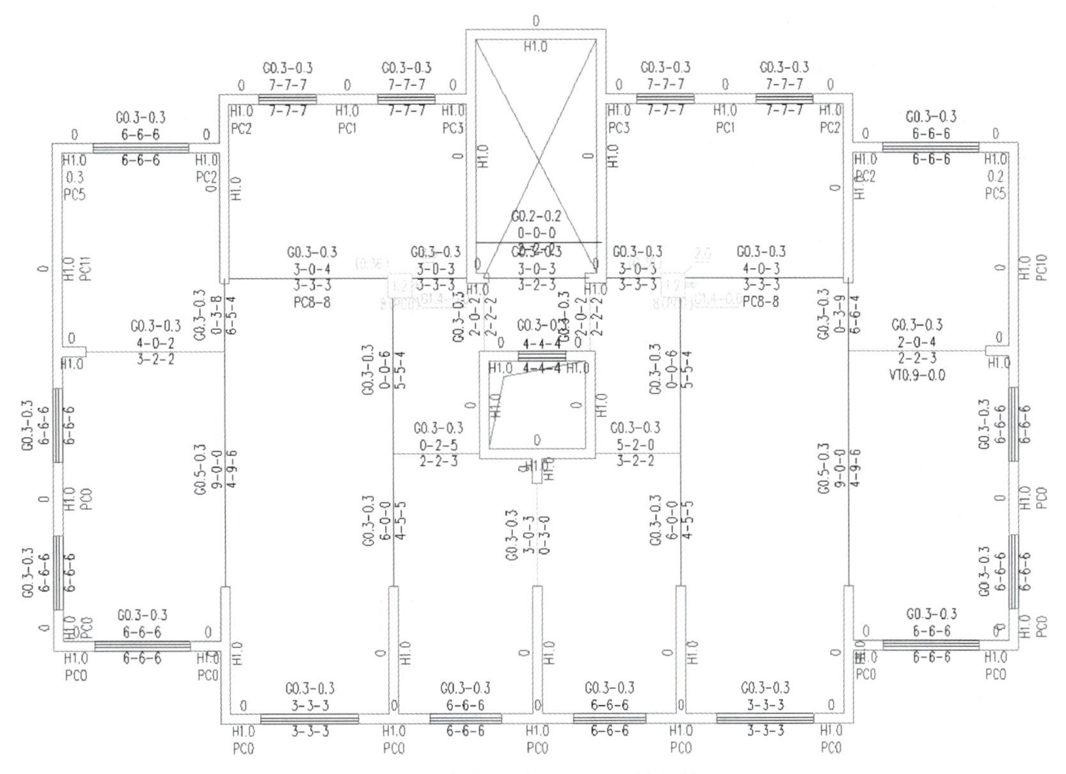

图 3-31　预制构件接缝所需抗剪钢筋面积

3.5.5　预制剪力墙的竖向分布筋贯通比例

在进行预制剪力墙正截面承载力计算时，由于承载力计算时不考虑非贯通筋，因此，需要先确定竖向分布筋贯通比例。目前，软件默认按照计算参数中的竖向分布筋配筋率计算出的钢筋为贯通筋，非贯通筋直径需要在施工图模块中定义。

3.6　预制剪力墙深化设计

设计软件可依据图集《预制混凝土剪力墙外墙板》(15G365-1)、《预制混凝土剪力墙内墙板》(15G365-2)进行预制剪力墙的设计。

本节主要介绍【预制构件施工图】菜单对预制剪力墙设计的流程和功能。【预制构件施工图】菜单可读入建模中预制墙的指定信息，并继续完成预制墙的详图等深化设计。【预制构件施工图】菜单下有以下子菜单:【平面钢筋编辑】、【预制构件设计】、【叠合板施工图】、【楼梯施工图】、【单构件详图设计】。

根据预制墙的实际需要,初始布置的预制墙拆分形式往往不能满足实际需求,可在【预制构件设计】菜单下通过多种预制墙的修改命令对拆分形式进行修改,达到满足实际工程需求的目的。

【平面钢筋编辑】菜单可生成所有墙的边缘构件、墙身、墙梁的配筋构造,可以生成预制墙之间的后浇节点,可以在剪力墙平法图上标注预制墙名称编号,并且可以双击预制构件进行钢筋编辑。

【平面钢筋编辑】和【预制构件设计】菜单可以进行预制剪力墙的受剪承载力计算和吊装验算。

3.6.1 预制剪力墙一般构造要求

当采用套筒灌浆连接时,自套筒底部至套筒顶部并向上 300mm 范围内,预制剪力墙的水平分布筋应加密(见图 3-32),加密区水平分布筋的最大间距及最小直径应符合表 3-3 的规定,套筒上端第一道水平分布钢筋距离套筒顶部不应大于 50mm。

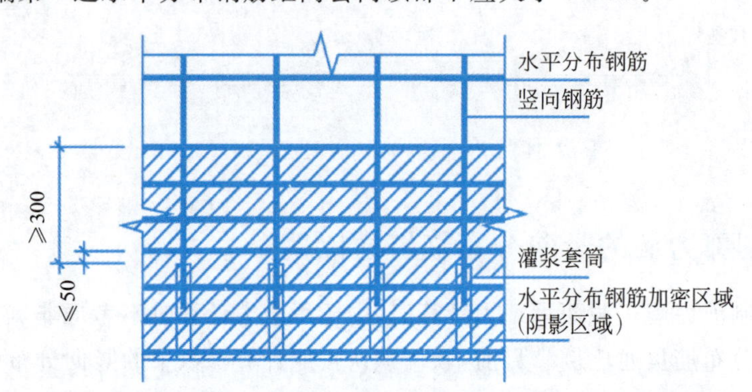

图 3-32 钢筋套筒灌浆连接部位水平分布钢筋的加密构造示意

表 3-3 加密区水平分布钢筋的要求

单位:mm

抗震等级	最大间距	最小直径
一、二级	100	8
三、四级	150	8

楼层内相邻预制剪力墙之间应采用整体式接缝连接,且应符合下列规定。

(1) 当接缝位于纵横墙交接处的约束边缘构件区域时,约束边缘构件的阴影区域(见图 3-33)宜全部采用后浇混凝土,并应在后浇段内设置封闭箍筋。

(2) 当接缝位于纵横墙交接处的构造边缘构件区域时,构造边缘构件宜全部采用后浇混凝土(见图 3-34)。

(3) 上下层预制剪力墙的竖向钢筋,当采用套筒灌浆连接或浆锚搭接连接时,应符合下列规定。

① 边缘构件竖向钢筋应逐根连接。

② 预制剪力墙的竖向分布钢筋,当仅部分连接时(见图 3-35),被连接的同侧钢筋间距

不应大于 600mm，且在剪力墙构件承载力设计和分布钢筋配筋率计算中不得计入不连接的分布钢筋；不连接的竖向分布钢筋直径不应小于 6mm。

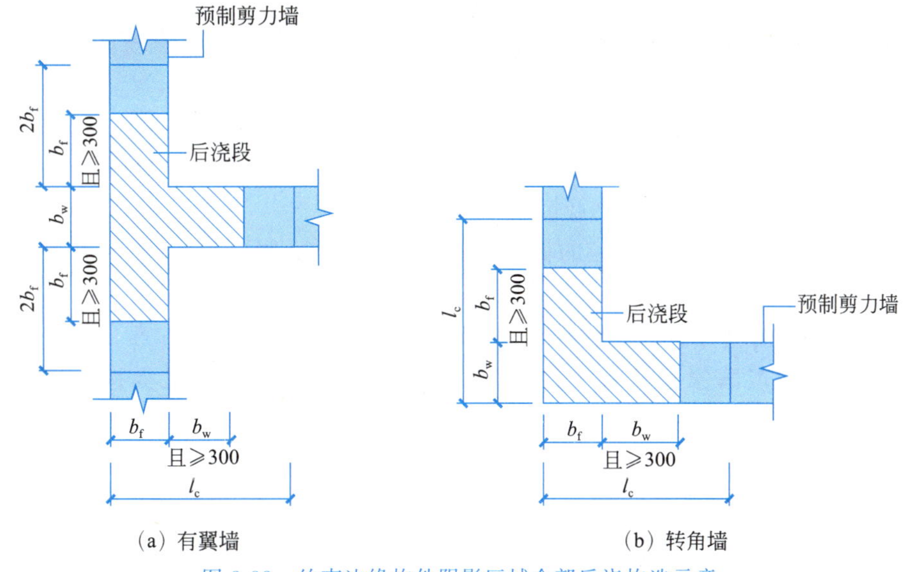

图 3-33　约束边缘构件阴影区域全部后浇构造示意

b_f、b_w—剪力墙的厚度；l_c—剪力墙约束边缘构件沿墙肢的长度

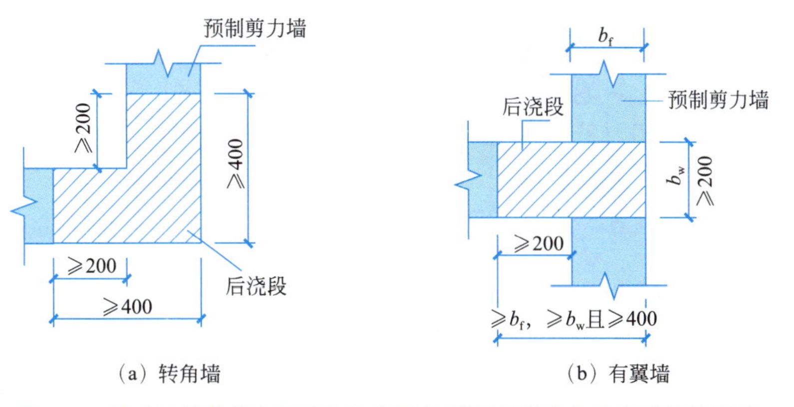

图 3-34　构造边缘构件全部后浇构造示意(阴影区域为构造边缘构件范围)

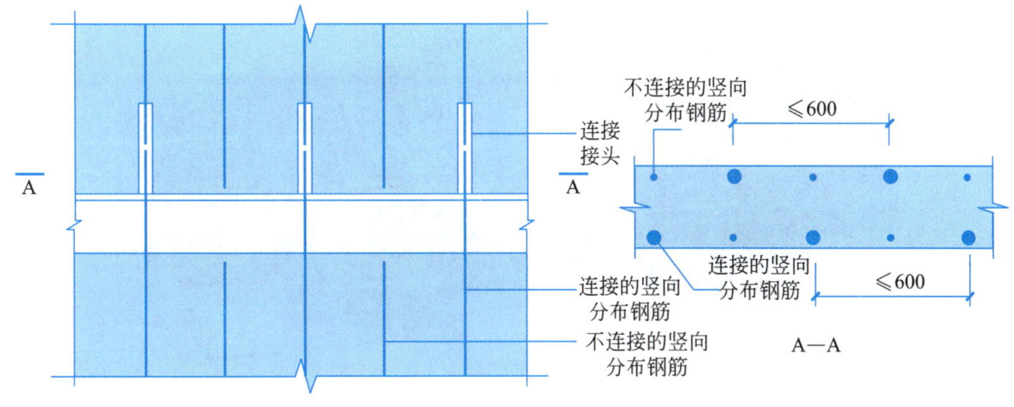

图 3-35　预制剪力墙竖向分布钢筋连接构造示意

③ 一级抗震等级剪力墙以及二、三级抗震等级底部加强部位，剪力墙的边缘构件竖向钢筋宜采用套筒灌浆连接。

④ 剪力墙水平接缝的受剪承载力设计值计算如下。

在地震设计状况下，剪力墙水平接缝的受剪承载力设计值应按式(3-4)计算：

$$V_{uE}=0.6f_yA_{sd}+0.8N \tag{3-4}$$

式中：V_{uE}——地震设计状况下梁端、柱端、剪力墙底部接缝受剪承载力设计值；

f_y——垂直穿过结合面的钢筋抗拉强度设计值；

N——与剪力设计值 V 相应的垂直于结合面的轴向力设计值，压力时取正，拉力时取负；

A_{sd}——垂直穿过结合面的抗剪钢筋面积。

(4) 软件可实现国家建筑标准图集《装配式混凝土结构连接节点构造（剪力墙）》(15G310-2)的连接节点形式。

3.6.2 预制墙相关参数

进入【预制构件设计】菜单，单击【打开】按钮（见图3-36），打开已经完成拆分及整体计算的结构模型。单击【读配筋】读取结构计算的配筋计算结果，为各类预制构件配置实配钢筋（见图3-37和图3-38）。

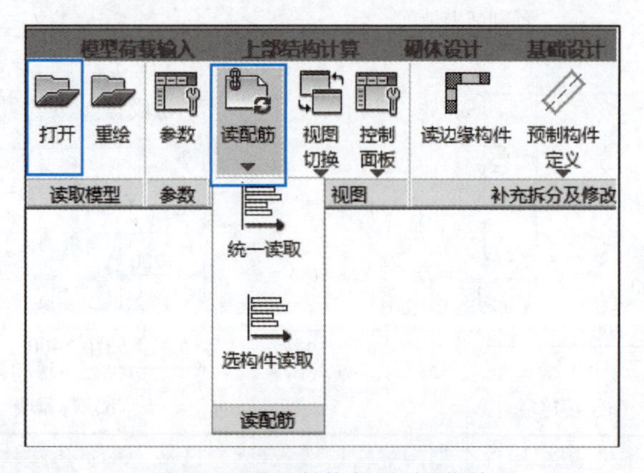

图3-36 【预制构件设计】菜单

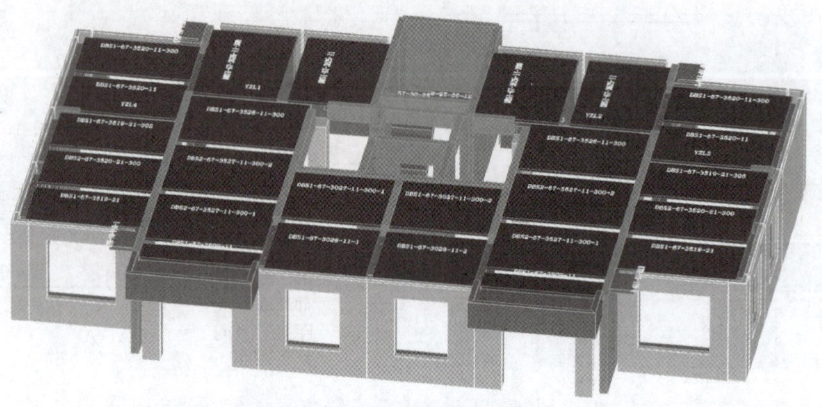

图3-37 读取配筋前

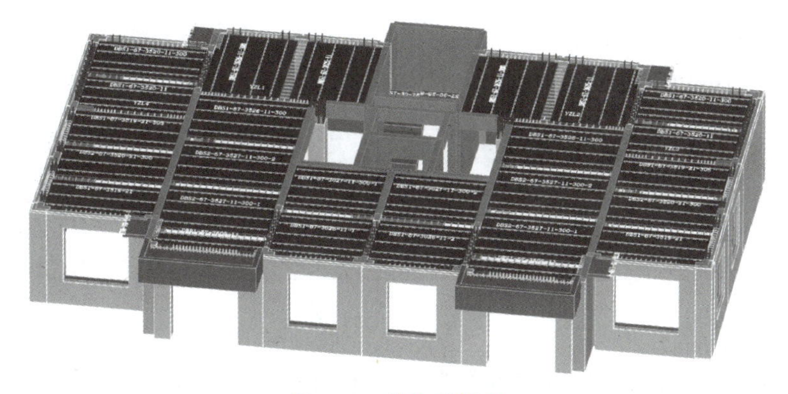

图 3-38　读取配筋后

在【预制构件设计】菜单下的【参数】菜单中可设置预制墙相关参数。【预制墙参数】总共可分为 6 类，分别为【设计参数】、【预制墙长度】、【外叶墙参数】、【窗下墙参数】、【预制墙钢筋】、【吊点控制】(见图 3-39)。

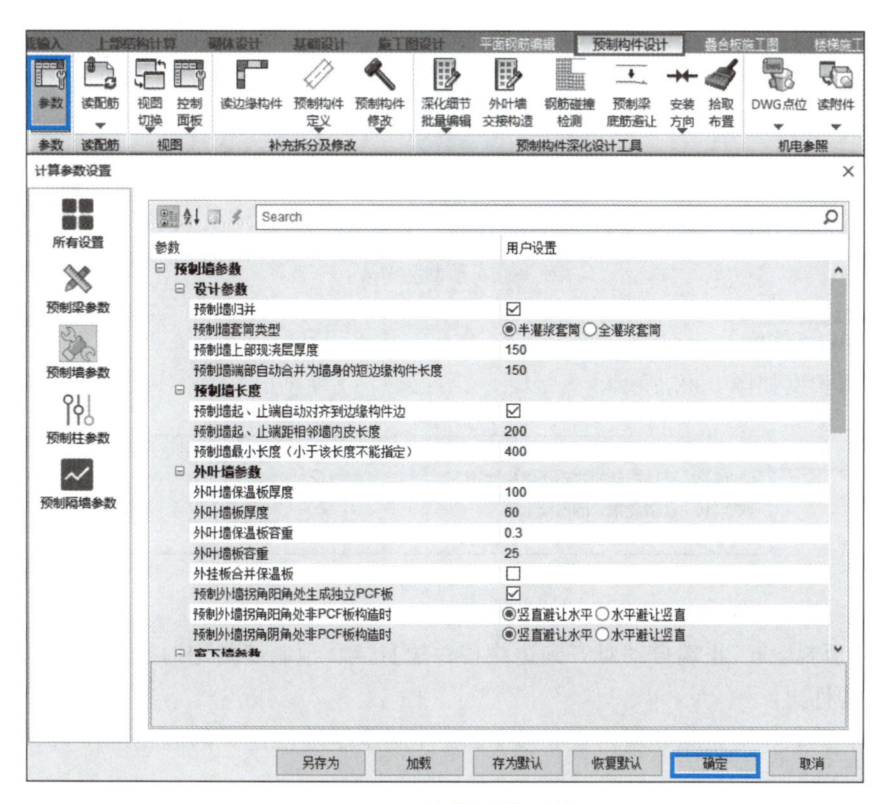

图 3-39　预制墙参数设置

1. 设计参数

设计参数如图 3-40 所示。

设计参数	
预制墙归并	□
预制墙套筒类型	⊙半灌浆套筒 ○全灌浆套筒
预制墙上部现浇层厚度	150
预制墙端部自动合并为墙身的短边缘构件长度	150

图 3-40　设计参数

预制墙归并时允许配筋和暗柱布置的不同(确保配筋量满足),勾选【预制墙归并】后,平面图中相同尺寸、相同方向的预制墙会归并为同一个编号。

灌浆套筒的类型一般为半灌浆套筒和全灌浆套筒。

预制墙上部现浇层厚度:该参数控制预制墙水平后浇带的厚度,一般取楼板厚度加 10mm(见图 3-41)。

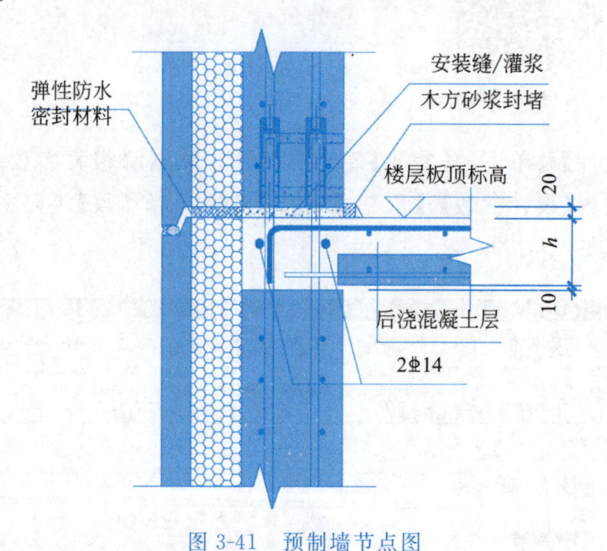

图 3-41　预制墙节点图

2. 预制墙长度

预制墙长度如图 3-42 所示。

预制墙长度	
预制墙起、止端自动对齐到边缘构件边	☑
预制墙起、止端距相邻墙内皮长度	200
预制墙最小长度(小于该长度不能指定)	400

图 3-42　预制墙长度

勾选【预制墙起、止端自动对齐到边缘构件边】选项,预制墙指定时预制墙的起、止端自动取边缘构件边。

【预制墙起、止端距相邻墙内皮长度】参数控制预制墙指定时的起止端位置,软件默认为 200mm(见图 3-43)。

【预制墙最小长度】:指定的预制墙长度如果小于所填数值,则不能指定为预制墙,软件默认为 400mm。

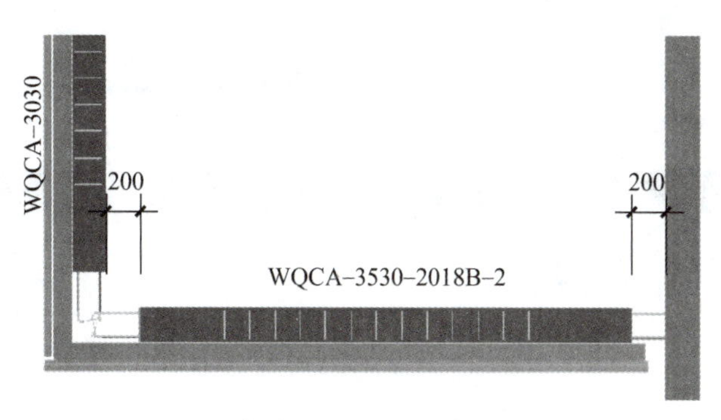

图 3-43　预制墙起、止端距相邻墙内皮长度

3. 外叶墙参数

外叶墙参数如图 3-44 所示。

外叶墙参数	
外叶墙保温板厚度	100
外叶墙板厚度	60
外叶墙保温板容重	0.3
外叶墙板容重	25
外挂板合并保温板	☐
预制外墙拐角阳角处生成独立PCF板	☑
预制外墙拐角阳角处非PCF板构造时	⦿竖直避让水平 ○水平避让竖直
预制外墙拐角阴角处非PCF板构造时	⦿竖直避让水平 ○水平避让竖直

图 3-44　外叶墙参数

【外叶墙保温板厚度】参数所填数值为外叶墙中保温板的厚度(见图 3-44)。

【外叶墙板厚度】参数所填数值为外叶墙板的厚度(见图 3-45)。

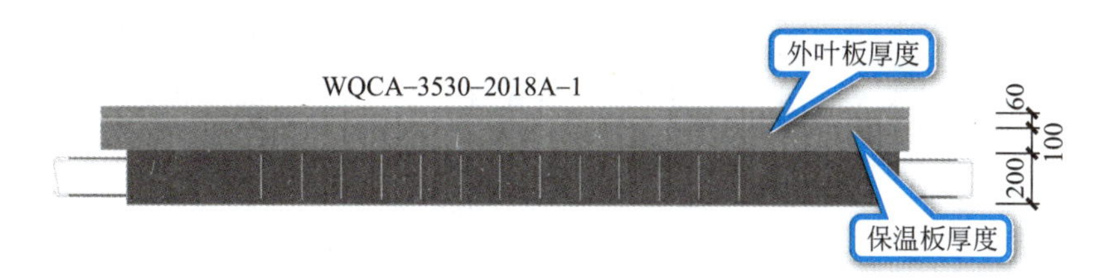

图 3-45　外叶墙参数设置

【外叶墙保温板容重】参数为外叶墙中保温板的重度。

【外叶墙板容重】参数为外叶墙板的重度。

【预制外墙拐角阳角处生成独立 PCF 板】参数,外墙拐角处墙肢两端有预制墙时自动生成 L 形外叶墙(见图 3-46),软件默认不勾选。

4. 窗下墙参数

窗下墙参数如图 3-47 所示。

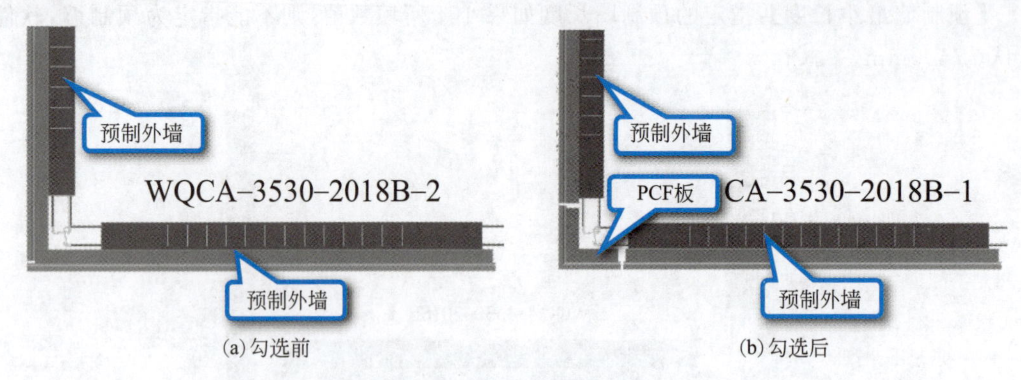

(a) 勾选前　　(b) 勾选后

图 3-46　拐角处生成 L 形外叶墙

窗下墙参数	
预制墙门洞下自动增加窗下墙	□
门洞窗下墙高度	630
门洞窗下墙钢筋直径	8
门洞窗下墙竖向筋间距	200
门洞窗下墙水平筋间距	200

图 3-47　窗下墙参数

对于预制外墙窗洞下墙，在实践中常不作为剪力墙连梁的一部分，而作为填充墙设计。通常做法是将该窗洞在结构计算建模中当作门洞输入，即不输入窗洞下墙的部分，但在预制外墙施工详图中把窗下墙补充画出。

勾选【预制墙门洞下自动增加窗下墙】参数，读建模中预制构件信息绘图时，自动为有门洞的预制墙增加窗下墙，软件默认不勾选(见图 3-48)。

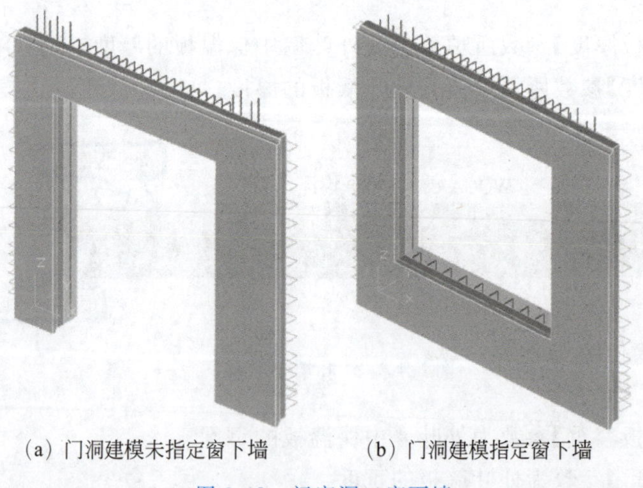

(a) 门洞建模未指定窗下墙　　(b) 门洞建模指定窗下墙

图 3-48　门窗洞口窗下墙

【门洞窗下墙高度】参数控制有门洞预制墙所生成的窗下墙高度。包括建模中指定的预制墙和预制构件施工图菜单下指定的预制墙(见图 3-49)。

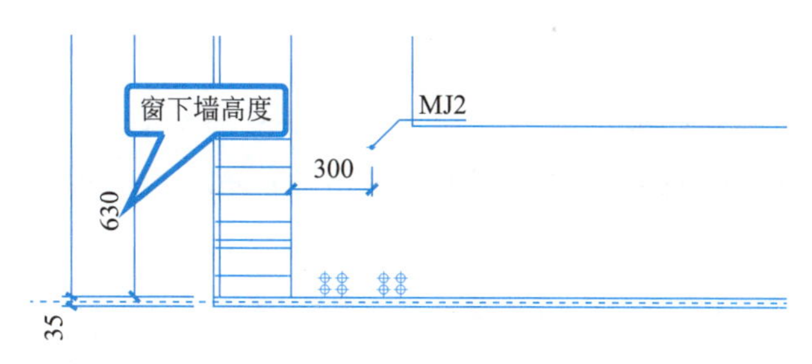

图 3-49 门洞窗下墙高度

【门洞窗下墙钢筋直径】参数控制门洞窗下墙钢筋的直径。

【门洞窗下墙竖向筋间距】参数控制门洞窗下墙的纵筋最大间距。

【门洞窗下墙水平筋间距】参数控制门洞窗下墙的水平筋最大间距(见图 3-50)。

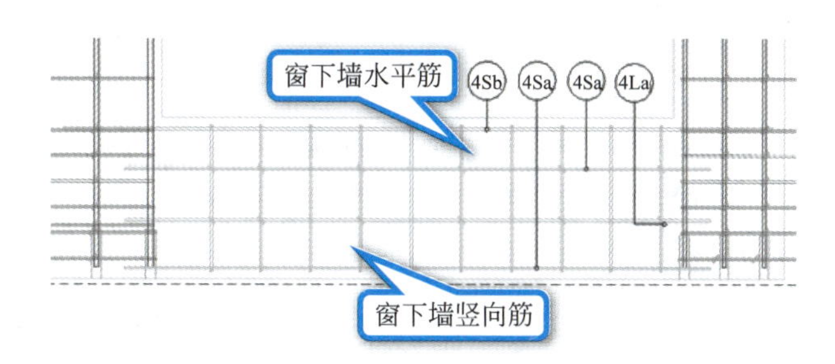

图 3-50 门洞窗下墙钢筋

5. 预制墙钢筋

预制墙钢筋如图 3-51 所示。

预制墙钢筋	
预制墙厚度方向纵筋定位方式	◉按保护层厚度 ○按纵筋位置
预制墙厚度方向按保护层厚度方式纵筋定位距离	20
预制墙厚度方向按纵筋位置方式纵筋定位距离	58
预制墙水平筋伸出长度(填-1为锚固长度))	200
预制墙水平筋末端弯钩形式	○直角弯钩 ◉135度弯钩 ○直筋
预制墙连梁箍筋形式	◉整体封闭箍筋 ○组合封闭箍筋
预制墙连梁纵筋偏移	◉不偏移 ○整体偏移到暗柱纵筋内侧
预制墙窗间墙按非承重构件设计	☐

图 3-51 预制墙钢筋

预制墙边缘构件箍筋和水平分布钢筋是分别配置的,且分布钢筋伸入边缘构件一段长度,软件对同一位置的边缘构件箍筋和水平分布钢筋将自动合并。

【预制墙水平筋伸出长度】参数控制预制墙水平筋的伸出长度。填写"-1"时为锚固长度(见图 3-52)。

【预制墙水平筋末端弯钩形式】参数控制预制墙水平筋的弯钩形式,包括 135°弯钩、直角弯钩和直筋(见图 3-53)。

【预制墙连梁箍筋形式】预制墙连梁箍筋形式包含整体封闭箍筋和组合封闭箍筋两种(见图 3-54)。

【预制墙窗间墙按非承重构件设计】当预制墙上布置有两个门窗洞口时,如果两洞口之

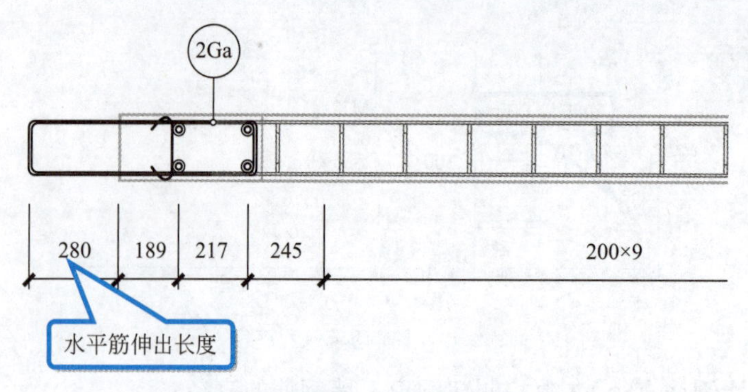

图 3-52 预制墙水平筋的伸出长度

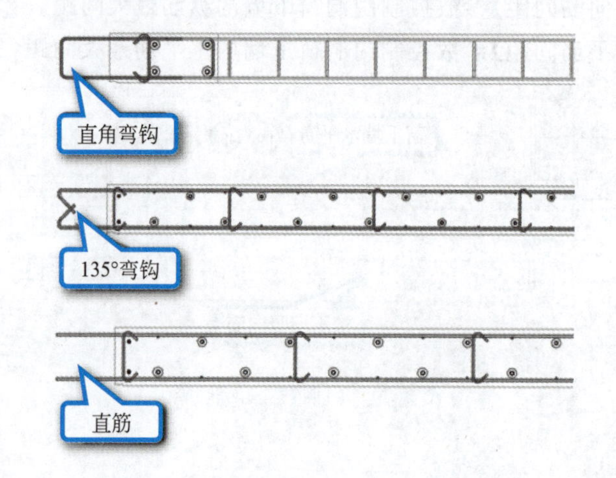

图 3-53 预制墙水平筋末端弯钩形式

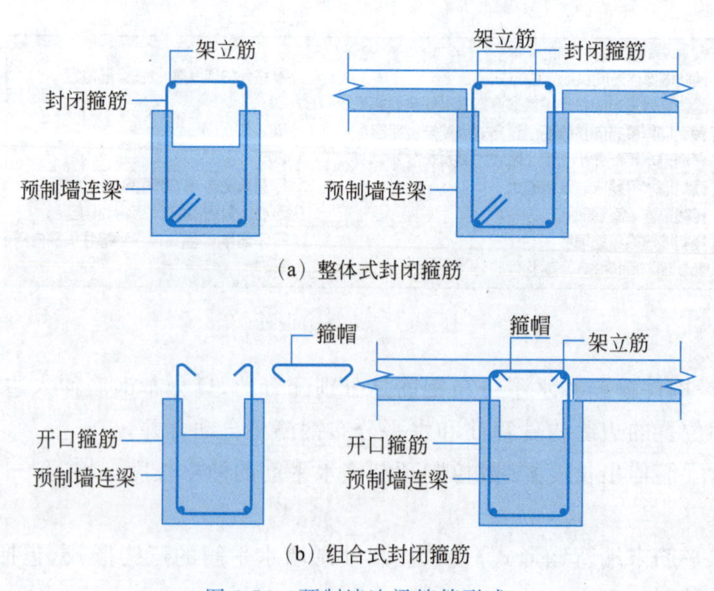

图 3-54 预制墙连梁箍筋形式

间墙肢较短时，工程实践中常将其设置为构造钢筋墙，不按承重剪力墙处理，此时可勾选【预制墙窗间墙按非承重构件设计】参数(见图 3-55)。

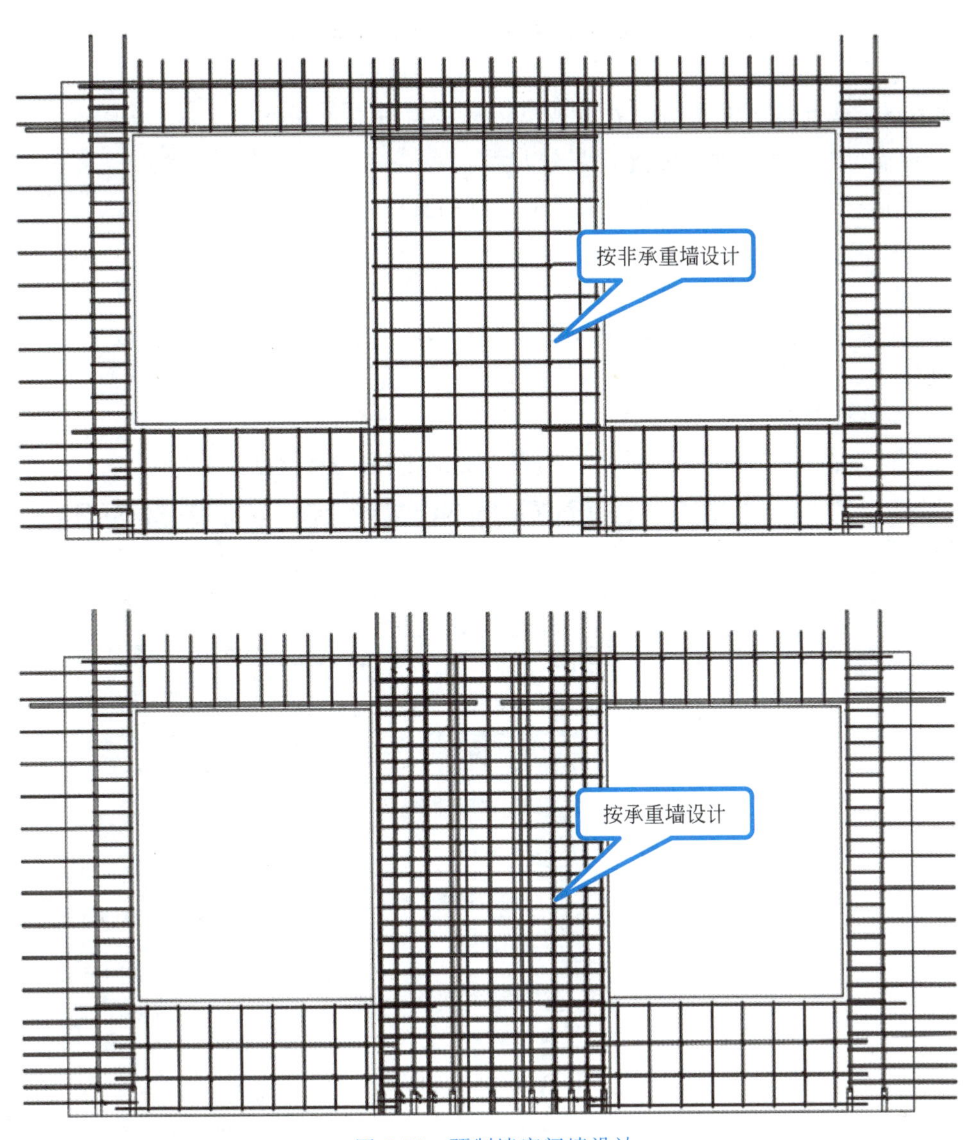

图 3-55　预制墙窗间墙设计

6. 吊点控制参数

吊点控制参数如图 3-56 所示。

吊点控制参数	
预制墙吊点距边界距离采用	◉相对距离(%)○绝对距离(mm)
预制墙左侧吊点离左边界距离	20
预制墙右侧吊点离右边界距离	20
预制墙吊点的横截面位置	-1
预制墙吊杆直径	22
非承重预制双皮墙需要布置桁架钢筋的最小墙肢长度	600

图 3-56　吊点控制参数

【预制墙左侧吊点离左边界距离】此处左边界为内叶墙左边界。软件默认数值为 0.207L，此处 L 为内叶墙长度。

【预制墙右侧吊点离右边界距离】此处右边界为内叶墙右边界。软件默认数值为 0.207L。

【预制墙吊点的横截面位置】预制墙吊点的横截面位置，填“－1”为自动按重心计算的吊点横截面位置。软件默认数值为“－1”。

【预制墙吊杆直径】预制墙吊装验算时吊杆的直径。

3.6.3 预制墙编辑

【预制墙编辑】是指在【预制构件设计】菜单下，继续对预制墙进行指定、取消、修改及更名的操作。

1. 预制墙指定

软件读入在建模阶段指定的预制墙，可在此继续补充指定(见图 3-57)。

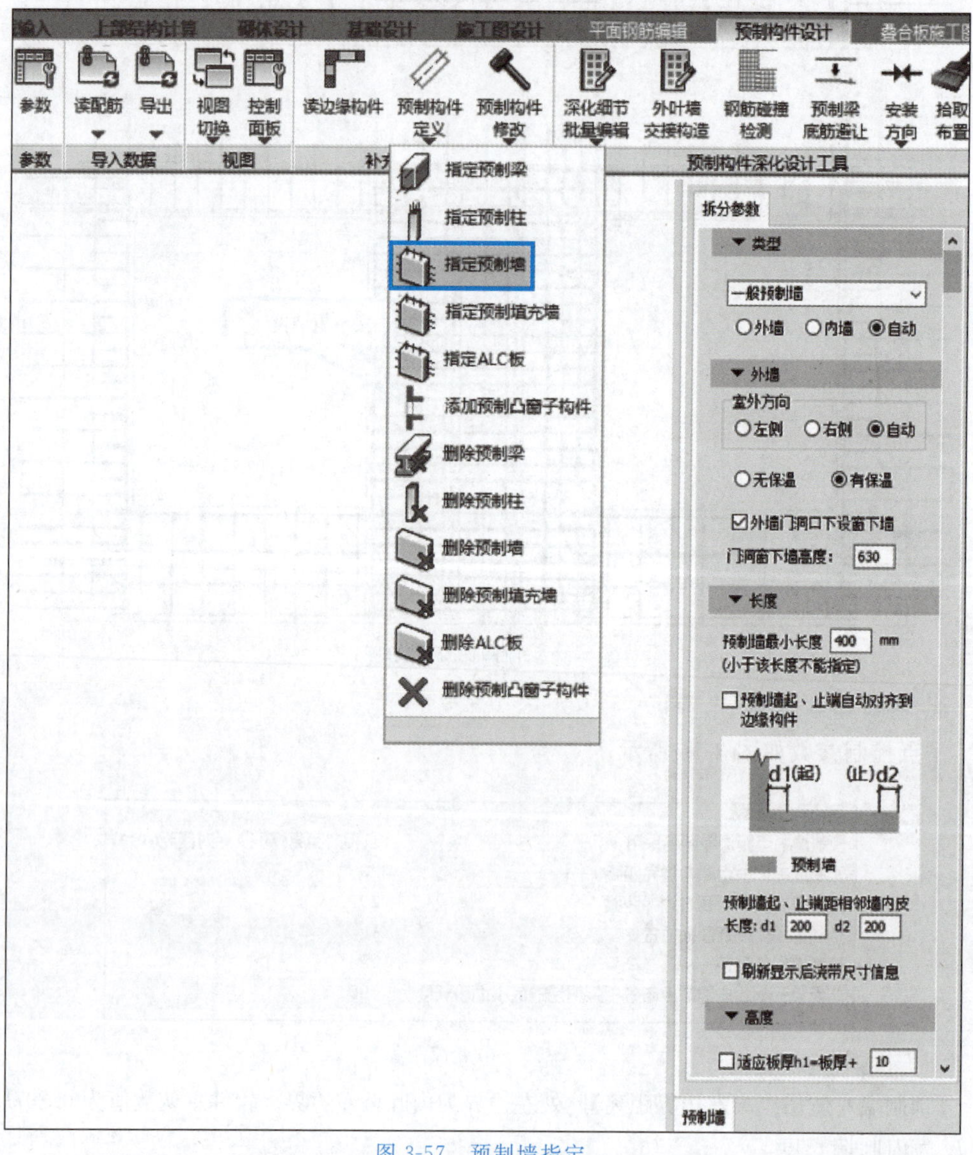

图 3-57 预制墙指定

2. 删除预制墙

单击【删除预制墙】按钮，选择需要删除的预制墙，即可删除该墙的预制属性（见图 3-58）。

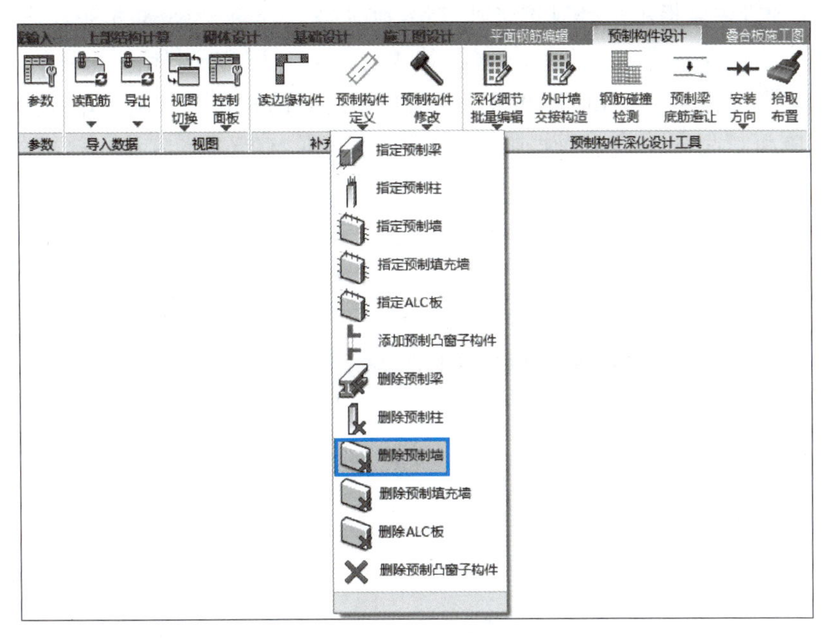

图 3-58　预制墙删除

3. 预制墙构件修改

修改菜单下共 4 个预制墙修改命令，分别为【预制墙长度】、【预制墙合并】、【预制墙扩张】（见图 3-59）。

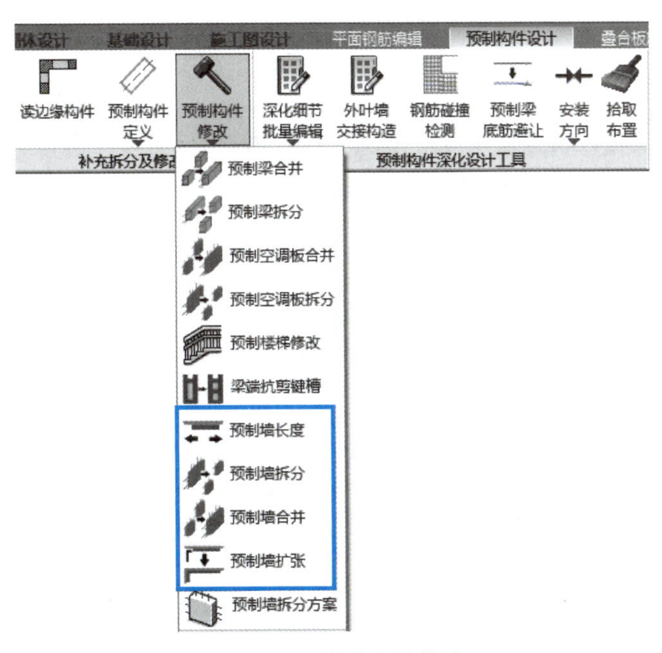

图 3-59　预制墙长度修改

【预制墙长度】、【预制墙合并】、【预制墙拆分】详见 3.4.1 小节。

【预制墙扩张】用于平面转角处的预制墙。单击该按钮后，需按命令行提示选择内外叶墙全部扩张或只扩张外叶墙。选择某一处于平面转角处的预制墙后，可继续选择转角处的边缘构件，命令行中会提示是否仅扩张外叶墙，默认或选择 N 为全部扩张，这样软件将把转角处的边缘构件合并到预制墙中，该预制墙成为一个 L 形的预制墙。这样的扩张使构造比较复杂的转角节点包含在预制墙中，从而简化了现场的转角节点施工，后浇节点将转移到墙的平直段内。选择 Y 代表仅扩张外叶墙，内叶墙不变化（见图 3-60）。

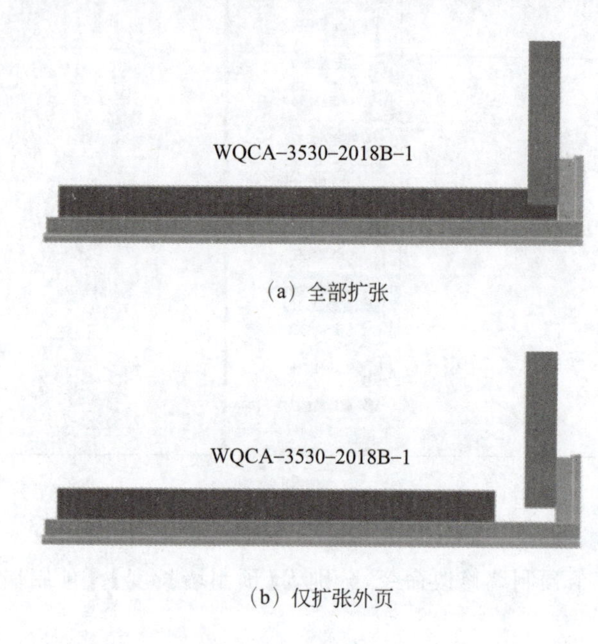

（a）全部扩张

（b）仅扩张外页

图 3-60 预制墙扩张

4. 预制墙改名

单击【预制墙改名】按钮，选择需要修改名称的预制墙，即可弹出预制墙名称修改对话框，输入需修改的名称，并单击【确定】按钮（见图 3-61）。

5. 预制剪力墙详细构造修改

通过【深化细节批量编辑】菜单下的【预制墙】按钮对预制墙详细构造信息进行批量编辑，也可以将光标放在预制墙上，右击选择【编辑】，对预制构件进行单个构件修改。

1）深化细节批量编辑（见图 3-62）

【批量编辑】对话框，分【细节】、【配筋】、【附件】3 个深化参数页，3 个深化参数页深化细节单独控制，如在【细节】参数页面下设置好需要修改的轮廓后，单击【选构件】按钮，即可在三维模型中选择需要修改的预制墙，单击后即可将设置的相关参数赋值到所选的构件上。

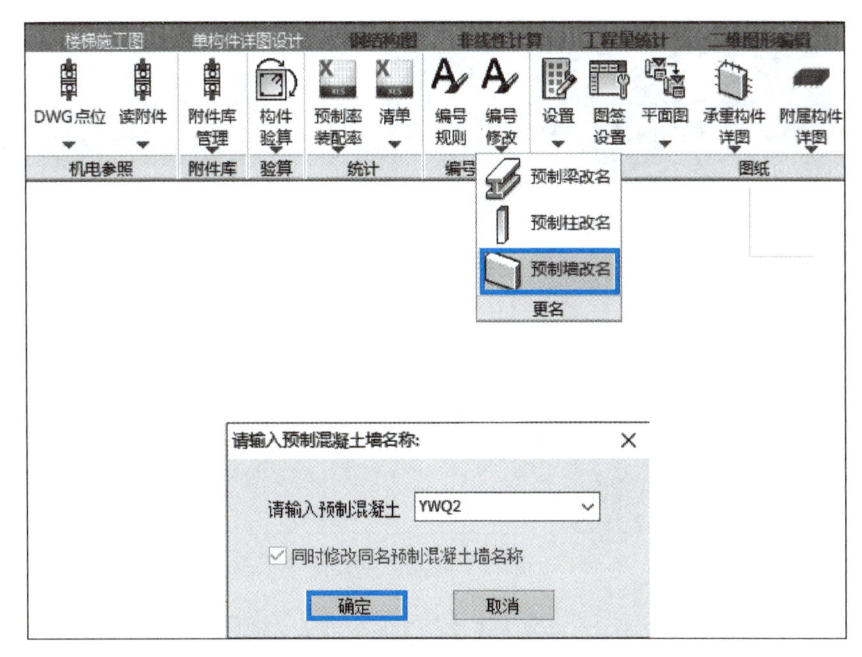

图 3-61　预制墙更名

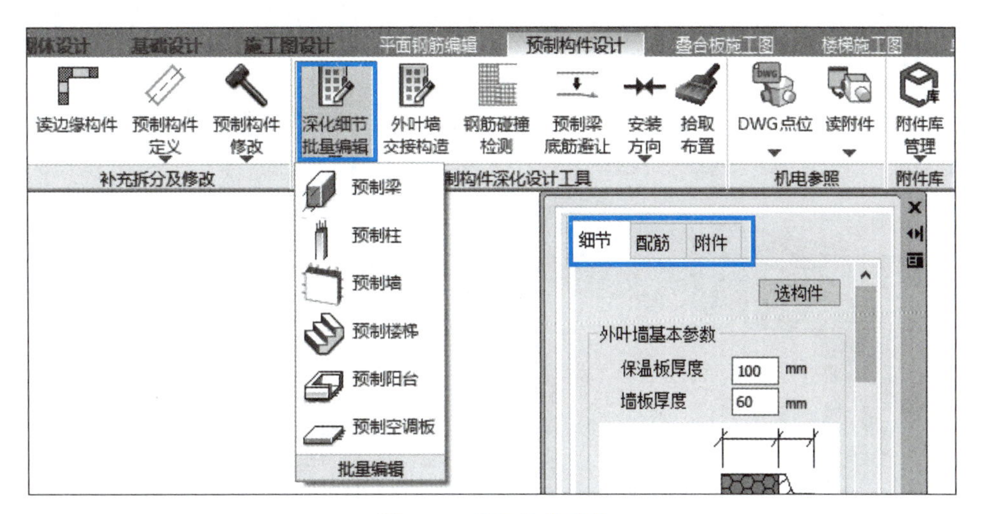

图 3-62　批量编辑菜单

2）预制墙三维编辑

预制墙三维编辑如图 3-63 所示。

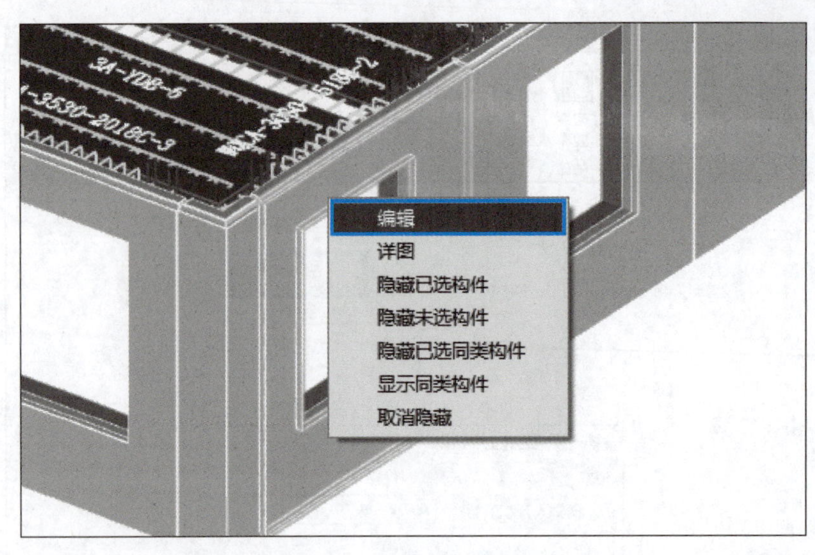

图 3-63 预制墙三维编辑

将光标放在任意预制墙上，右击选择【编辑】命令进入预制墙三维编辑对话框，预制墙三维编辑中可进行埋件设置，洞口设置，聚苯板设置，灌浆套筒设置，墙身、墙柱、连梁参数设置，墙身水平筋、墙柱纵筋位置设置等(见图 3-64)。修改完成后单击【保存退出】按钮即可将设置的参数保存到预制构件中。

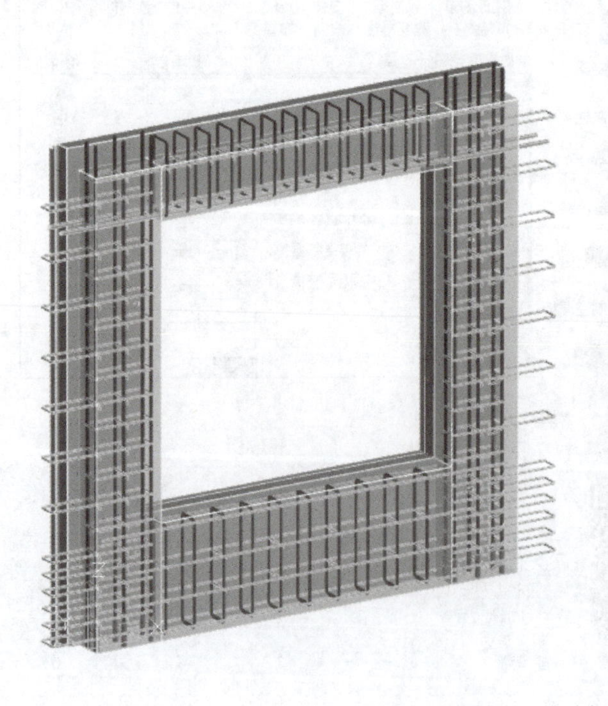

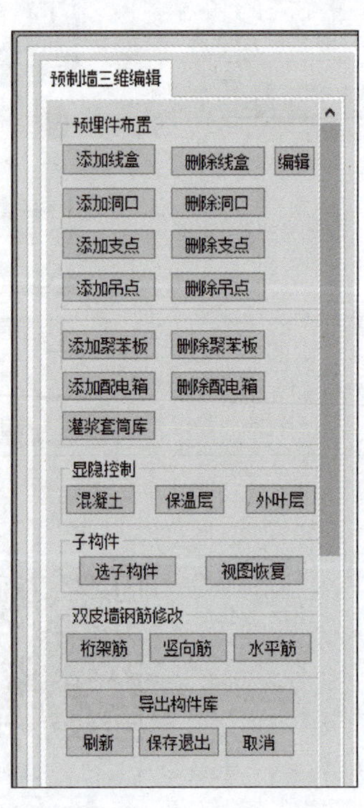

图 3-64 预制墙三维编辑

扫码学习预制墙三维编辑的操作流程

教学视频：预制墙三维编辑

3.6.4　平面钢筋编辑

预制构件拆分方案调整完成之后，可以进入【平面钢筋编辑】进行实配钢筋的查看和调整，也可根据调整后的实配钢筋进行抗剪接缝验算（见图 3-65）。

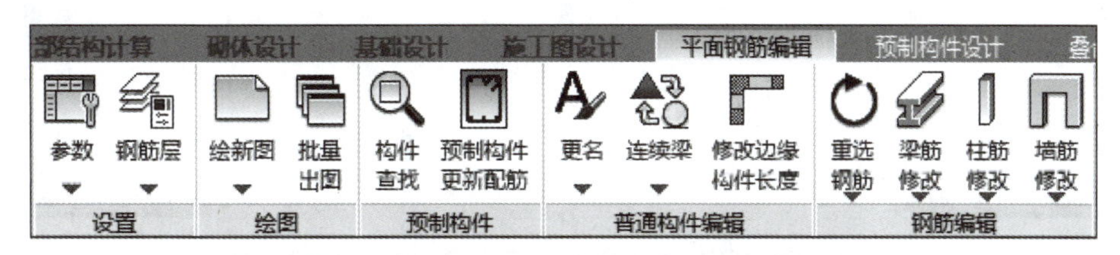

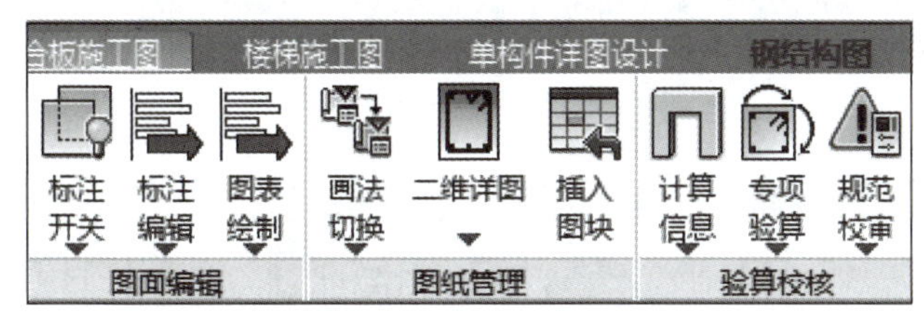

图 3-65　平面钢筋编辑菜单

1. 绘制新图

单击【绘新图】即可根据上部结构的计算结果绘制施工图，默认只显示预制构件部分的平面图（见图 3-66），单击【预制构件更新配筋】将施工图中预制构件的配筋信息更新到预制构件中。

2. 标注开关

【标注开关】菜单可以选择平面图显示的内容（见图 3-67）。【现浇构件开关】可按现浇构件显示或者关闭配筋信息；【预制构件开关】可显示或者关闭预制构件的相关信息。

3. 墙配筋修改

【平面钢筋编辑】菜单下，可以查看预制构件的配筋信息，也可以通过双击目标预制墙查看并修改配筋。

双击预制墙弹出【预制墙钢筋编辑】菜单，可对墙身、墙柱、连梁的钢筋进行修改。

【墙身】：通过下拉文本框选择需要调整的墙身，当修改竖向连接钢筋直径及间距时可自动显示配筋率，方便与设计结果校对（见图 3-68）。灌浆套筒范围内竖向连接钢筋及竖向分布筋的位置见图 3-69。

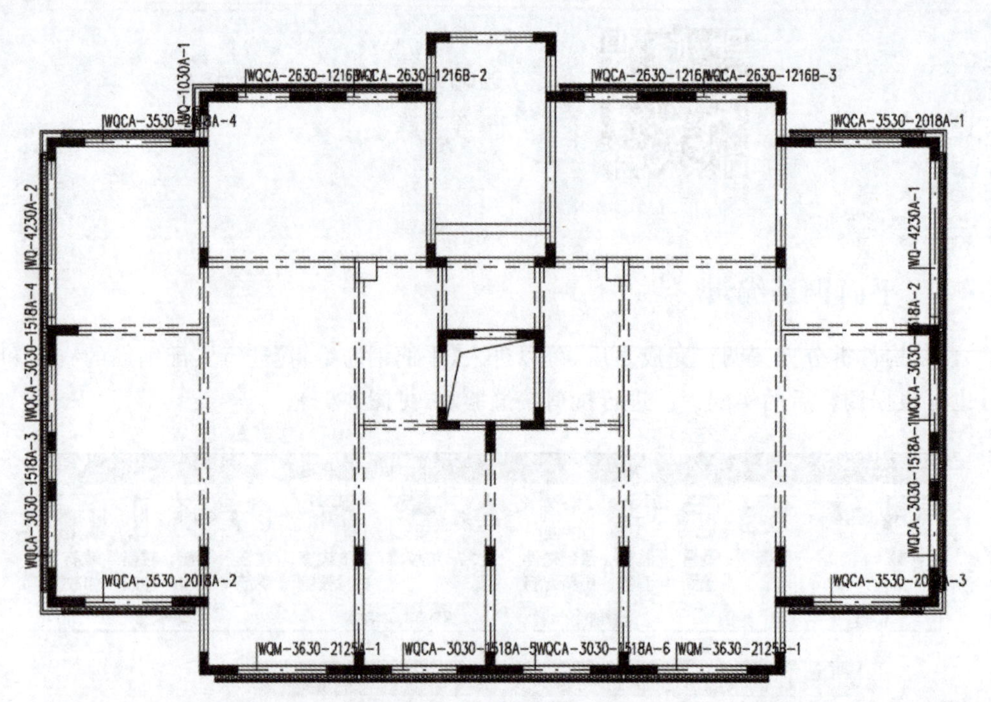

图 3-66　预制墙平面图

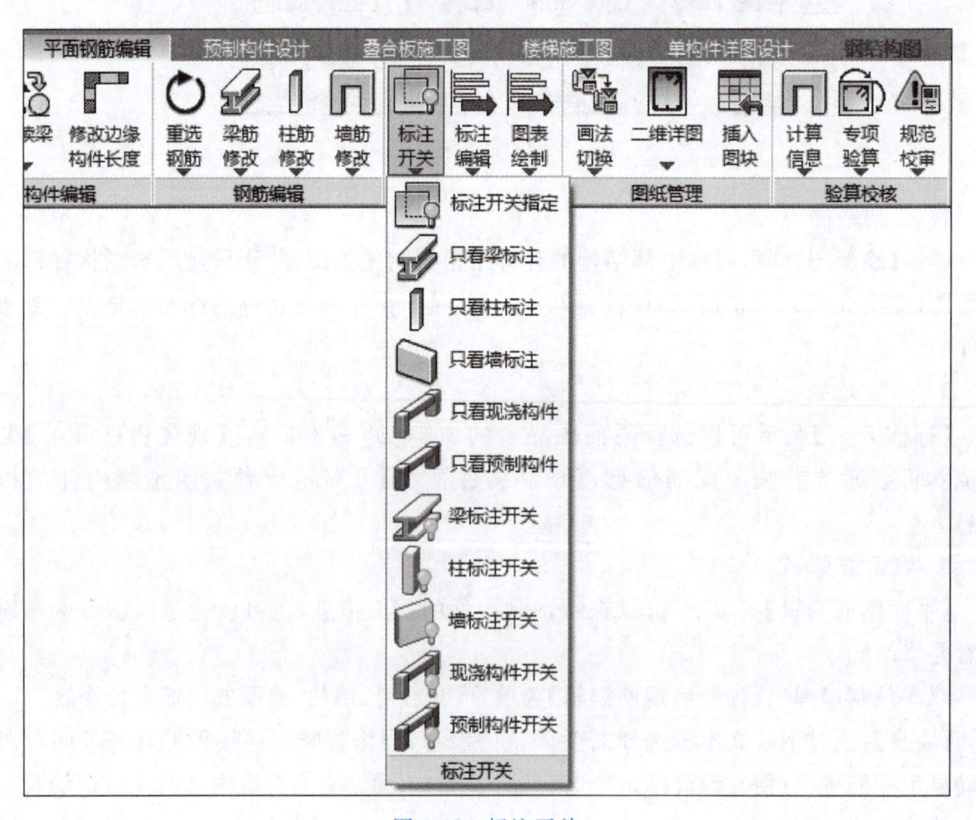

图 3-67　标注开关

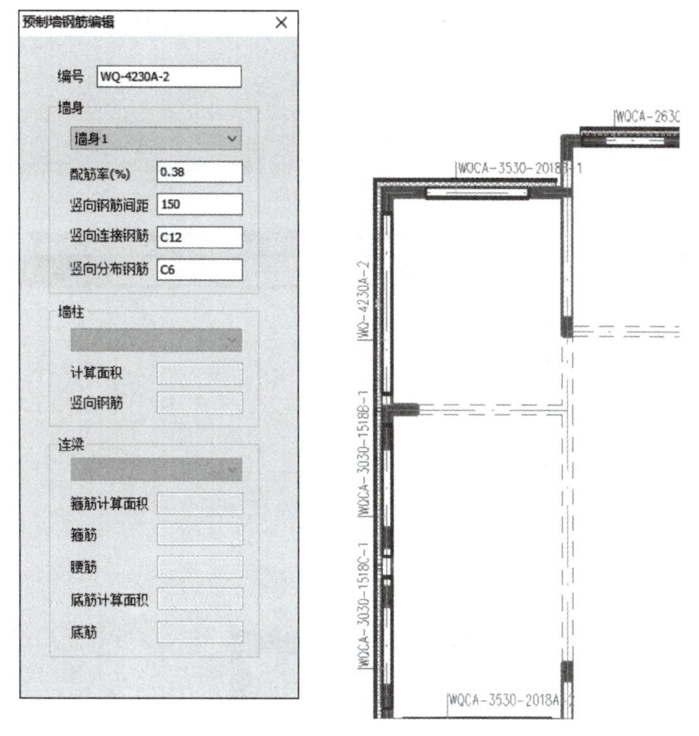

图 3-68　预制墙墙身钢筋编辑

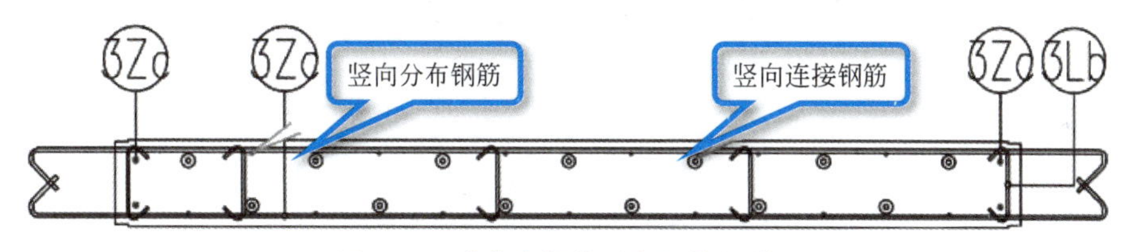

图 3-69　灌浆套筒范围内钢筋的位置

【墙柱】:通过下拉文本框选择需要修改的墙柱,单击需要修改钢筋的文本框中,会弹出【YJK-钢筋修改】菜单,该菜单中会显示钢筋型号、钢筋面积以及现有配筋的面积差。

【连梁】:通过下拉文本框选择需要修改的连梁,可以查看底筋和箍筋的计算面积,同时可以修改箍筋、腰筋和底筋的规格及数量。连梁下部纵向钢筋直径取软件根据计算结果选出的直径。连梁如果没有腰筋,则预制墙中对应连梁的腰筋取墙水平分布钢筋直径(见图 3-70)。

4. 预制墙接缝验算

【专项验算】菜单下可以对预制墙进行接缝验算,如图 3-71 所示;【预制构件专项验算参数设置】可以对预制构件接缝验算进行参数设置;软件默认执行《装配式混凝土结构技术规程》(JGJ 1—2014)(见图 3-71、图 3-72)。

【专项验算】菜单下选择【预制墙底抗剪】可以输出所有预制墙抗剪计算的结果(见图 3-73)。

选择预制墙可以输出详细计算书(见图 3-74),详细计算书包括所有地震工况下的详细验算过程。验算内容包括式(3-2)和式(3-3)的内容。为了将计算模型的内力对应到预制构件施工图模型,对于某片预制墙,软件计算预制墙范围内每个计算墙肢的压力和弯矩引起的压应力并叠加，代入与剪力设计值 V 相应的垂直于结合面的轴向力设计值 N，得到受剪承载力设计值。

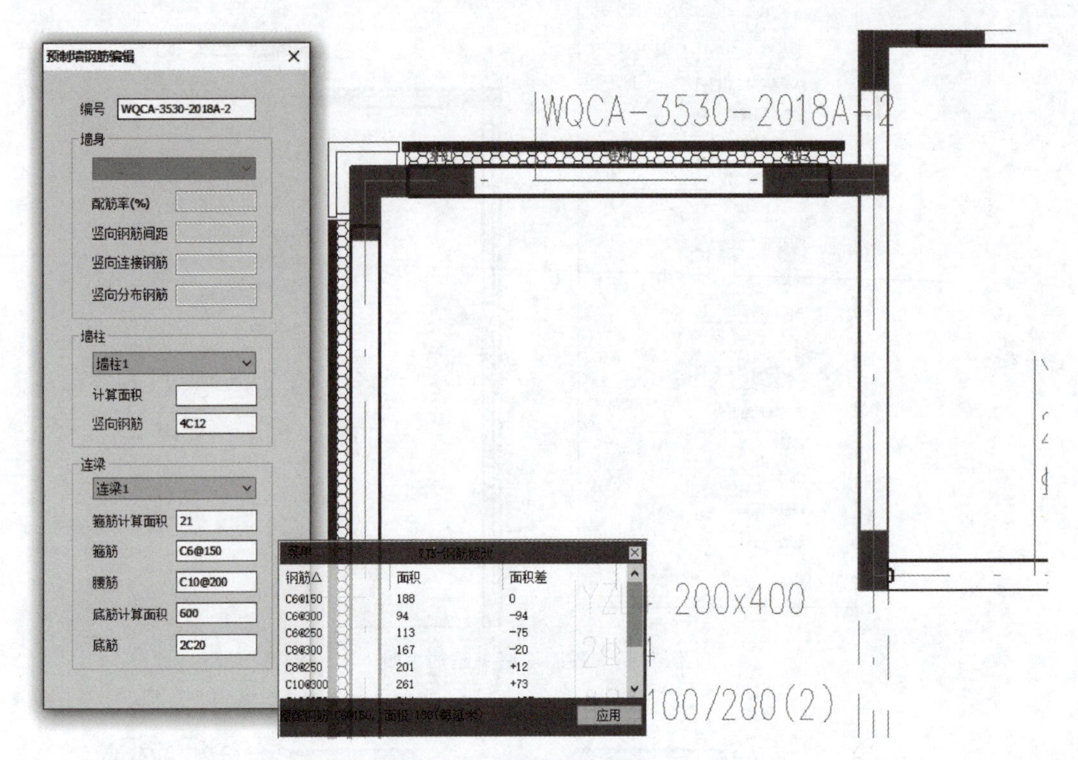

图 3-70　预制墙钢筋编辑

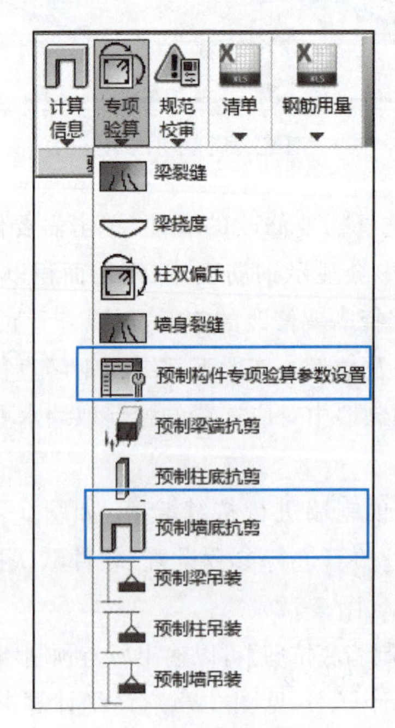

图 3-71　预制墙接缝验算菜单

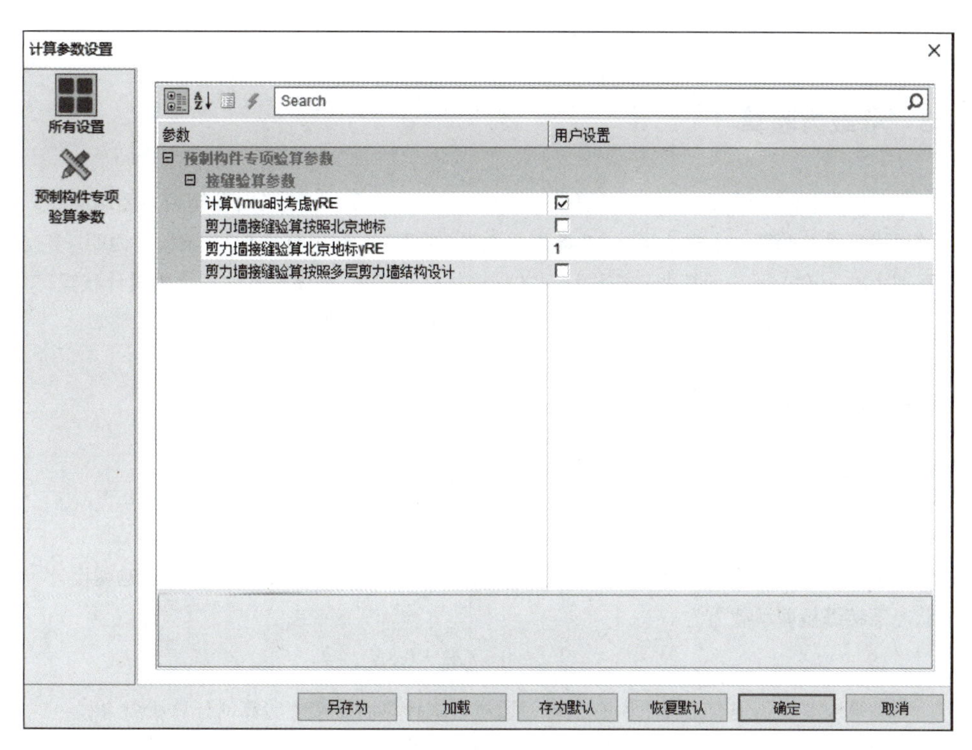

图 3-72　接缝验算参数设置

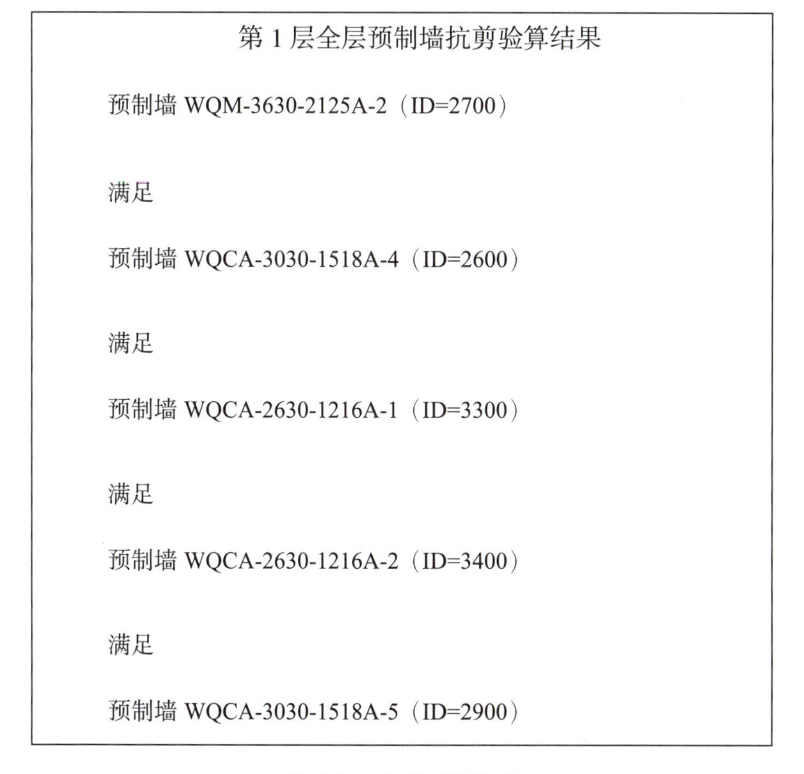

第 1 层全层预制墙抗剪验算结果

预制墙 WQM-3630-2125A-2（ID=2700）

满足

预制墙 WQCA-3030-1518A-4（ID=2600）

满足

预制墙 WQCA-2630-1216A-1（ID=3300）

满足

预制墙 WQCA-2630-1216A-2（ID=3400）

满足

预制墙 WQCA-3030-1518A-5（ID=2900）

图 3-73　抗剪计算结果

3 承载力验算

参照《装配式混凝土结构技术规程》(JGJ 1—2014)第 6.5.1 条对预制剪力墙墙底底接缝进行抗剪验算。由规范第 8.3.7 条条文说明(剪力墙)和规范第 9.2.2 条条文说明(多层剪力墙)可知,不需验算非地震设计时的接缝抗剪承载力,程序暂不验算持久设计状况,即公式(6.5.1–1),只进行地震设计状况下公式(6.5.1–2)和公式(6.5.1–3)的验算。

3.1 验算公式(6.5.1-2)

《装配式混凝土结构技术规程》(JGJ 1—2014)公式(6.5.1-2)为

$$V_{\mathrm{jdE}} \leqslant V_{\mathrm{uE}} / \gamma_{\mathrm{RE}}$$

根据《装配式混凝土结构技术规程》(JGJ 1—2014)公式(8.3.7)可知,地震设计状况下接缝抗剪承载力为

$$V_{\mathrm{uE}} = 0.6 f_{\mathrm{y}} A_{\mathrm{sd}} + 0.8N$$

验算时要遍历地震工况下所有组合,通过公式计算满足接缝验算的计算所需 A_{sd}。遍历所有地震组合,计算所需 A_{sd} 的最大值对应组合如下表。

位置	控制组合号	剪力设计值 V_{jde}/kN	轴力设计值 N/kN(受压为正)
墙底	31	115.5	1603.2

控制组合下计算所需 A_{sd} 计算过程如下(预制墙受压):

γ_{RE}=0.85, V_{jdE}=115.5kN, N=1603.2kN, f_{y}=360.0N/mm²

A_{sd}=(115464.9×0.85−0.8×1603235.5)/(0.6×360.0)=−5483.53(mm²)

=0mm²(计算所需 A_{sd} 小于 0,取 0)

3.2 验算公式(6.5.1-3)

《装配式混凝土结构技术规程》(JGJ 1—2014)公式(6.5.1–3)为

$$\eta_{\mathrm{j}} V_{\mathrm{mua}} \leqslant V_{\mathrm{uE}}$$

地震设计状况下补充验算剪力设计值 V_{mua} 参考《混凝土结构设计规范》(GB 50010—2010)(2015 年版)中第 11.7.4 条和第 11.7.5 条计算。

预制剪力墙偏心受压时:

$$V_{\mathrm{w}} \leqslant \frac{1}{\gamma_{\mathrm{RE}}}\left[\frac{1}{\lambda-0.5}\left(0.4 f_{\mathrm{t}} b h_0 + 0.1N\frac{A_{\mathrm{w}}}{A}\right) + 0.8 f_{\mathrm{yv}} \frac{A_{\mathrm{sh}}}{s} h_0\right]$$

预制剪力墙偏心受拉时:

图 3-74 详细计算书

$$V_w \leqslant \frac{1}{\gamma_{RE}}\left[\frac{1}{\lambda-0.5}\left(0.4f_tbh_0-0.1N\frac{A_w}{A}\right)+0.8f_{yv}\frac{A_{sh}}{s}h_0\right]$$

验算时要遍历地震工况下所有组合，通过公式$\eta_j V_{mua}=V_{uE}$ 计算满足接缝验算时的计算所需 A_{sd}。

遍历所有地震组合，计算所需 A_{sd} 的最大值对应组合如下表。

位置	控制组合号	轴力设计值 N/kN（受压为正）	截面高度 /mm
墙底	31	1603.2	3450

控制组合下 V_{mua} 的计算过程如下（预制墙受压）：

γ_{RE}=0.85，剪跨比偏保守取λ=1.5。

当 $N>0.2f_cb_h$ 时取 $0.2f_cb_h$。

$$0.2\times16.7\times200\times3450=2307359.9$$

轴力取两者较小值：

N = min（1603235.5, 2307359.9）

=1603235.5[（0.4×1.57×200.0×3404+0.1×1603235.5）/（1.5−0.5）+0.8×360×100.5×3404/200]

=1081938.0

V_{mua}=1081938.0/0.85=1272868.2（N）

计算所需 A_{sd} 的计算过程如下（预制墙受压）：

η_j=1.1，　V_{mua}=1272.9kN，　N=1603.2kN，　f_y=360.0N/mm²

A_{sd}=（1272868.2 × 1.1−0.8 × 1603235.5）/（0.6 × 360.0）=544.29（mm²）

3.3　结果汇总

对比上面公式（6.5.1−2）、公式（6.5.1−3）计算结果，计算所需钢筋面积 A_{sd} 包络结果如下表。

位置	控制公式	计算所需 A_{sd}/mm²
墙底	公式（6.5.1−3）	544.3

4　结论

实配 A_{sd} 与计算所需 A_{sd} 对比如下表。

位置	计算所需 A_{sd}/mm²	实配 A_{sd}/mm²	结论
墙底	544.3	2488.2	满足

图　3-74（续）

3.7 结果输出

3.7.1 预制剪力墙平面图

【预制构件设计】菜单下可绘制【平面标注图】、【套筒布置图】、【抗剪计算结果】、【预制构件布置图】等平面图(见图 3-75)。

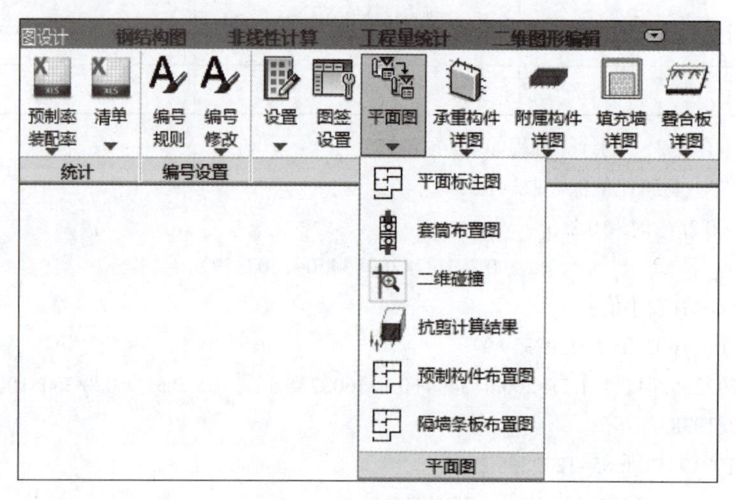

图 3-75 平面图菜单

1. 平面标注图

【平面标注图】用于标注普通现浇构件的平法标注信息和预制构件信息(见图 3-76)。

2. 预制构件布置图

【预制构件布置图】上预制墙的编号及位置与预制构件详图一一对应,方便预制构件的生产及安装(见图 3-77)。

3. 套筒布置图

套筒布置图平面图(见图 3-78)主要是定位套筒钢筋的位置,方便施工单位预留钢筋位置与预制墙上的套筒位置相对应。

4. 抗剪计算结果

抗剪计算结果平面图(见图 3-79)主要是用于抗剪计算结果的输出,用于报审及校核。

3.7.2 预制剪力墙详图

软件提供了批量绘制预制墙详图的功能,通过【预制构件设计】菜单下的【承重构件详图】按钮批量绘制预制剪力墙详图(见图 3-80)。

单击【预制墙详图】按钮,弹出预制墙列表,勾选需要批量绘制的预制墙编号(见图 3-81)。

单击【确定】按钮,软件会自动新建一个窗口,框选绘图范围,软件在绘图范围内将各类预制墙的大样详图依次画出。

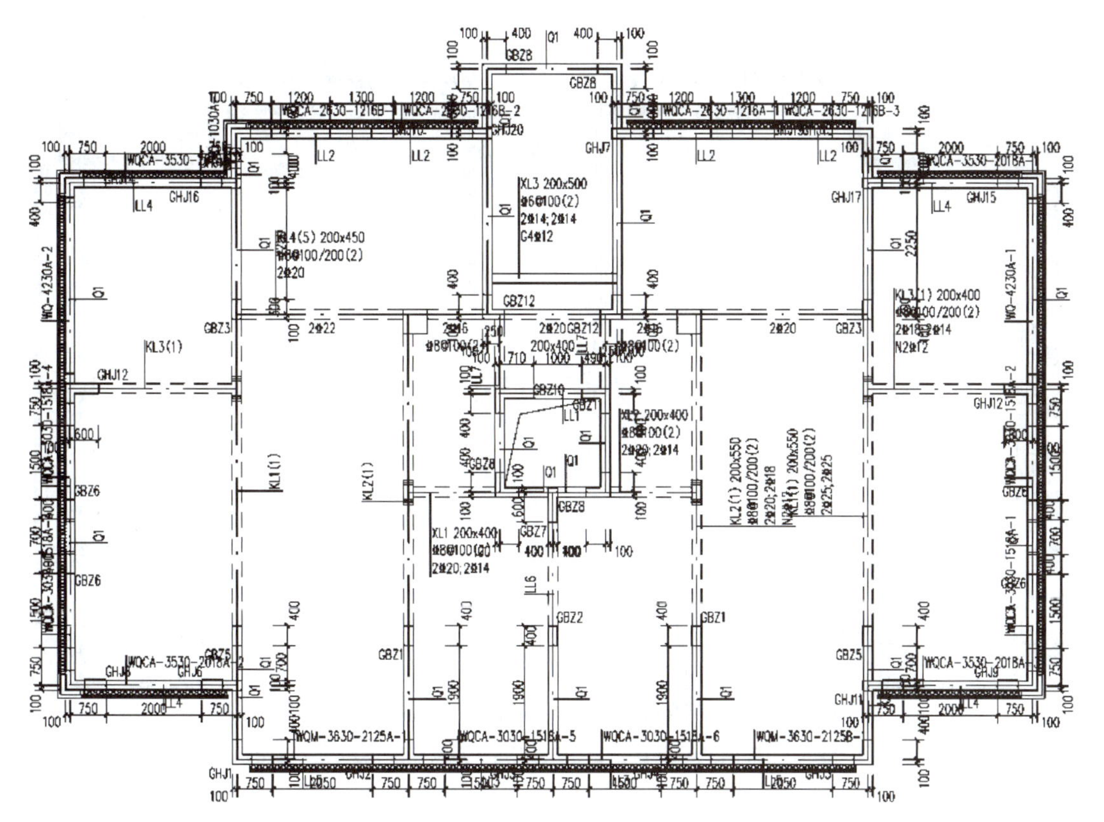

图 3-76　平面标注图

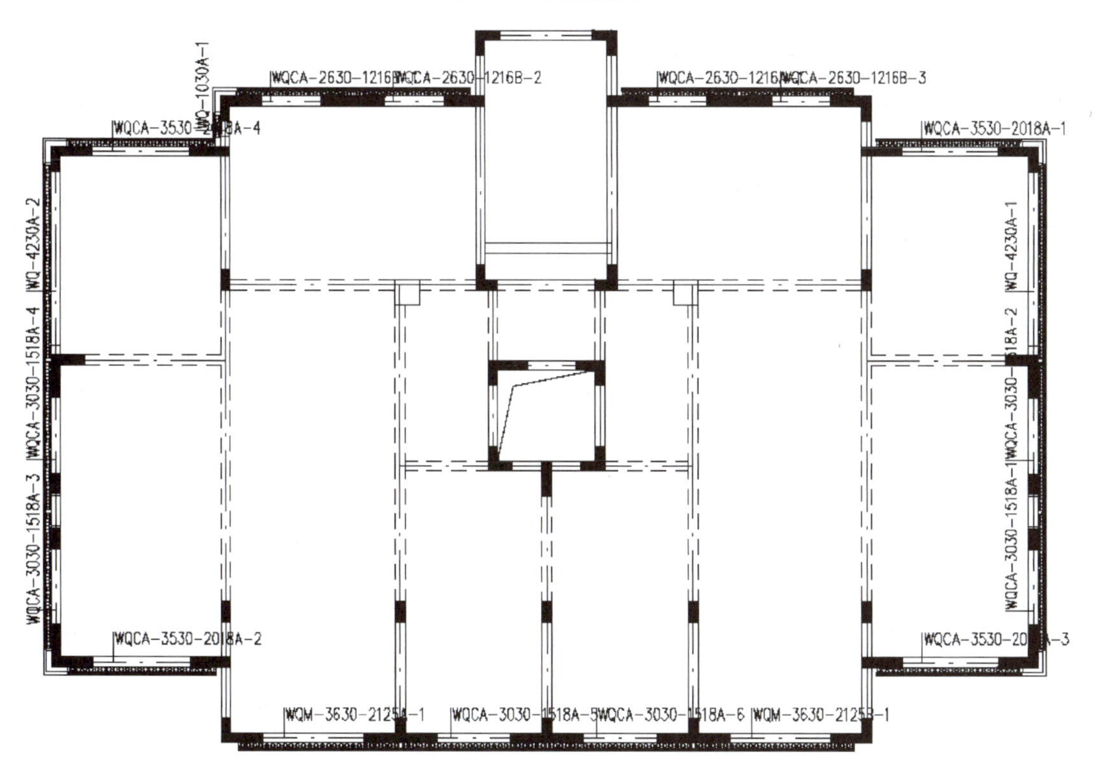

图 3-77　预制构件布置图

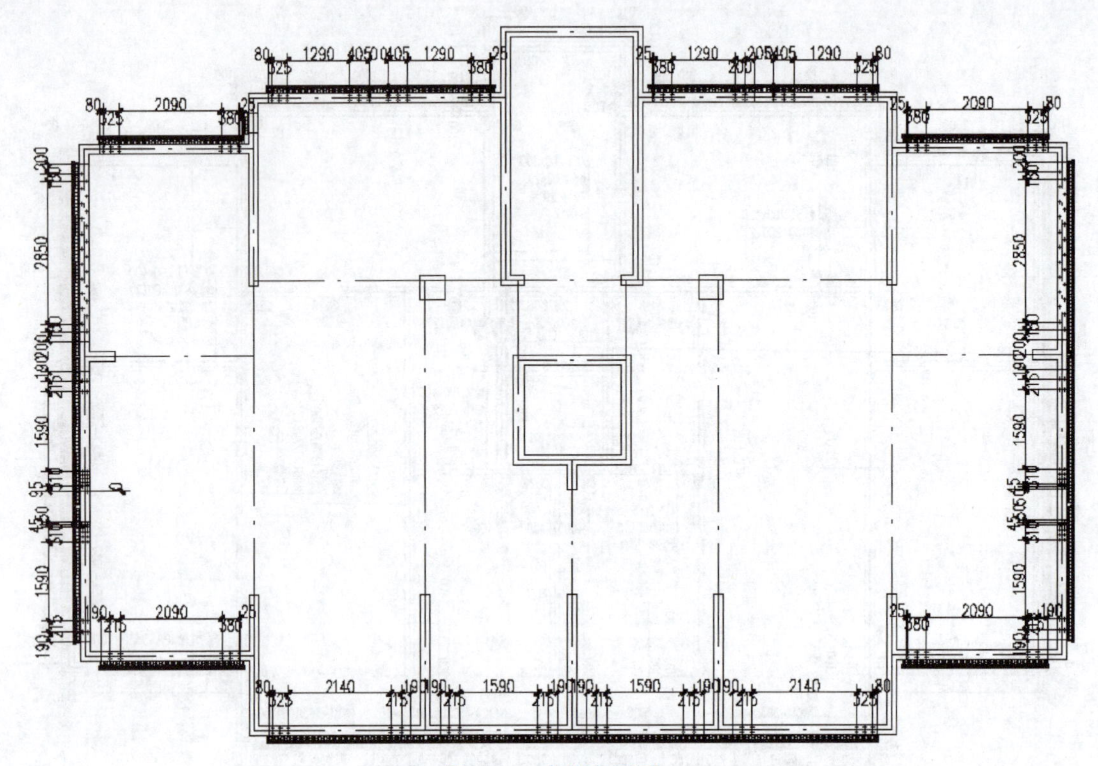

图 3-78　套筒布置图

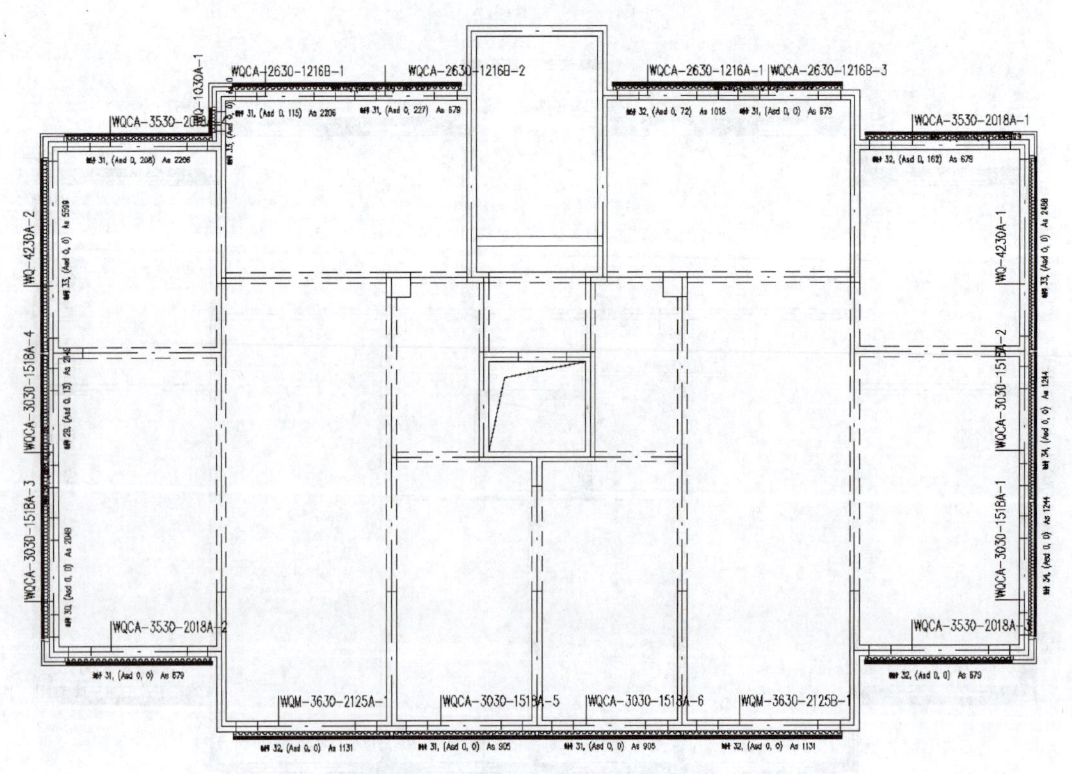

图 3-79　抗剪计算结果平面图

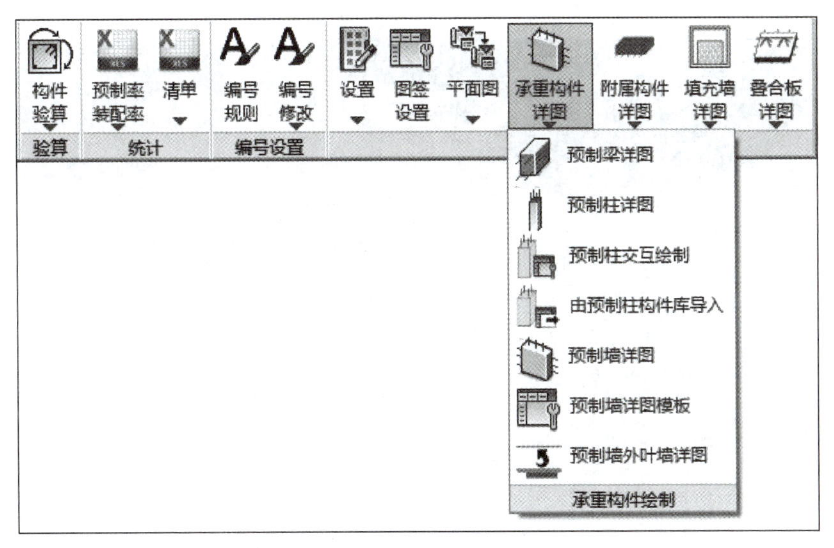

图 3-80　预制墙详图按钮

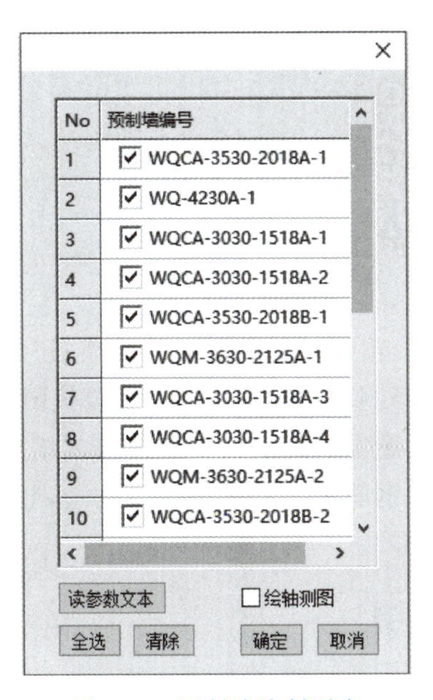

图 3-81　预制墙绘制列表

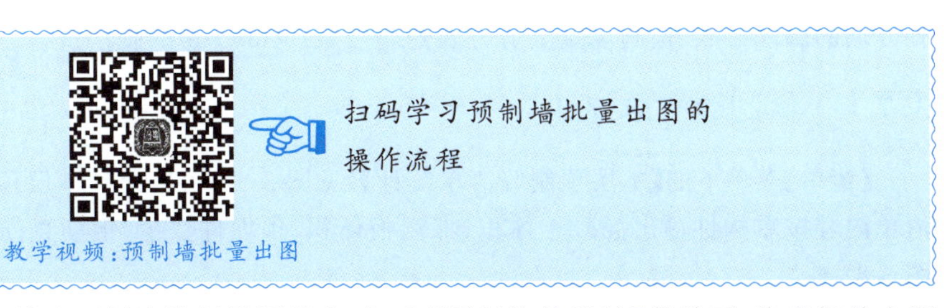

软件还提供了单个预制墙绘制详图的方式，在【预制构件设计】菜单下，将光标放在预制墙上右击所需出图的预制墙，在弹出的菜单内选择【详图】（见图 3-82），可一键绘制预制墙详图。

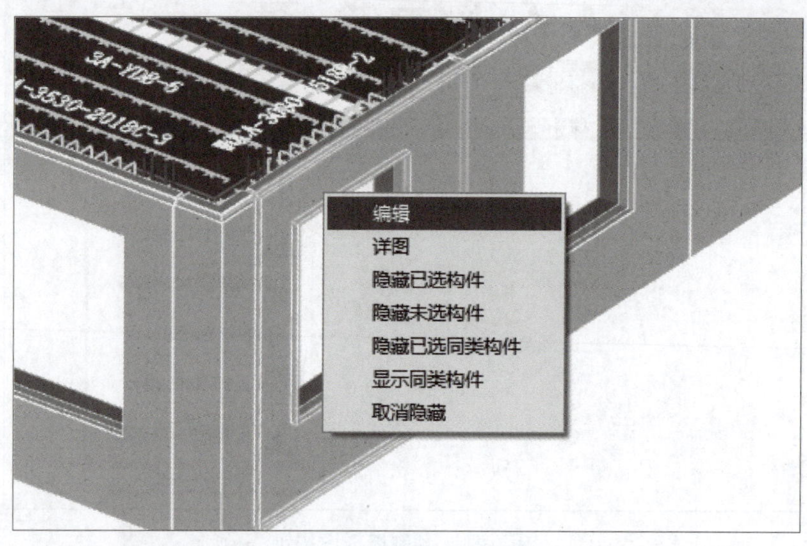

图 3-82　预制墙详图按钮

预制墙详图根据标准图集《预制混凝土剪力墙外墙板》(15G365-1)、《预制混凝土剪力墙内墙板》(15G365-2)绘制。预制墙详图的内容包括模板图、配筋图、剖面图、三维示意图、埋件表、钢筋表、构件位置示意图等。配筋图中包含墙内横向、竖向分布钢筋，墙内边缘构件钢筋，墙上连梁的钢筋，横向钢筋伸出部分的长度构造，竖向钢筋下部连接接头构造、上部伸出长度及构造等(见图 3-83)。

3.7.3　预制墙外叶墙详图

【承重构件详图】菜单下设置了【预制墙外叶墙详图】菜单，单击该菜单可以画出所有类别预制墙的外叶墙详图(见图 3-84)，该菜单的操作方式和【预制墙详图】菜单相同，预制墙外叶墙的画法参照《预制混凝土剪力墙外墙板》(15G365-1)的画法进行(见图 3-85)。

3.7.4　预制墙清单统计

【清单】菜单下的【本层预制墙清单统计】(见图 3-86)可以统计本层预制墙工程量清单，清单内容按单构件输出混凝土体积、保温板体积、预埋件数量、钢筋直筋及数量等内容(见图 3-87)。

3.7.5　预制墙水平接缝的受剪承载力计算书

预制墙水平接缝的受剪承载力结果输出详见本书第 3.6.4 小节。

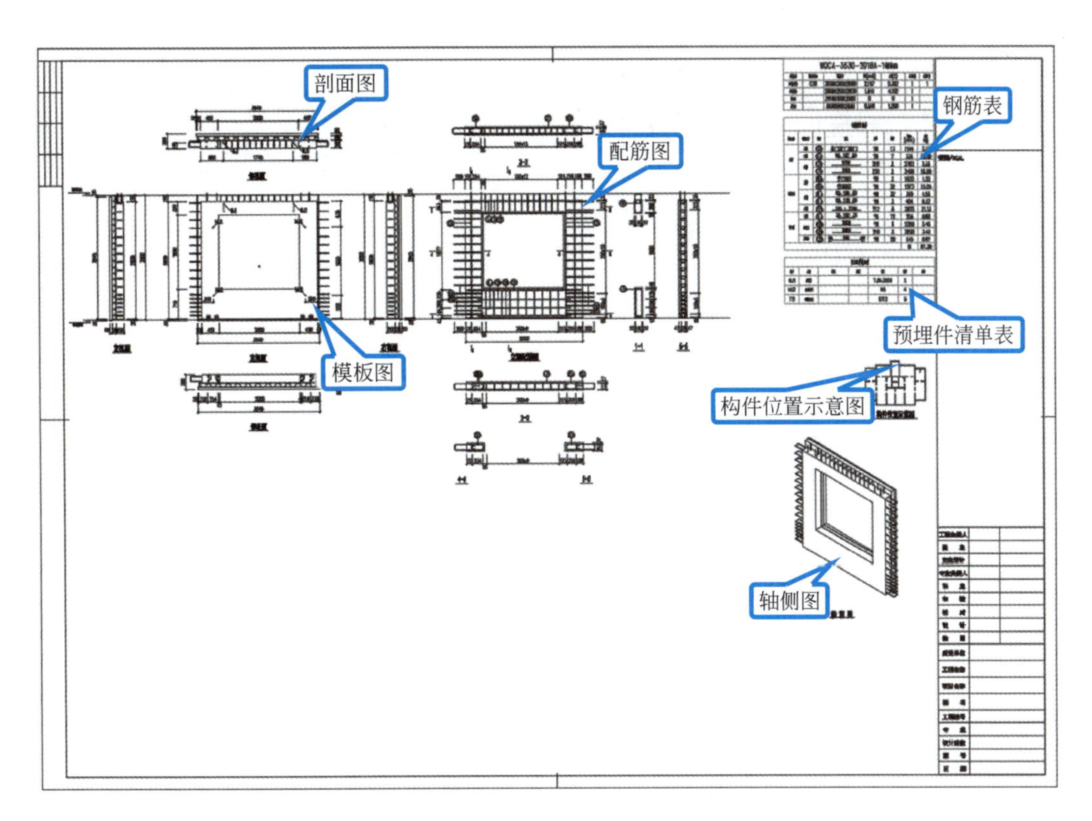

图 3-83　预制剪力墙详图

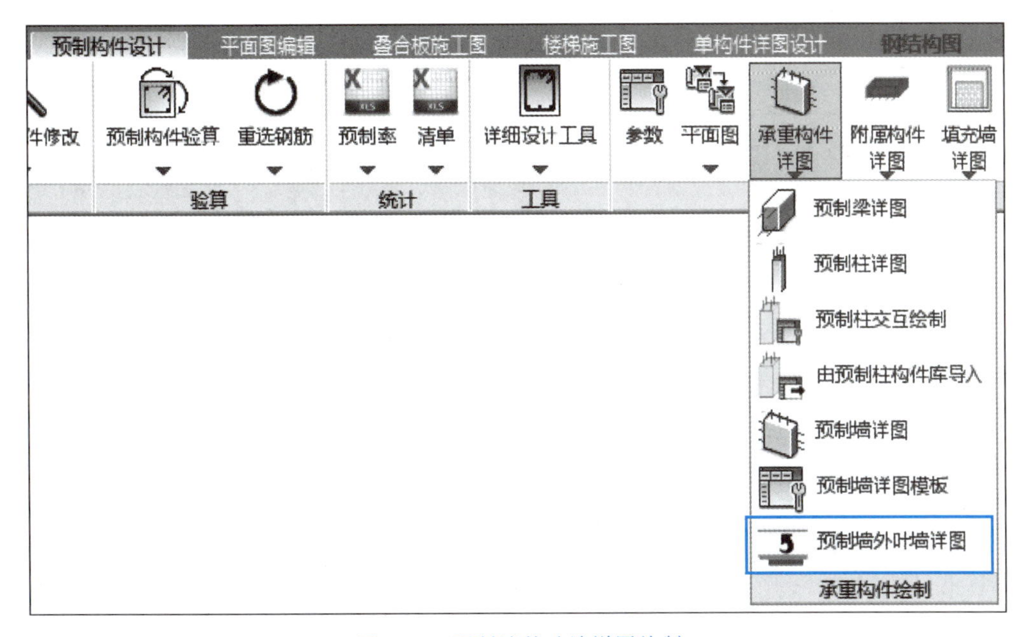

图 3-84　预制墙外叶墙详图绘制

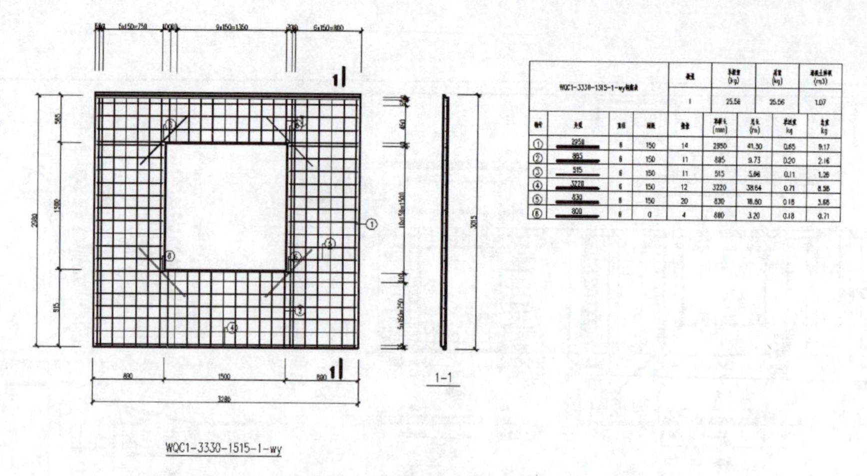

图 3-85 预制墙外叶墙详图

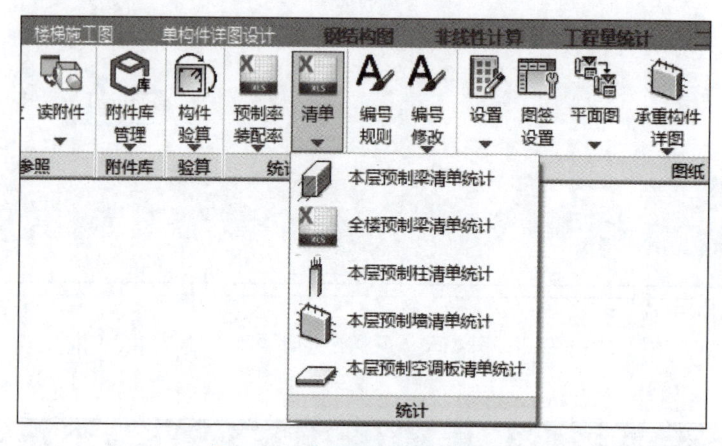

图 3-86 本层预制墙清单统计

楼层	类型	型号	数量	方量(m3)	混凝土方量	保温板方量	聚苯板方量	MJ2	MJ1	DH	PVC(m)	TT1	TT2	TT3	G⌀8长度(	G⌀8重量(	⌀6长度(m	⌀6重量(k	⌀8长度(m	⌀8重量(k	⌀12长度(	⌀12重量(
1	预制墙	WQM-363	1	2.21	1.23	0.97	0.00	4	2	0	4.00	10			81014	32.00	3859	0.86	23263	9.19	29750	26.42
1	预制墙	WQCA-30	1	2.23	1.36	0.88	0.00	4	2	0	3.20	8			66172	26.14	4814	1.07	34585	13.66	23800	21.13
1	预制墙	WQCA-30	1	2.23	1.36	0.88	0.00	4	2	0	3.20	8			66172	26.14	4814	1.07	34585	13.66	23800	21.13
1	预制墙	WQM-363	1	2.20	1.23	0.97	0.00	4	2	0	4.00	10			81030	32.01	3859	0.86	23263	9.19	29750	26.42
1	预制墙	WQCA-35	1	2.36	1.47	0.89	0.00	4	2	0	4.80	12			74132	29.28	5706	1.27	56749	22.42	35700	31.70
1	预制墙	WQ-4230A	1	3.85	2.71	1.14	0.00	4	2	0	8.80	22			14440	5.70	78352	17.39	133860	52.87	76690	68.10
1	预制墙	WQCA-26	1	1.94	1.24	0.70	0.00	4	2	0	4.00	6	4		70866	27.99	5675	1.26	37298	14.73	17850	15.85
1	预制墙	WQCA-26	1	1.91	1.23	0.69	0.00	4	2	0	4.80	6	6		73218	28.92	5675	1.26	45435	17.95	17850	15.85
1	预制墙	WQCA-26	1	1.94	1.24	0.70	0.00	4	2	0	4.80	6	6		74080	29.26	5675	1.26	45435	17.95	17850	15.85
1	预制墙	WQCA-35	1	2.60	1.56	1.04	0.00	4	2	0	4.00	6		4	72484	28.63	5706	1.27	48929	19.33	17850	15.85
1	预制墙	WQCA-26	1	1.70	1.07	0.63	0.00	4	2	0	4.00	4	6		65222	25.76	5675	1.26	37697	14.89	11900	10.57
1	预制墙	WQ-3530A	1	2.08	1.18	0.89	0.00	4	2	0	1.60			4	41664	16.46	5164	1.15	33595	13.27		
1	预制墙	WQC2-60	1	5.55	3.86	1.69	0.00	4	3	0	13.20	29		4	174914	69.09	26863	5.96	118801	46.93	86275	76.61
1	预制墙	WQCA-30	1	2.28	1.41	0.88	0.00	4	2	0	6.00	15			85196	33.65	11572	2.57	58022	22.92	44625	39.63
1	预制墙	WQCA-30	1	2.36	1.44	0.91	0.00	4	2	0	6.00	11		4	85324	33.70	11572	2.57	58024	22.92	32725	29.06
1	预制墙	WQCA-35	1	2.08	1.05	1.04	0.00	4	2	0	0.00				15444	6.10	5706	1.27	31394	12.40		
1	预制墙	WQ-4230A	1	3.98	2.73	1.26	0.00	4	2	0	8.80	22			14040	5.55	77603	17.23	107800	42.58	76650	68.07

图 3-87 预制墙清单菜单

3.7.6 预制墙的吊装验算

在【专项验算】菜单下选择【预制墙吊装】(见图 3-88)即可输出所有预制墙的吊装验算的计算书(见图 3-89)。

选择预制墙可输出该墙吊装验算的详细计算书(见图 3-90),软件分别计算了预制墙的保温层、外叶墙、内叶墙的重量,从而得出预制墙总重,并按照两个吊点进行吊装验算,给出每根吊杆的内力和应力。

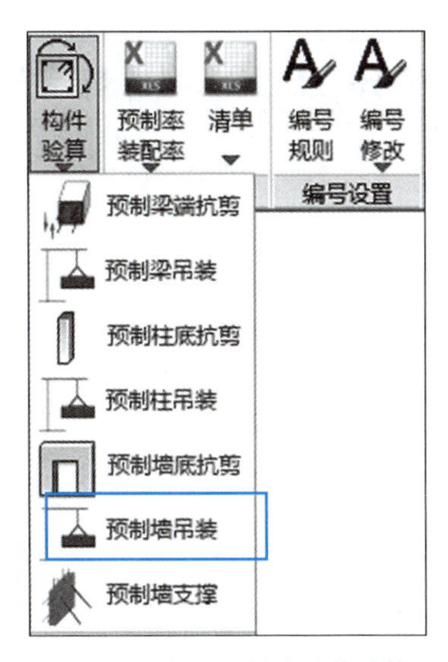

图 3-88　本层预制墙吊装计算

第1层全层预制墙吊装验算结果

预制墙 WQCA-3530-2018A-2（ID=39700），起点坐标（-26767,-20027），终点坐标（-23867,-20027）

总重 44692.7N，考虑面外构件后的总重 67039.0N
每根吊杆的内力 16759.8N，每根吊杆的应力 44.1N/mm^2< 65Nmm^2 满足

预制墙WQ-4230A-1（ID= 39000），起点坐标（-6967,-13727），终点坐标（-6967,-10177）

总重 96361.6N, 考虑面外构件后的总重 144542.4N
每根吊杆的内力 36135.6N, 每根吊杆的应力 95.1N/mm^2> 65N/mm^2 不满足

预制墙 WQCA-3030-1518A-3（ID = 39200），起点坐标（-27067,-19727），终点坐标（-27067,-17327）

总重 42023. 6N, 考虑面外构件后的总重 63035.4N
每根吊杆的内力 15758.8N, 每根吊杆的应力 41.5N/mm^2< 65N/mm^2 满足

预制墙 WQM-3630-2125A-1（ID = 39900），起点坐标（-23267,-21527），终点坐标（-20317,-21527）

总重 32188.3N, 考虑面外构件后的总重 48282.4N
每根吊杆的内力 12070.6N，每根吊杆的应力 31.8N/mm^2< 65N/mm^2 满足

预制墙 WQCA-3030-1518A-5（ID = 40000），起点坐标（-19717,-21527），终点坐标（-17317,-21527）

总重 44977.5N, 考虑面外构件后的总重 67466.2N
每根吊杆的内力 16866.6N, 每根吊杆的应力 44.4N/mm^2< 65N/mm^2 满足

图 3-89　本层预制墙吊装计算

WQCA-3530-20 18A-1（ID=38700）

一、计算依据

《高层建筑混凝土结构技术规程》（JGJ 3—2010）
《建筑抗震设计规范》（GB 50011—2010）（2016年版）
《混凝土结构工程施工规范》（GB 50666—2011）
《混凝土结构设计规范》（GB 50010—2010）（2015年版）
《装配式混凝土结构技术规程》（JGJ 1—2014）

二、施工验算计算公式及参数

起点坐标（−10167, −9877），终点坐标（−7267, −9877），洞口长 2000.0mm，高 1800.0mm

墙重度 25.0kN/m³，保温板重度 25.0kN/m³，外挂板重度 25.0kN/m³

保温板长 3000.0mm，保温板宽 100.0mm，保温板高 2980.0mm
扣除洞口后的保温板面积 5.340m²
保温板重 13350.0N

外叶墙长 3040.0mm，外叶墙宽 60.0mm，外叶墙高 2980.0mm
扣除洞口后的外叶墙面积 5.459m²
外叶墙重 8188.8N
内叶墙长 2900.0mm，内叶墙宽 200.0mm，内叶墙高 2840.0mm
扣除洞口后的内叶墙面积 4.636m²
内叶墙重 23180.0N

总重 44718.8N
考虑面外构件后的总重 67078.2N
沿构件长度的重心位置为 1450
沿构件厚度的重心位置为 186

每根吊杆的受力面积 380.1mm²
每根吊杆的内力 16769.5N，每根吊杆的应力 44.1N/mm² < 65N/mm² 满足

图 3-90 预制墙单构件吊装计算

【学习笔记】

复习思考题

一、单选题

1. 当采用套筒灌浆连接时，自套筒底部至套筒顶部并向上（　　）mm 范围内，预制剪力墙的水平分布筋应加密。

A. 100　　B. 150　　C. 200　　D. 300

2.《装配式混凝土结构技术规程》(JGJ 1—2014) 规定："抗震设计时，对同一层内既有现浇墙肢也有预制墙肢的装配整体式剪力墙结构，现浇墙肢水平地震作用弯矩、剪力宜乘以不小于（　　）的增大系数。"

A. 1.1　　B. 1.2　　C. 1.0　　D. 0.9

3. 预制剪力墙是（　　）结构的主要抗侧力构件，抵御地震和风荷载作用，主要包括整体预制墙、双层叠合墙两种类型。

A. 预制装配式混凝土剪力墙　　B. 预制混凝土框架梁和叠合板
C. 叠合剪力墙　　D. 框架剪力墙

4. 预制剪力墙宜按照建筑开间和进深尺寸拆分，拆分时宜拆分为一字形，单个构件的重量不宜大于（　　）t。

A. 3　　B. 4　　C. 5　　D. 6

5. 建筑的单体装配率中 Q_1 指的是（　　）。

A. 装修与设备管线指标实际得分值　　B. 围护墙和内隔墙指标实际得分值
C. 主体结构指标实际得分值　　D. 加分项实际得分值总和

二、简答题

1. 什么是装配整体式混凝土剪力墙结构？

2. 深化设计图主要包含哪些内容？

3. 装配整体式剪力墙结构体系主要预制构件有哪些？

三、工程实践

完成二维码链接中混凝土剪力墙的模型搭建及深化设计。

教学模型 1

教学单元 4 装配整体式混凝土框架结构设计

思维导图

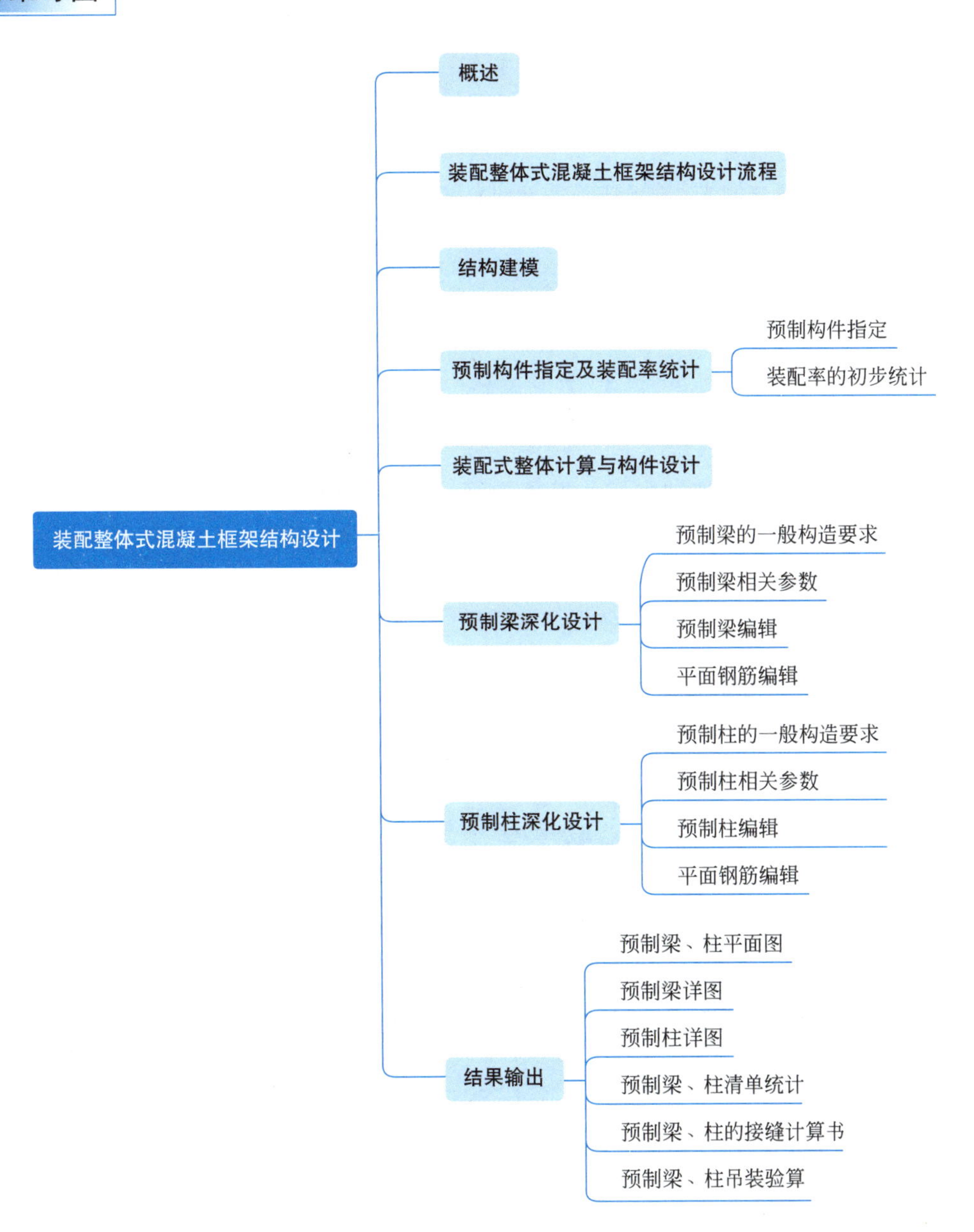

教学目标

1. 知识目标

(1) 了解装配整体式混凝土框架结构的概念;

(2) 熟悉装配整体式混凝土框架结构的设计流程;

(3) 掌握装配整体式混凝土框架结构的设计要点。

2. 能力目标

(1) 能够搭建装配整体式混凝土框架结构模型;

(2) 能够对混凝土框架结构进行合理拆分;

(3) 能够计算装配式框架结构的装配率;

(4) 能够进行框架梁、框架柱的设计及验算;

(5) 能够输出装配整体式混凝土框架结构施工图。

3. 素质目标

(1) 增强学生遵守规范,遵纪守法的意识;

(2) 培养学生整体化思维和标准化工作流程理念;

(3) 培养学生严谨细致的工作习惯。

4.1 概　述

装配整体式混凝土框架结构是由预制混凝土框架梁和框架柱或其他部件通过钢筋连接件或施加预应力加以连接并现场浇筑混凝土而形成整体的框架结构(见图 4-1)。它结合了现浇整体式混凝土框架结构和预制装配式混凝土框架结构两者的优点,既节省模板,降低工程费用,又可以提高工程的整体性和抗震性,在现代土木工程中得到越来越多的应用。

图 4-1　装配整体式混凝土框架结构

装配整体式结构设计一般要遵循以下要求。

(1) 建筑设计应遵循少规格、多组合的原则。

(2) 宜采用主体结构、装修和设备管线的装配化集成技术。

(3) 建筑设计应符合建筑模数协调标准。

(4) 围护结构及建筑部品等宜采用工业化、标准化产品。

(5) 宜选用大开间、大进深的平面布置。

(6) 宜采用规则平面和立面布置。

装配整体式混凝土框架结构建筑的预制构件包括:柱(全预制柱)、梁(叠合梁、全预制梁)、板[叠合板(免模或免模免撑)、全预制板]、楼梯(全预制楼梯)、外挂墙板[全预制外挂墙板(单墙或夹心保温墙)]、女儿墙等(见图4-2)。

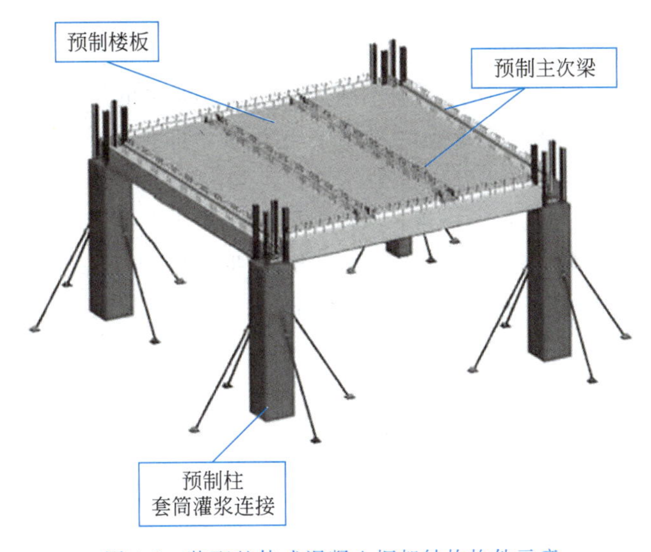

图4-2　装配整体式混凝土框架结构构件示意

4.2　装配整体式混凝土框架结构设计流程

装配整体式混凝土框架结构的设计流程为:结构建模→预制构件的指定→装配率的初步统计→装配式整体计算与构件设计→预制构件的深化设计→结果输出。

4.3　结构建模

装配整体式混凝土框架结构建模步骤参考3.3节内容。

扫码完成本教学单元的学习内容

教学模型2

4.4 预制构件指定及装配率统计

4.4.1 预制构件指定

与装配整体式混凝土剪力墙结构相同，在建模阶段完成整体建模后，即可对预制构件进行指定。

1. 预制梁的指定

1）预制梁拆分的基本原则

装配整体式混凝土框架结构中，当采用叠合梁时，框架梁的后浇混凝土叠合层厚度不宜小于 150mm，次梁的后浇混凝土叠合层厚度不宜小于 120mm；当采用凹口截面预制梁时，凹口深度不宜小于 50mm，凹口边厚度不宜小于 60mm。

根据《装配式混凝土结构技术规程》(JGJ 1—2014)7.3.1 条，【预制梁指定】菜单下，设计软件提供了梁后浇叠合层和凹口设计相关参数；依据图集《装配式混凝土连接节点构造》(15G310-1)和《装配式混凝土结构技术规程》(JGJ 1—2014)6.5.5 条，软件提供了抗剪键槽定义参数（见图 4-3 和图 4-4）。

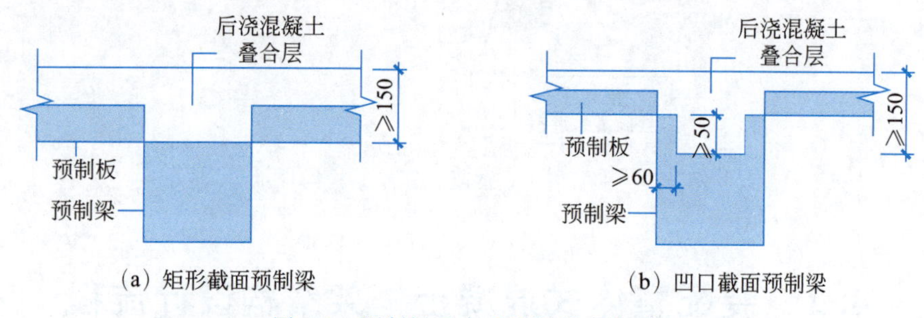

图 4-3　预制梁叠合后浇混凝土构造

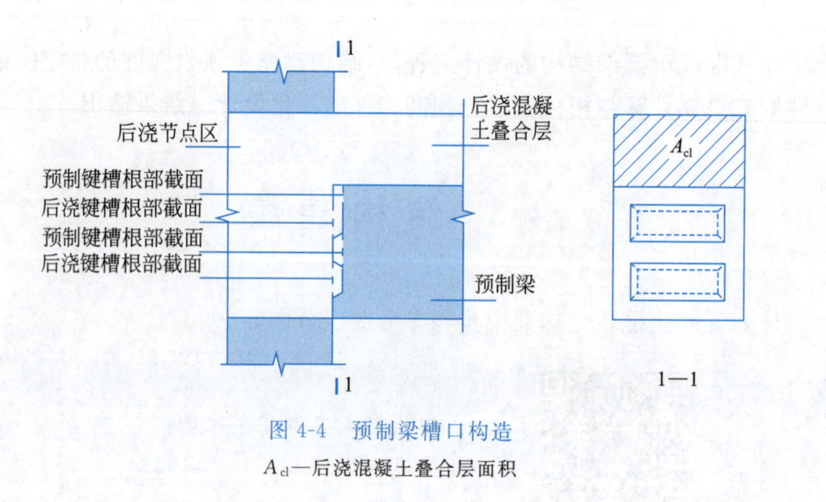

图 4-4　预制梁槽口构造

A_{cl}—后浇混凝土叠合层面积

2）预制梁指定

预制梁的指定在【预制构件拆分】菜单下（见图 4-5）。单击【指定预制梁】按钮后会弹出

【预制梁拆分参数】设置对话框，包括【自动拆分】和【精确拆分】两个参数页，每个参数页下均包括【截面定义参数】、【键槽参数】、【搭接长度参数】，每个参数页下都可完成对预制梁拆分参数的定义，设置完参数之后，在模型中选择需指定的梁构件即可完成拆分（见图 4-6 和图 4-7）。

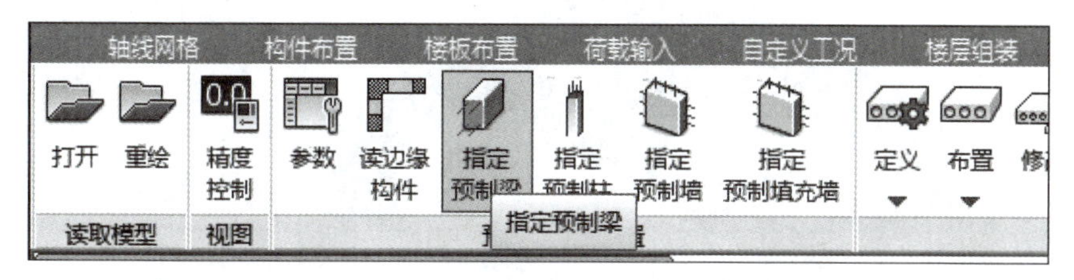

图 4-5　指定预制梁

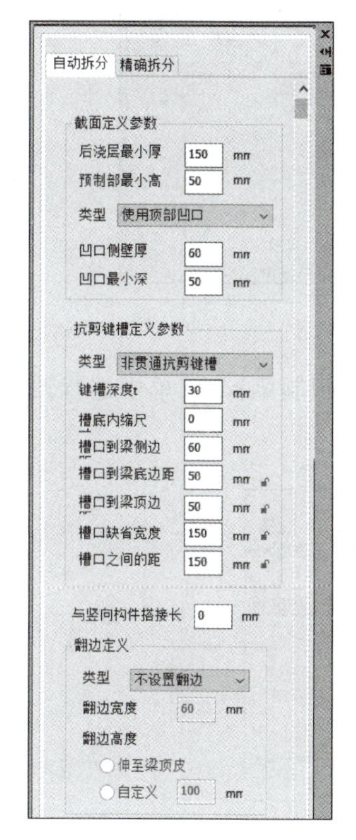

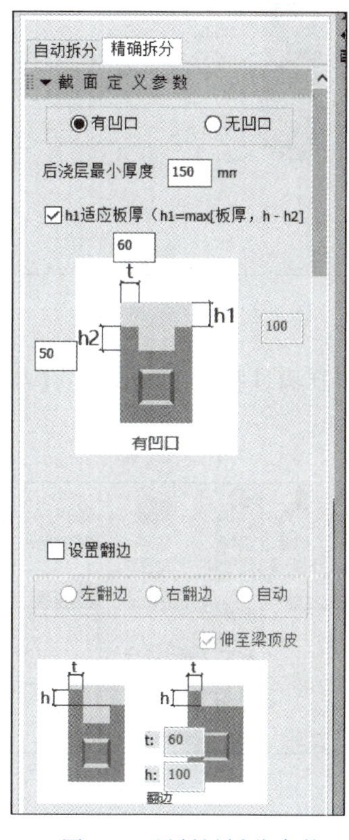

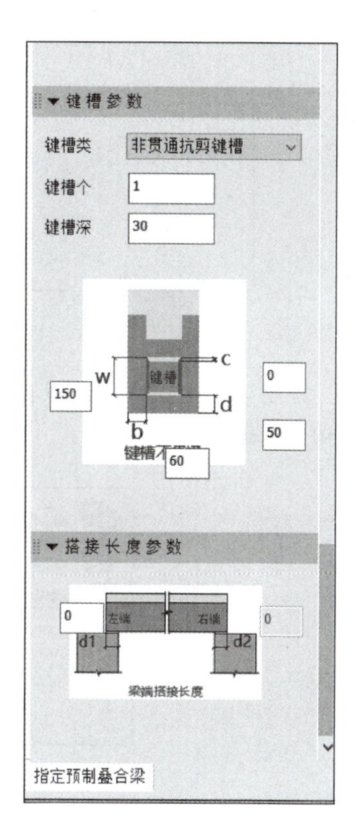

图 4-6　预制梁拆分参数

扫码学习预制梁指定的操作流程

教学视频：预制梁指定

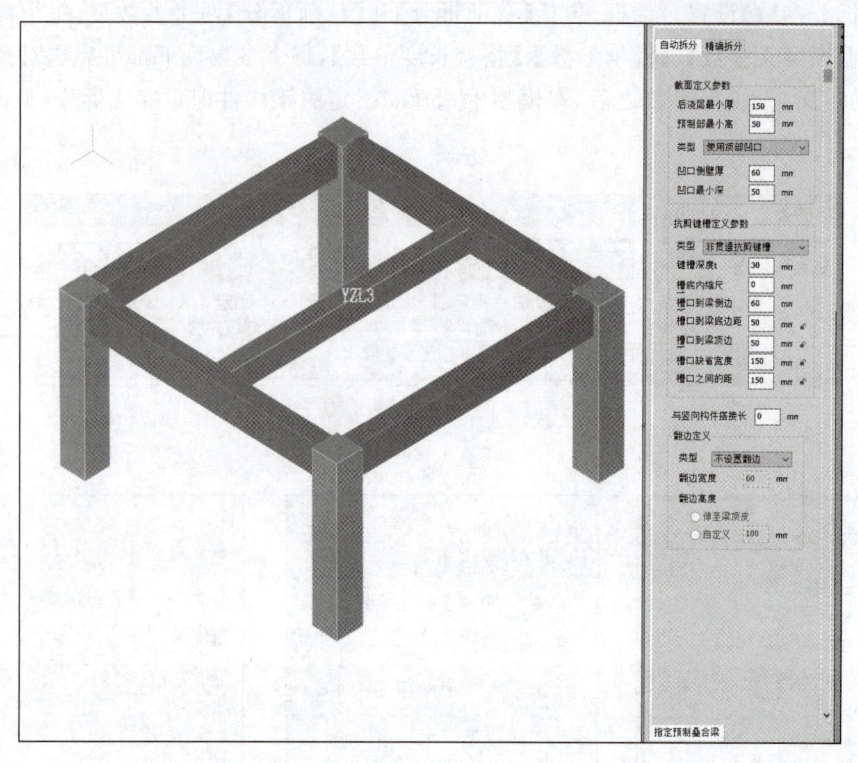

图 4-7 指定为预制梁

预制梁指定完成后可以在【预制构件拆分】菜单下的【编辑预制梁】子菜单中进行预制梁构件编辑(见图 4-8)。

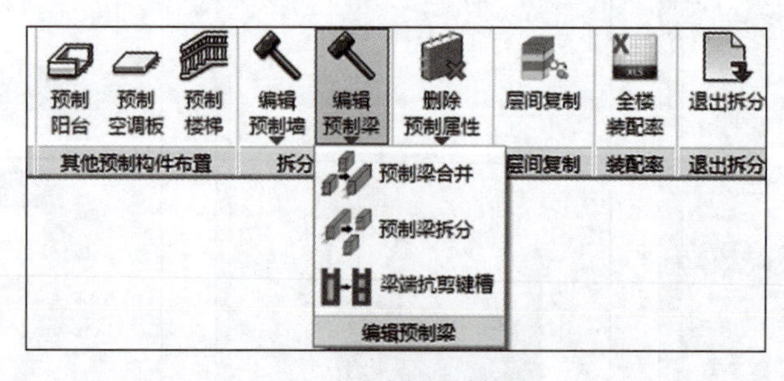

图 4-8 编辑预制梁

(1) 预制梁合并

预制梁指定默认按梁段生成预制梁，考虑主次梁情况，部分情况下需要按梁跨生成预制梁，在主次梁连接处生成槽口信息，可以通过【预制梁合并】功能来实现。目前，软件提供的预制梁合并形式有主梁预留后浇槽口、主梁侧壁抗剪键槽及搁置式 3 种。

将被次梁打断的两根预制主梁合并成为一根预制主梁。操作方法如下。

① 单击【预制构件修改】菜单下的【预制梁合并】，弹出【预制叠合梁合并】对话框(见图 4-9)。

② 单击或框选需要进行合并的预制梁即可完成预制梁合并(见图 4-10)。

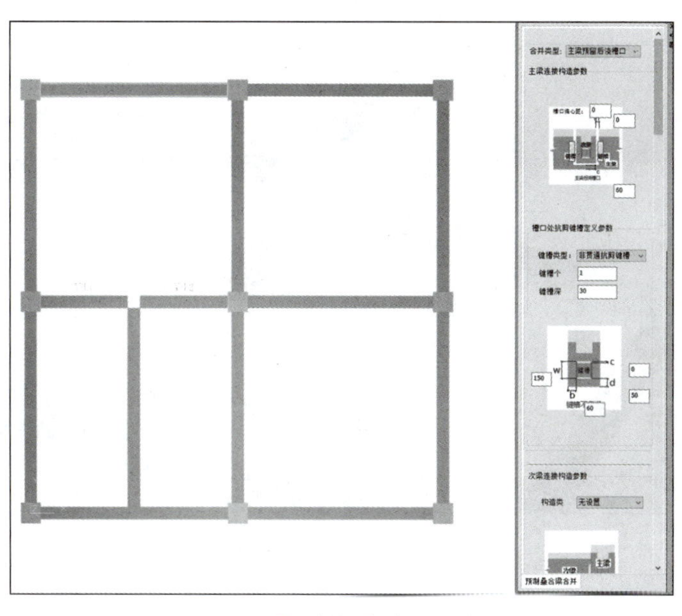

图 4-9 【预制梁合并】对话框

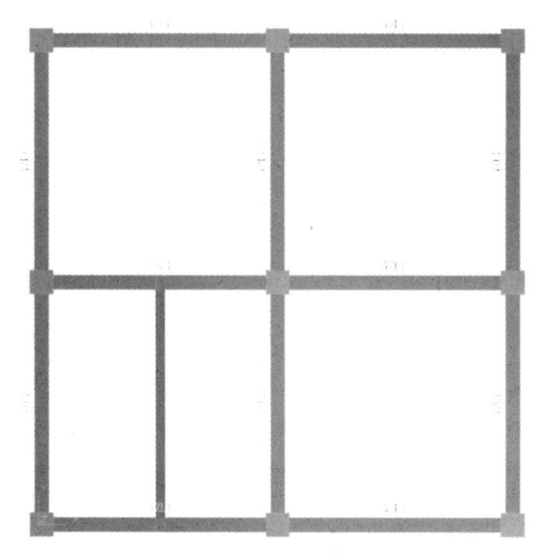

图 4-10 预制梁合并后

(2) 预制梁拆分

预制梁拆分是预制梁合并的反向操作,操作步骤如下。

① 单击【预制构件修改】菜单下的【预制梁拆分】。

② 单击需要进行拆分的预制梁即可完成预制梁拆分。

(3) 梁端抗剪键槽

① 单击【预制构件修改】菜单下的【梁端抗剪键槽】。

② 在弹出的【编辑预制梁抗剪键槽】对话框,可选择无抗剪键槽、缺省类型键槽、横向贯通键槽、竖向贯通键槽等几种类型。

③ 单击选择需要修改的预制梁即可完成修改(见图 4-11)。

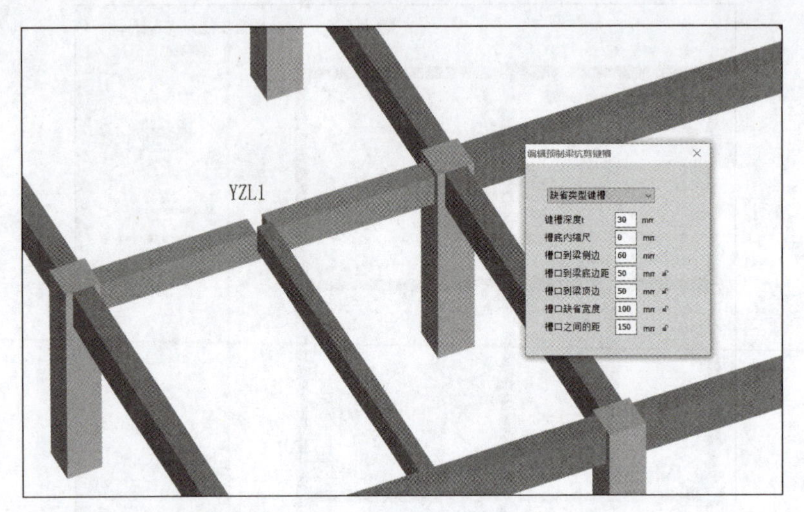

图 4-11 梁端抗剪键槽

2. 预制柱的指定

1）预制柱拆分的基本原则

采用预制柱及叠合梁的装配整体式框架中，柱底接缝宜设置在楼面标高处，并应符合下列规定：

（1）后浇节点区混凝土上表面应设置粗糙面；

（2）柱纵向受力钢筋应贯穿后浇节点区；

（3）柱底接缝厚度宜为 20mm，并应采用灌浆料填实。

在【指定预制柱】菜单下，软件提供了【柱底现浇高度】和【柱顶现浇高度】菜单，柱顶现浇高度软件默认根据用户设置值和梁高取大值（见图 4-12 和图 4-13）。

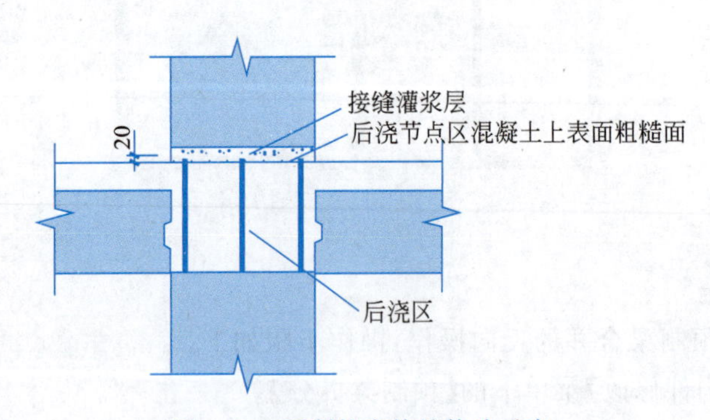

图 4-12 预制柱底接缝构造示意

2）预制柱指定

单击【指定预制柱】按钮即可弹出【拆分参数】设置对话框。【拆分参数】包括【基本参数】、【柱底键槽】、【柱顶键槽】。设置完参数之后，在模型中点选或框选需要指定为预制柱的柱构件即可完成拆分（见图 4-14 和图 4-15）。

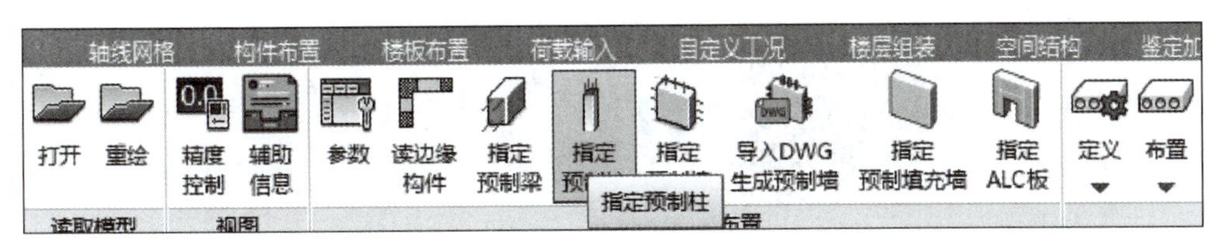

图 4-13　指定预制柱

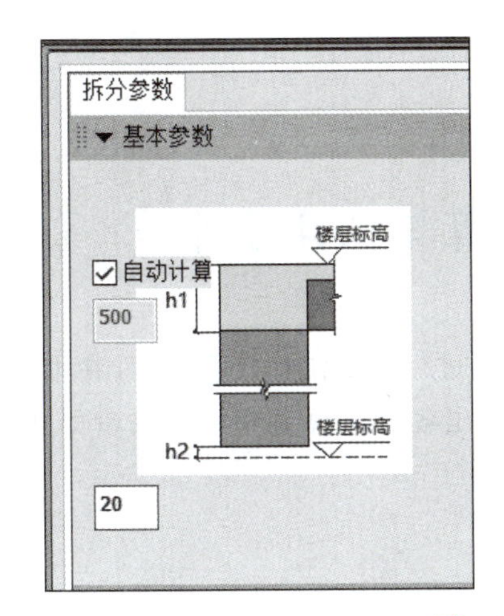

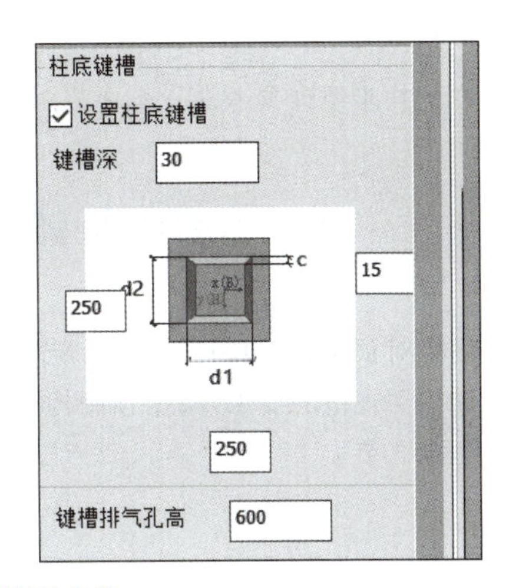

图 4-14　预制柱参数

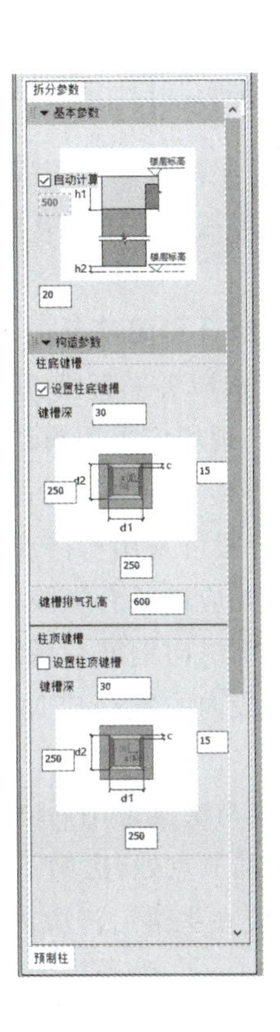

图 4-15　指定预制柱

教学视频:预制柱指定

4.4.2 装配率的初步统计

装配率的初步统计参考3.4.2小节内容。

4.5 装配整体式计算与构件设计

在建模中对预制梁、预制柱进行指定之后,即可进行上部结构计算,软件在上部结构计算中将自动按照规范的要求,根据预制构件信息做出各种计算调整。参数填写、验算信息等内容详见3.5节。

4.6 预制梁深化设计

4.6.1 预制梁的一般构造要求

(1) 叠合梁的箍筋配置应符合下列规定。

① 抗震等级为一、二级的叠合框架梁的梁端箍筋加密区宜采用整体封闭箍筋(见图4-16)。

② 采用组合封闭箍筋的形式[见图4-16(b)]时,开口箍筋上方应做成135°弯钩;非抗震设计时,弯钩端头平直段长度不应小于$5d$(d为箍筋直径);抗震设计时,平直段长度不应小于$10d$。现场应采用箍筋帽箍,箍筋帽末端应做成135°弯钩;非抗震设计时,弯钩端头平直段长度不应小于$5d$;抗震设计时,平直段长度不应小于$10d$。

(2) 叠合梁可采用对接连接(见图4-17),并应符合下列规定。

① 连接处应设置后浇段,后浇段的长度应满足梁下部纵向钢筋连接作业的空间需求。

② 梁下部纵向钢筋在后浇段内宜采用机械连接、套筒灌浆连接或焊接连接。

③ 后浇段内的箍筋应加密,箍筋间距不应大于$5d$(d为纵向钢筋直径),且不应大于100mm。

(3) 主梁与次梁采用后浇段连接时,应符合下列规定。

① 在端部节点处,次梁下部纵向钢筋伸入主梁后浇段内的长度不应小于$12d$。次梁上部纵向钢筋应在主梁后浇段内锚固。当采用弯折锚固(见图4-18)或锚固板时,锚固直段长不应小于$0.6l_{ab}$(l_{ab}为受拉钢筋基本锚固长度);当钢筋应力不大于钢筋强度设计值的50%时,锚固直段长度不应小于$0.35l_{ab}$。

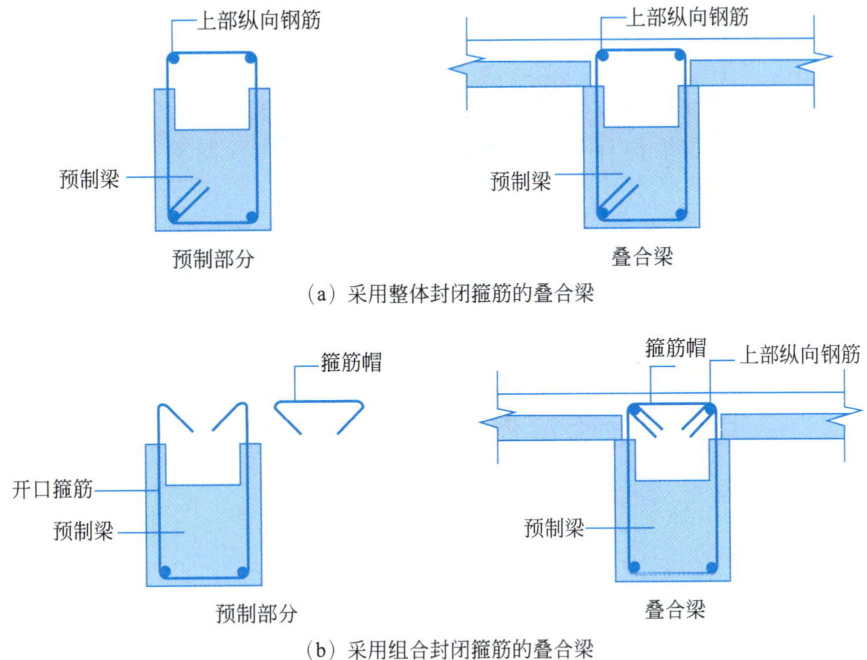

(a) 采用整体封闭箍筋的叠合梁

(b) 采用组合封闭箍筋的叠合梁

图 4-16　叠合梁箍筋构造示意

弯折锚固的弯折后直段长度不应小于 $12d$（d 为纵向钢筋直径）。

② 在中间节点处，两侧次梁的下部纵向钢筋伸入主梁后浇段内长度不应小于 $12d$（d 为纵向钢筋直径）；次梁上部纵向钢筋应在现浇层内贯通[见图 4-18(b)]。

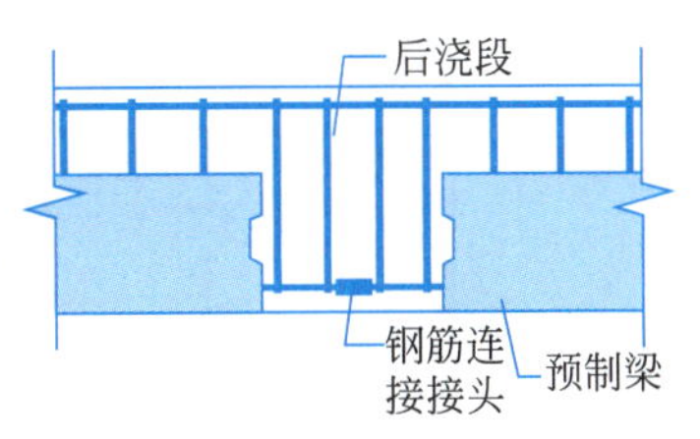

图 4-17　叠合梁连接节点示意

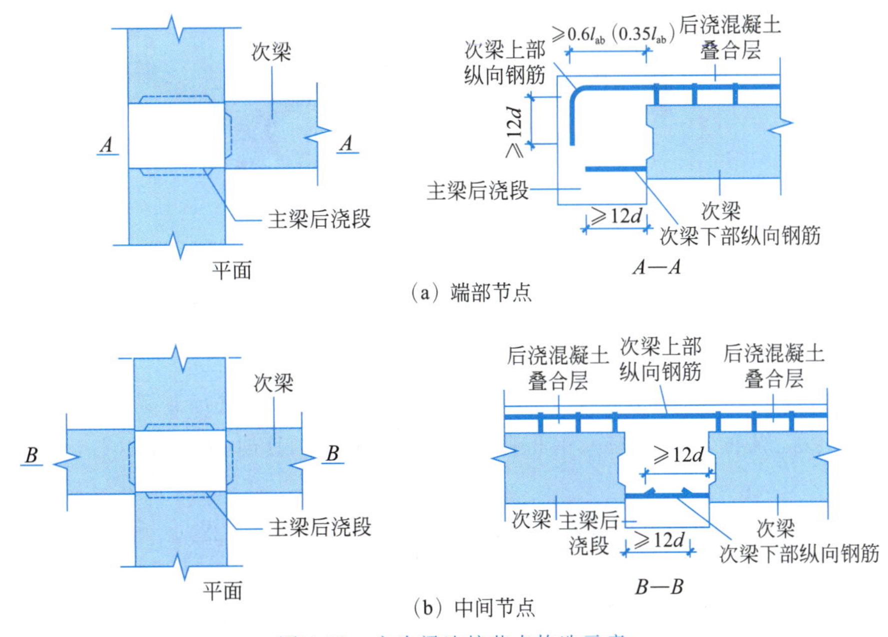

(a) 端部节点

(b) 中间节点

图 4-18　主次梁连接节点构造示意

4.6.2 预制梁相关参数

进入【预制构件设计】菜单，单击【打开】按钮，打开已经完成拆分及整体计算的结构模型。单击【读配筋】读取结构计算的配筋计算结果，为各类预制构件配置实配钢筋（见图 4-19 和图 4-20）。

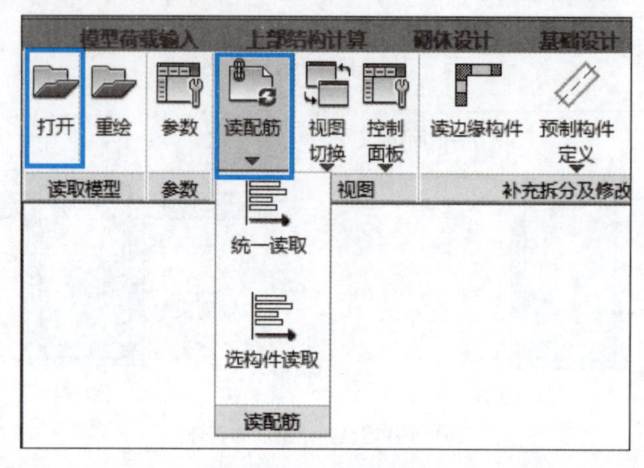

图 4-19 读配筋

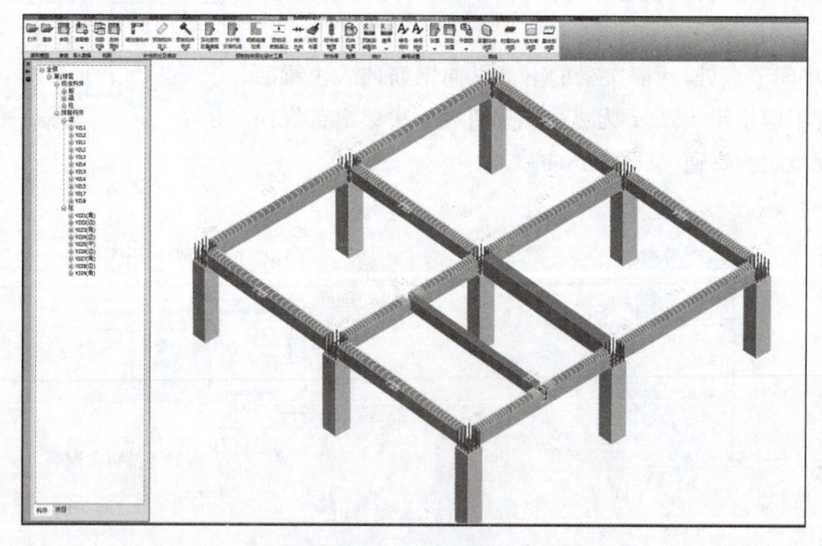

图 4-20 读取配筋后

【预制构件设计】菜单下的【参数】菜单中可设置预制梁参数。【预制梁参数】总共可分为7类，分别为名称、纵筋、箍筋、腰筋、钢筋避让、吊点控制参数、其他（见图 4-21）。

1. 名称

自定义预制梁名称前缀，如 YZL、PCL 等，默认 YZL（见图 4-22）。

2. 纵筋

中间节点预制梁底筋锚固形式分为机械连接、锚板和弯钩 3 种形式（见图 4-23）。

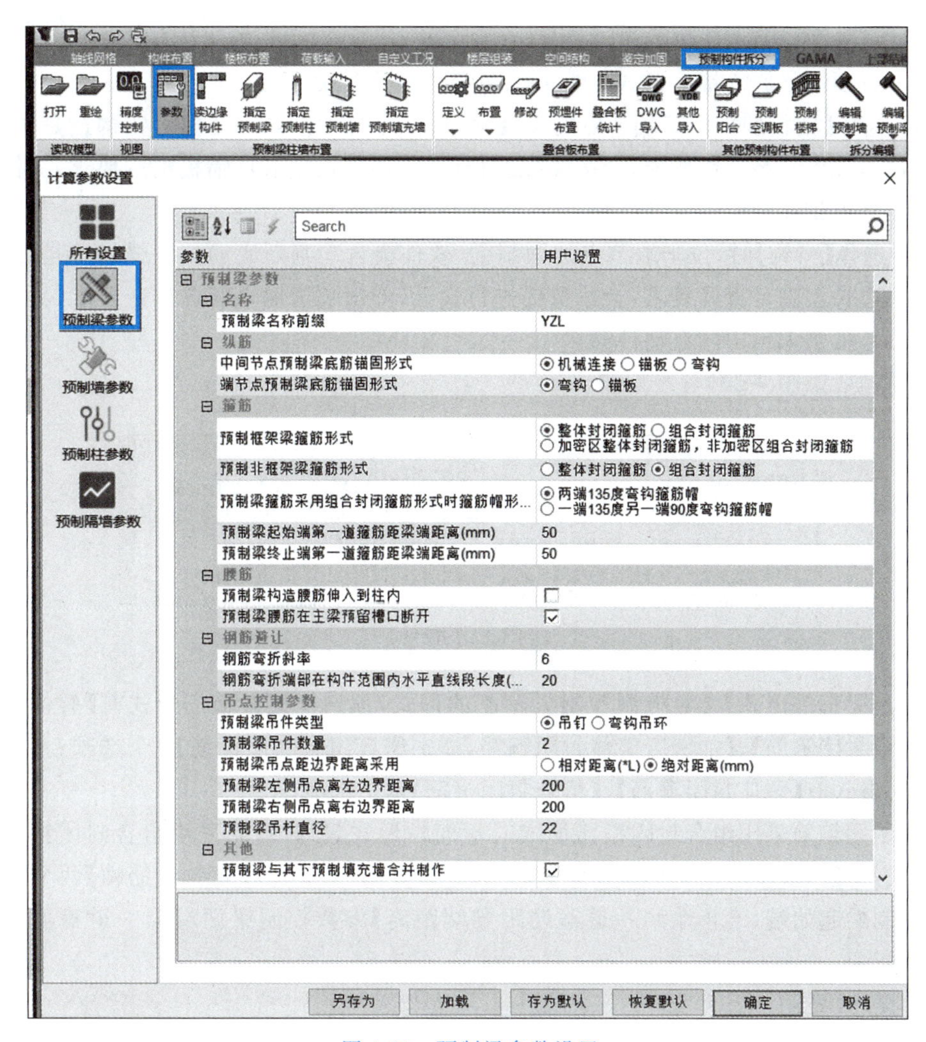

图 4-21 预制梁参数设置

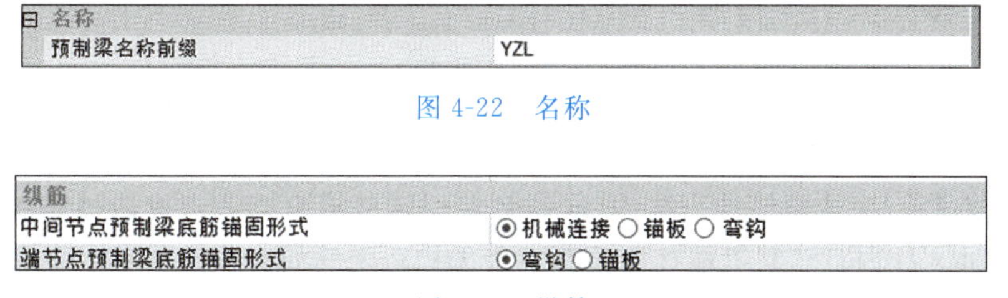

图 4-22 名称

图 4-23 纵筋

(1) 选择【机械连接】时，位于中部节点的预制梁底筋伸出长度为伸入柱中心位置。

(2) 选择【锚板】时，位于中部节点的预制梁，软件会自动判断底筋按直锚构造是否满足，如支座柱边长不满足直锚要求，会按锚板进行设计，伸出长度取自锚板构造要求，具体构造尺寸可参考批量编辑中的自动计算。

(3) 选择【弯钩】时，位于中部节点的预制梁，软件会自动判断底筋按直锚构造是否满足，如支座柱边长不满足直锚要求，会按弯锚进行设计，伸出长度取自弯锚构造要求，具体构造尺寸可参考批量编辑中的自动计算。

端节点预制梁底筋锚固形式分为锚板和弯钩两种形式。

(1) 选择【锚板】时，位于端节点的预制梁，软件会自动判断底筋按直锚构造是否满足，如支座柱边长不满足直锚要求，会按锚板进行设计，伸出长度取自锚板构造要求，具体构造尺寸可参考批量编辑中的自动计算。

(2) 选择【弯钩】时，位于端节点的预制梁，软件会自动判断底筋按直锚构造是否满足，如支座柱边长不满足直锚要求，会按弯锚进行设计，伸出长度取自弯锚构造要求，具体构造尺寸可参考批量编辑中的自动计算。

3. 箍筋(见图 4-24)

箍筋	
预制框架梁箍筋形式	◉整体封闭箍筋 ○组合封闭箍筋 ○加密区整体封闭箍筋，非加密区组合封闭箍筋
预制非框架梁箍筋形式	○整体封闭箍筋 ◉组合封闭箍筋
预制梁箍筋采用组合封闭箍筋形式时箍筋帽形...	◉两端135度弯钩箍筋帽 ○一端135度另一端90度弯钩箍筋帽
预制梁起始端第一道箍筋距梁端距离(mm)	50
预制梁终止端第一道箍筋距梁端距离(mm)	50

图 4-24 箍筋

【预制梁箍筋形式】参数控制预制梁箍筋的形式，预制框架梁箍筋形式有【整体封闭箍筋】、【组合封闭箍筋】、【加密区整体封闭箍筋，非加密区组合封闭箍筋】3 个选项；预制非框架梁箍筋形式有【整体封闭箍筋】、【组合封闭箍筋】两个选项。

【预制梁箍筋采用组合封闭箍筋形式时箍筋帽形式】参数控制采用组合封闭箍时箍筋帽的形式，有【两端 135 度弯钩箍筋帽】、【一端 135 度另一端 90 度弯钩箍筋帽】两个选项。

【预制梁起始端、终止端第一道箍筋距梁端距离】参数控制梁两端第一道箍筋距梁端距离。

4. 腰筋(见图 4-25)

腰筋	
预制梁构造腰筋伸入到柱内	☐
预制梁腰筋在主梁预留槽口断开	☑

图 4-25 腰筋

【预制梁构造腰筋伸入到柱内】参数控制构造腰筋是否伸入柱内，勾选【预制梁构造腰筋伸入到柱内】后，构造腰筋伸入柱内，同时预制梁端接缝验算考虑构造腰筋的面积，否则构造腰筋不伸入柱内且预制梁端接缝验算不考虑构造腰筋的面积。

【预制梁腰筋在主梁预留槽口断开】参数控制预制梁腰筋在主梁预留槽口是否断开。

5. 钢筋避让(见图 4-26)

钢筋避让	
钢筋弯折斜率	6
钢筋弯折端部在构件范围内水平直线段长度(...	20

图 4-26 钢筋避让

【钢筋弯折斜率】参数中数值为梁纵筋手动和自动弯折时钢筋弯折斜率，默认为 1∶6。

【钢筋弯折端部在构件范围内水平直线段长度 l...】参数控制钢筋弯折端部在构件范围内水平直线段长度，所填数值控制钢筋弯折终止端距梁端的距离。

6. 吊点控制参数

控制预制梁吊件类型以及吊件数量及位置参数等（见图 4-27）。

吊点控制参数	
预制梁吊件类型	◉吊钉 ○弯钩吊环
预制梁吊件数量	2
预制梁吊点距边界距离采用	○相对距离(*L) ◉绝对距离(mm)
预制梁左侧吊点离左边界距离	200
预制梁右侧吊点离右边界距离	200
预制梁吊杆直径	22

图 4-27　吊点控制参数

7. 其他

当预制梁下面有预制填充墙时，勾选该选项，绘制二维详图时会生成梁带填充墙的形式（见图 4-28）。

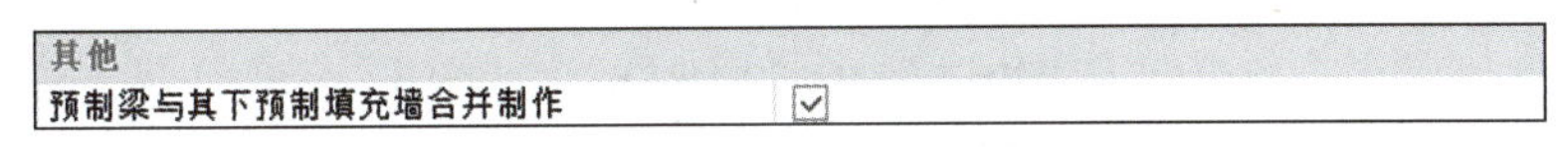

其他	
预制梁与其下预制填充墙合并制作	☑

图 4-28　其他

4.6.3　预制梁编辑

【预制梁编辑】是指在【预制构件设计】菜单下，继续对预制梁进行指定、取消、修改及更名的操作。

1. 预制梁构件修改

预制梁构件修改可通过【预制构件修改】菜单下的【预制梁合并】、【预制梁拆分】、【梁端抗剪键槽】功能实现（见图 4-29），具体功能介绍详见本书 4.4.1 小节。

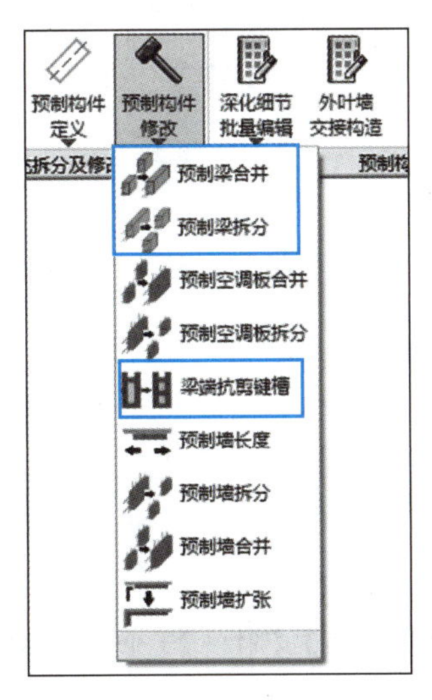

图 4-29　预制构件修改

2. 预制梁改名

单击【预制梁改名】按钮，选择需要修改名称的预制梁，即可弹出预制梁名称修改对话框，输入需修改的名称，并单击【确定】按钮(见图 4-30 和图 4-31)。

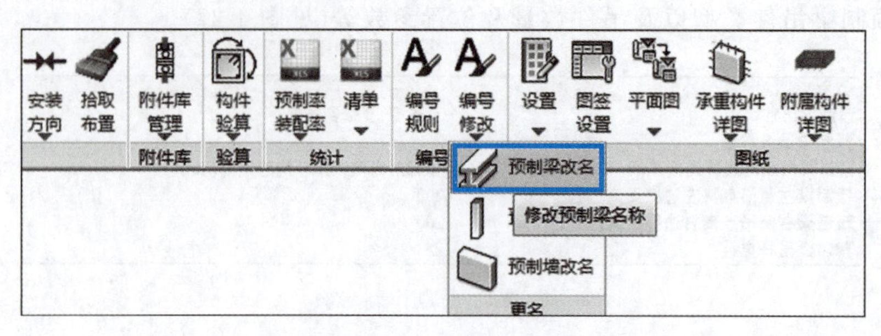

图 4-30 预制梁改名

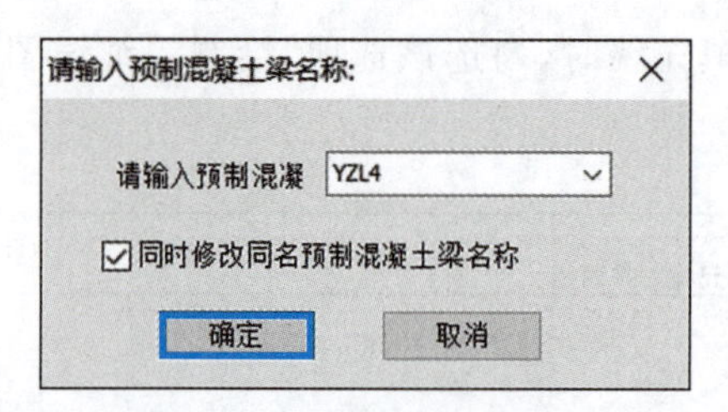

图 4-31 预制梁改名对话框

3. 预制梁详细构造修改

通过【深化细节批量编辑】菜单下的【预制梁】按钮对预制梁详细构造信息进行批量编辑(见图 4-32)，也可以将光标放在预制梁上，通过右击选择【编辑】，对预制构件进行单个构件修改(见图 4-33 和图 4-34)。

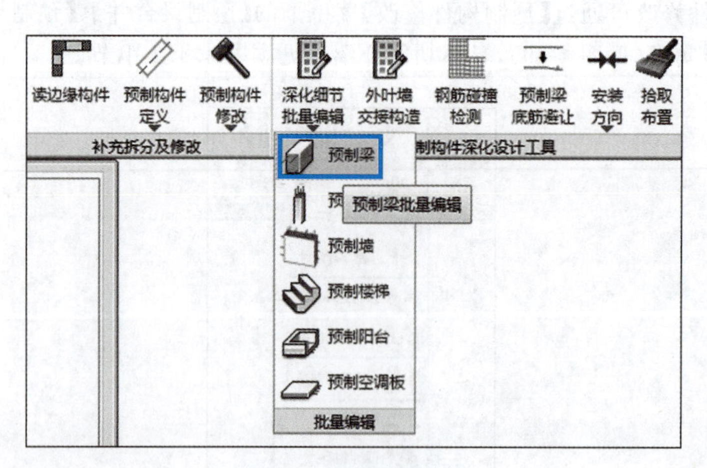

图 4-32 批量编辑菜单

1)【深化细节批量编辑】

批量编辑对话框，分【轮廓】、【配筋】、【附件】3 个深化参数页，3 个深化参数页深化细节单独控制，在参数页面下设置好需要修改的参数后，单击【选构件】按钮，即可在三维模型中选择需要修改的预制梁，单击后即可将设置的相关参数赋值到所选的构件上。

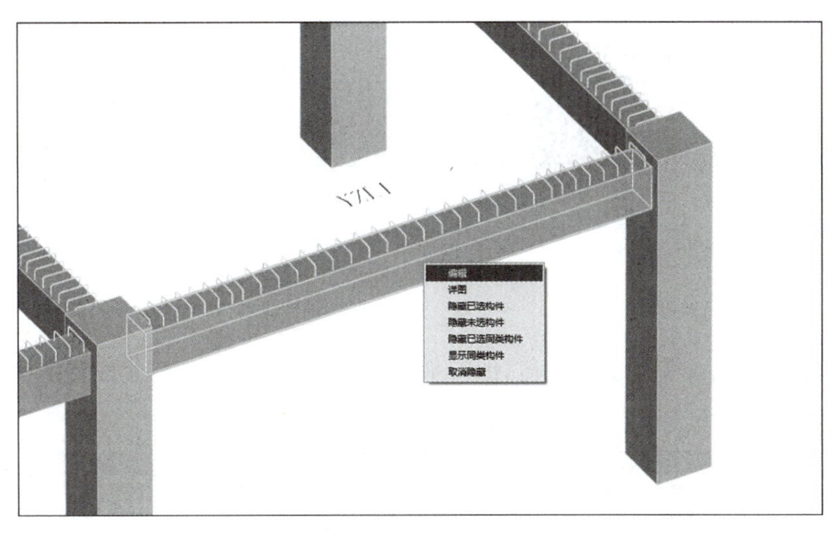

图 4-33　选择预制梁三维编辑

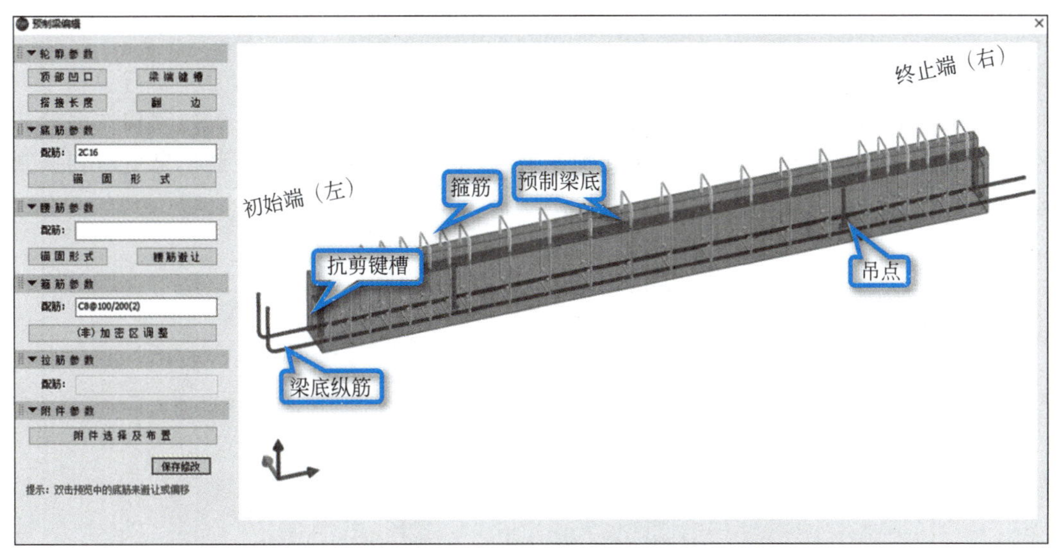

图 4-34　预制梁三维编辑

2)【预制梁三维编辑】

将光标放在任意预制梁上，右击选择【编辑】进入预制梁三维编辑对话框，预制梁三维编辑中可进行【轮廓参数】、【底筋参数】、【腰筋参数】、【箍筋参数】、【拉筋参数】及【附件参数】等参数修改。修改完成后单击【保存退出】按钮即可将设置的参数保存到预制构件中(见图 4-33)。

扫码学习预制梁三维编辑的操作流程

教学视频:预制梁三维编辑

4.6.4 平面钢筋编辑

预制构件拆分方案调整完成之后,即可进入【平面钢筋编辑】进行实配钢筋的查看和调整,也可根据调整后的实配钢筋进行抗剪接缝验算(见图 4-35)。

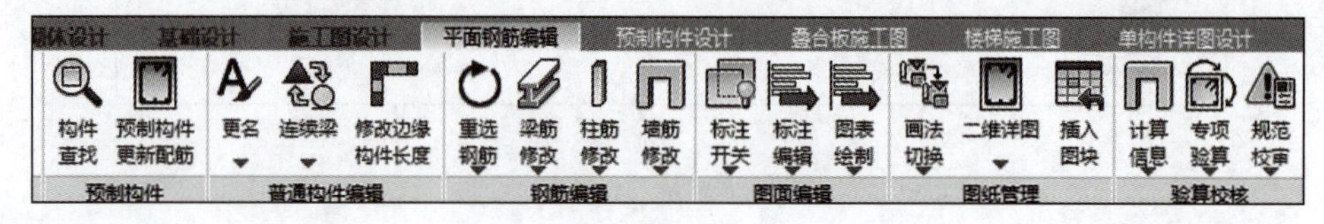

图 4-35 平面钢筋编辑菜单

1. 绘新图

单击【绘新图】即可根据上部结构的计算结果绘制施工图,默认只显示预制构件部分的平面图(见图 4-36),单击【预制构件更新配筋】将施工图中预制构件的配筋信息更新到预制构件中。

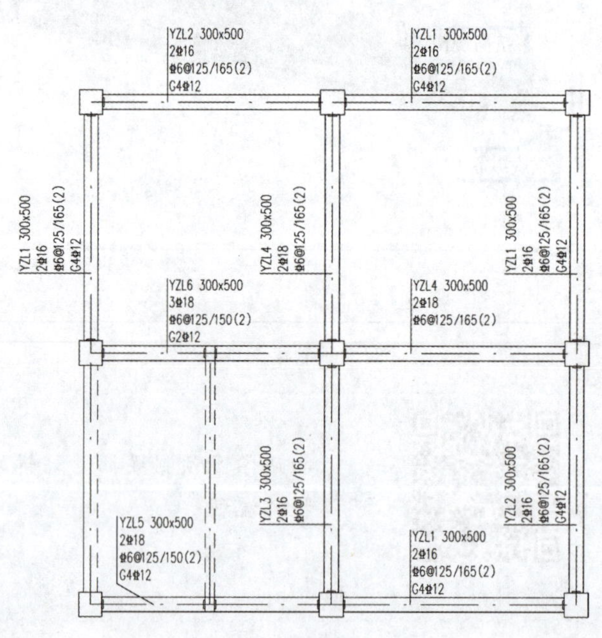

图 4-36 预制梁平面图

2.【标注开关】

【标注开关】菜单可以选择平面图显示的内容(见图 4-37)。【现浇构件开关】可按现浇构件显示或者关闭配筋信息;【预制构件开关】可显示或者关闭预制构件的相关信息。

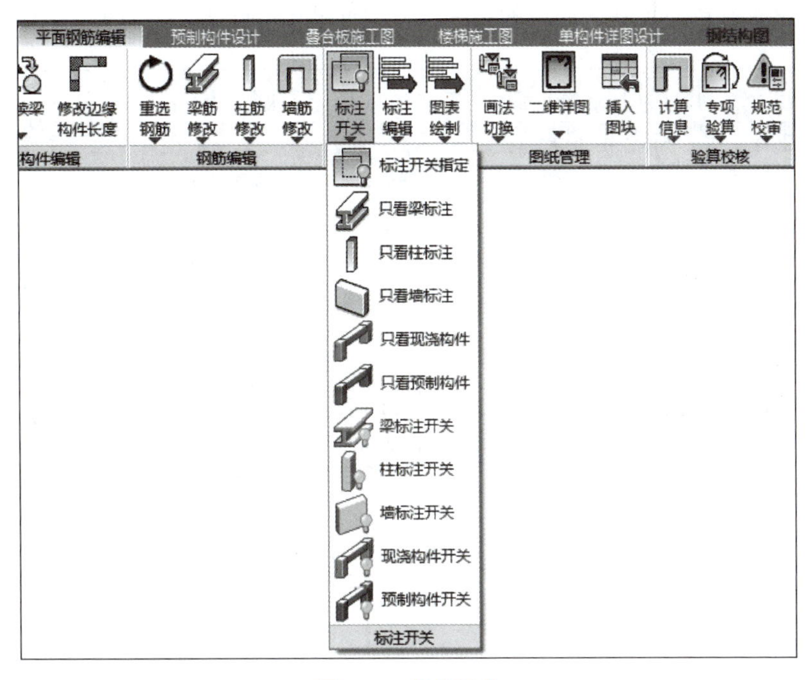

图 4-37　标注开关

3. 梁筋修改(见图 4-38)

【平面钢筋编辑】菜单下可以查看预制构件的配筋信息，也可以通过双击目标预制梁查看并修改配筋。

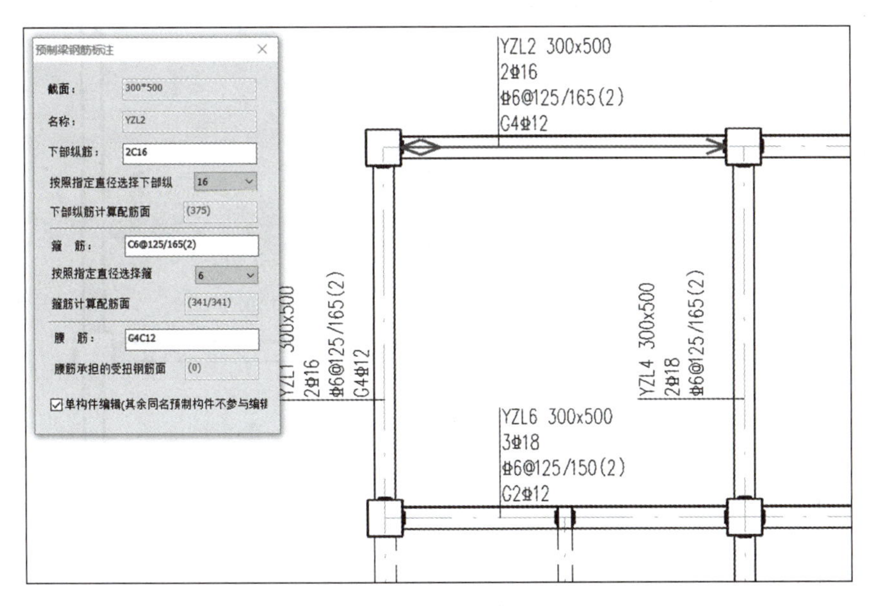

图 4-38　梁筋修改

4. 预制梁接缝验算

【专项验算】菜单下可以通过【预制梁端抗剪】按钮对预制梁进行梁端接缝验算，单击【预制梁端抗剪】后，首先在平面图中输出本层所有预制梁的接缝抗剪验算结果，选择需要验算的预制梁查看单根预制梁详细的接缝抗剪验算过程(见图 4-39～图 4-41)。

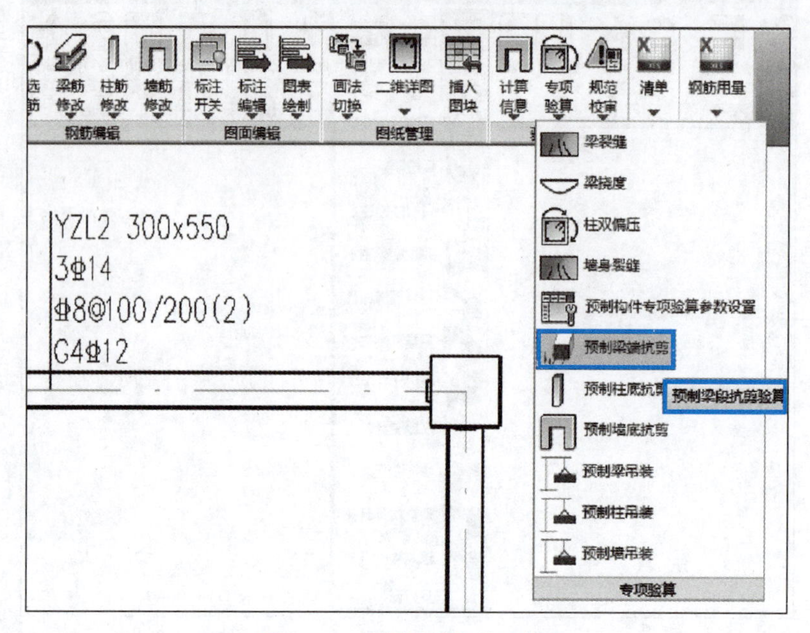

图 4-39 预制梁端抗剪验算

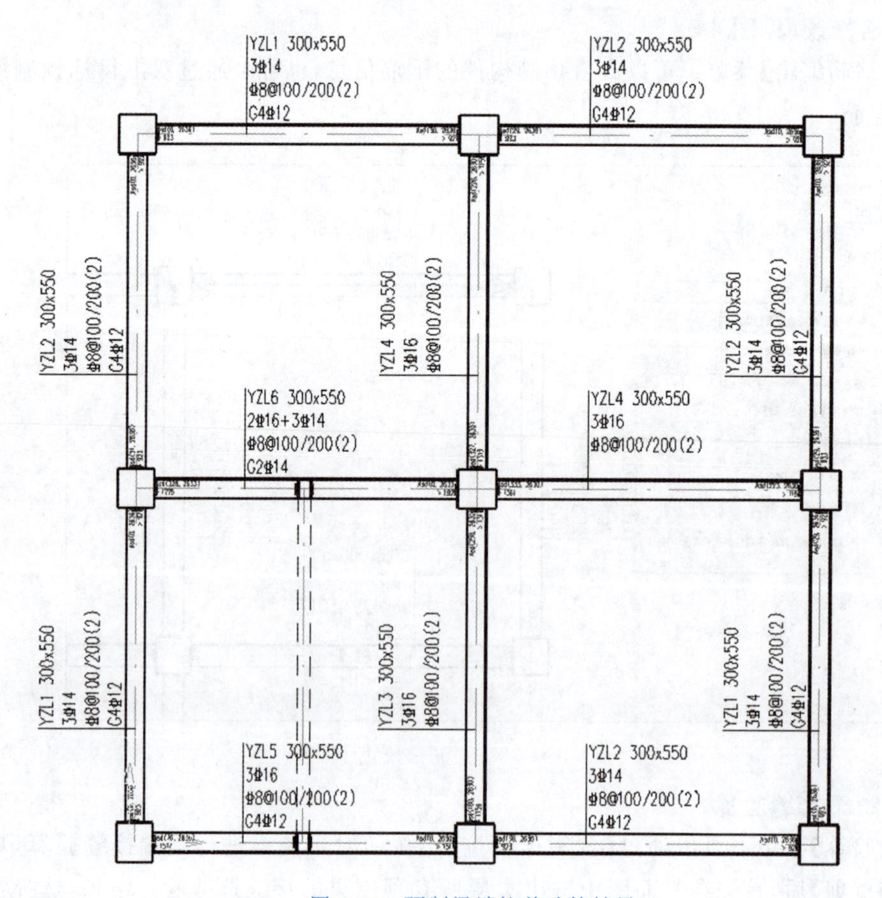

图 4-40 预制梁端抗剪验算结果

YJK Building Software

位置	控制组合号	剪力设计值 /kN
梁左端	38	117.49
梁右端	37	99.27

验算公式（6.5.1-2）时，地震工况组合下剪力设计值（V_{jdE}）

位置	控制组合号	剪力设计值 /kN
梁左端	99	104.16
梁右端	98	88.71

验算公式（6.5.1-3）时，地震设计状况补充验算剪切设计值（V_{mua}）

$$V_{mua}=\frac{1}{\gamma_{RE}}\left(0.6\alpha_{cv}f_t bh_0+f_{yv}\frac{A_{sv}}{S}h_0\right)$$

V_{mua}=（0.6×0.7×1.43×300.00×511.45+360.00×100.48×511.45/100）/0.85=326.29（kN）

4 接缝受剪承载力验算

下面给出根据各承载力验算公式得到的计算所需钢筋面积 A_{sd}。

4.1 验算公式（6.5.1-1）

《装配式混凝土结构技术规程》（JGJ 1—2014）公式（6.5.1-1）为

$$\gamma_0 V_{jd}\leqslant V_u$$

根据《装配式混凝土结构技术规程》（JGJ 1—2014）公式（7.2.2-1）可知，持久设计状况下接缝抗剪承载力为

$$V_{tl}=0.07\times f_c\times A_{c1}+0.10\times f_c\times A_k+1.65A_{sd}\sqrt{f_c\times f_y}$$

梁左端满足剪力设计值所需 A_{sd}：

γ_0=1.00，V_{jd}=117.49kN，A_{c1}=45000.00mm^2，A_k=27000mm^2

f_c=14.33N/mm^2，f_y=360.00N/mm^2

计算

A_{sd}=（117485−0.07×14.33×45000.00−0.1×14.33×27000）/1.65/sqrt（14.33×360.00）=283.90（mm^2）

梁右端满足剪力设计值值所需 A_{sd}：

γ_0=1.00，V_{jd}=99.27kN，A_{c1}=45000.00mm^2，A_k=27000mm^2

f_c=14.33N/mm^2，f_y=360.00N/mm^2

计算

A_{sd}=（99273−0.07×14.33×45000.00−0.1×14.33×27000）/1.65/sqrt（14.33×360.00）=130.23（mm^2）

图 4-41 详细计算书（部分）

扫码学习平面钢筋编辑的操作流程

教学视频：平面钢筋编辑

4.7 预制柱深化设计

4.7.1 预制柱的一般构造要求

预制柱的设计应符合现行国家标准《混凝土结构设计规范》(GB 50010—2010)(2015 年版)的要求，并应符合下列规定：

(1) 柱纵向受力钢筋直径不宜小于 20mm；

(2) 矩形柱截面宽度或圆柱直径不宜小于 400mm，且不宜小于同方向梁宽的 1.5 倍；

(3) 柱纵向受力钢筋在柱底采用套筒灌浆连接时，柱箍筋加密区长度不应小于纵向受力钢筋连接区域长度与 500mm 之和；套筒上端第一道箍筋距离套筒顶部不应大于 50mm (见图 4-42)。

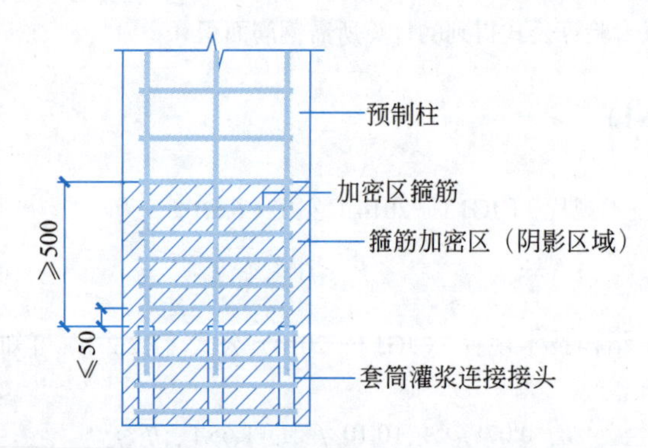

图 4-42 钢筋采用套筒灌浆连接时柱底箍筋加密区域构造示意

4.7.2 预制柱相关参数

在【预制构件设计】菜单中，单击【参数】按钮可设置预制柱相关参数(见图 4-43)。

4.7.3 预制柱编辑

【预制柱编辑】是指在【预制构件设计】菜单下，继续对预制柱进行指定、取消、修改及更名的操作。

1. 预制柱改名

单击【预制柱改名】按钮，选择需要修改名称的预制柱，即可弹出修改预制柱名称对话框，输入需修改的名称，并单击【确定】按钮(见图 4-44 和图 4-45)。

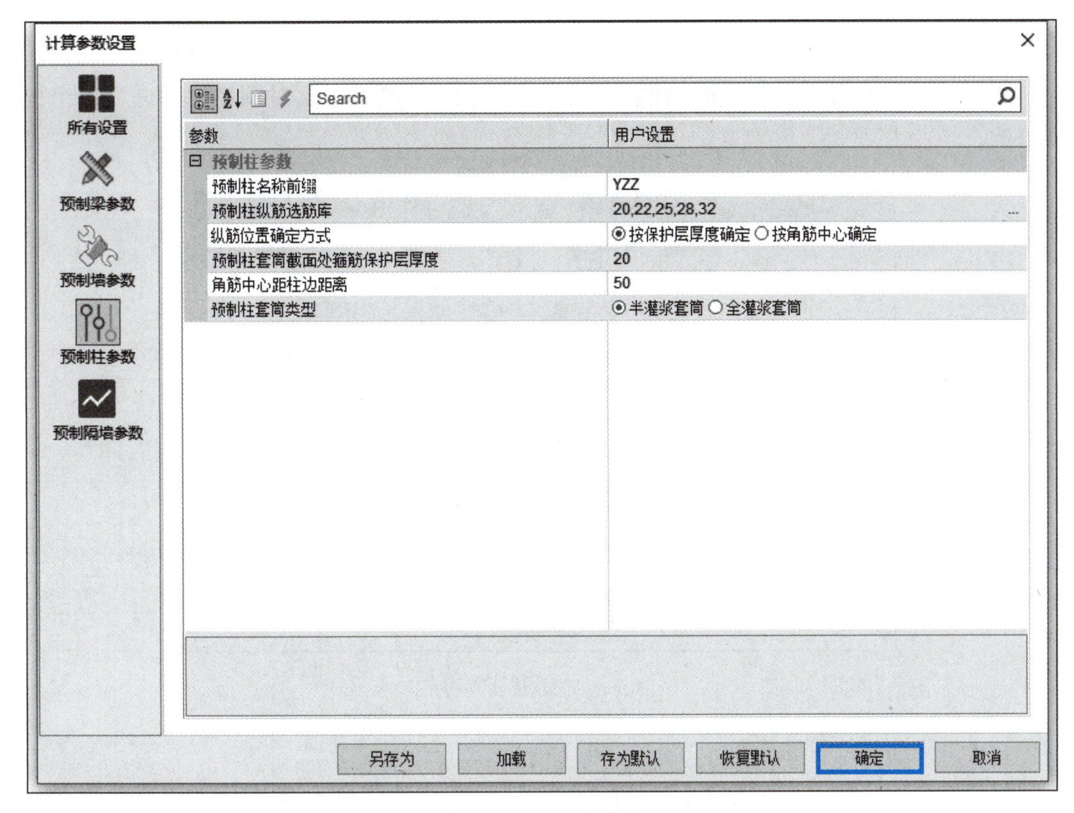

图 4-43　预制柱参数

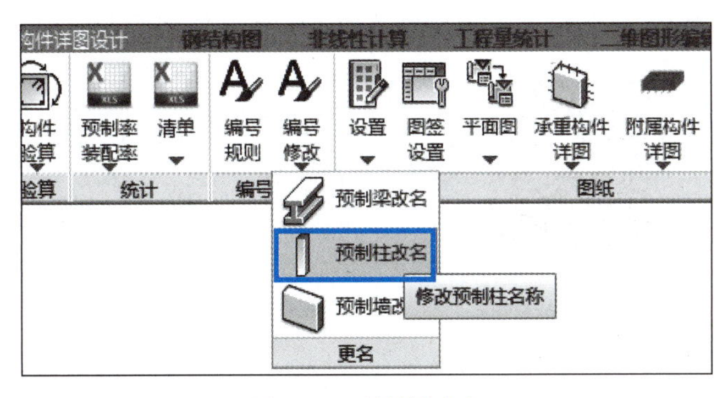

图 4-44　预制柱改名

请输入预制混凝土柱名称:

请输入预制混凝土 YZZ10

同时修改同名预制混凝土柱名称

确定　取消

图 4-45　修改预制柱名称

2. 预制柱详细构造修改

通过【深化细节批量编辑】菜单下的【预制柱】按钮对预制柱详细构造信息进行批量编辑(见图 4-46),也可以将光标放在预制柱上,通过右击选择【编辑】,对预制构件进行单个构件修改。

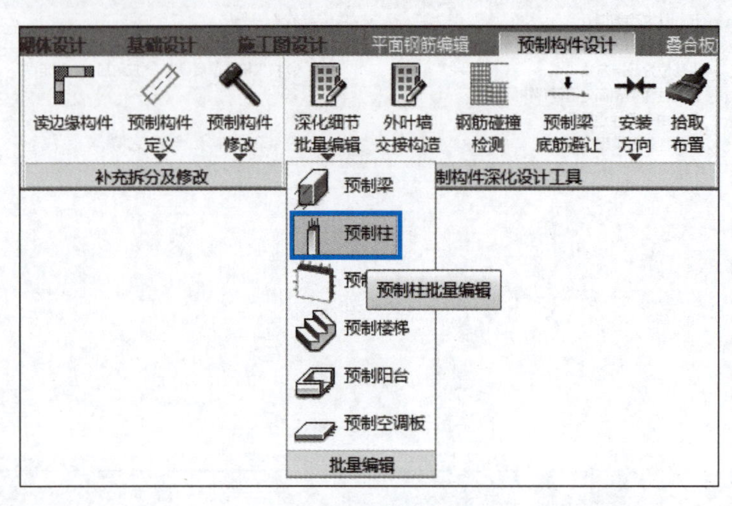

图 4-46 预制柱编辑

1)【深化细节批量编辑】

批量编辑对话框,分【轮廓】、【配筋】、【附件】3 个深化参数页,3 个深化参数页深化细节单独控制,在参数页面下设置好需要修改的参数后,单击【选构件】按钮,即可在三维模型中选择需要修改的预制柱,单击后即可将设置的相关参数赋值到所选的构件上。

2)【预制柱三维编辑】

将光标放在任意预制柱上,右击选择【编辑】进入预制柱三维编辑对话框,选择预制柱三维编辑。修改完成后单击【保存退出】按钮即可将设置的参数保存到预制构件中(见图 4-47 和图 4-48)。

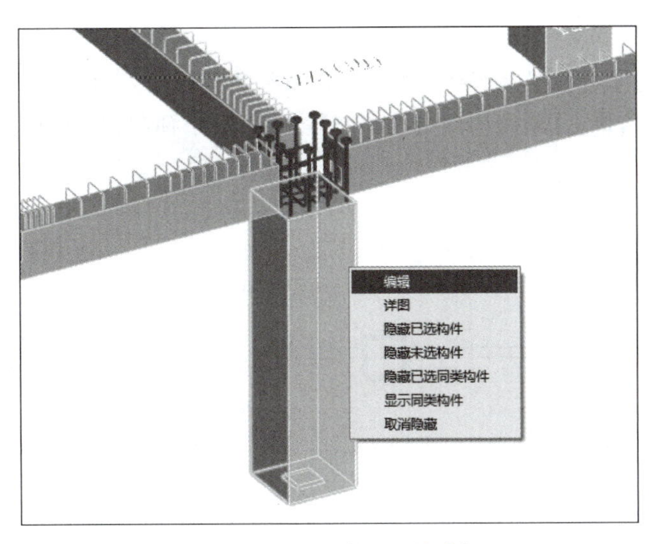

图 4-47 选择预制柱三维编辑

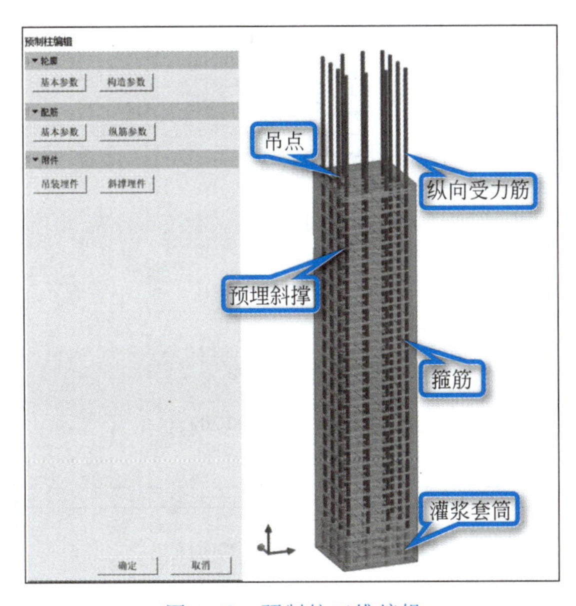

图 4-48 预制柱三维编辑

4.7.4 平面钢筋编辑

预制构件拆分方案调整完成之后，可以进入【平面钢筋编辑】进行实配钢筋的查看和调整，也可根据调整后的实配钢筋进行抗剪接缝验算(见图 4-49)。

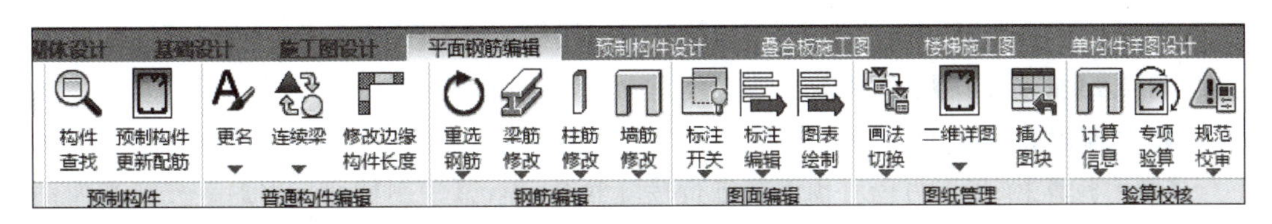

图 4-49 【平面钢筋编辑】菜单

1. 绘新图

单击【绘新图】即可根据上部结构的计算结果绘制施工图，默认只显示预制构件部分的平面图（见图 4-50），单击【预制构件更新配筋】将施工图中预制构件的配筋信息更新到预制构件中。

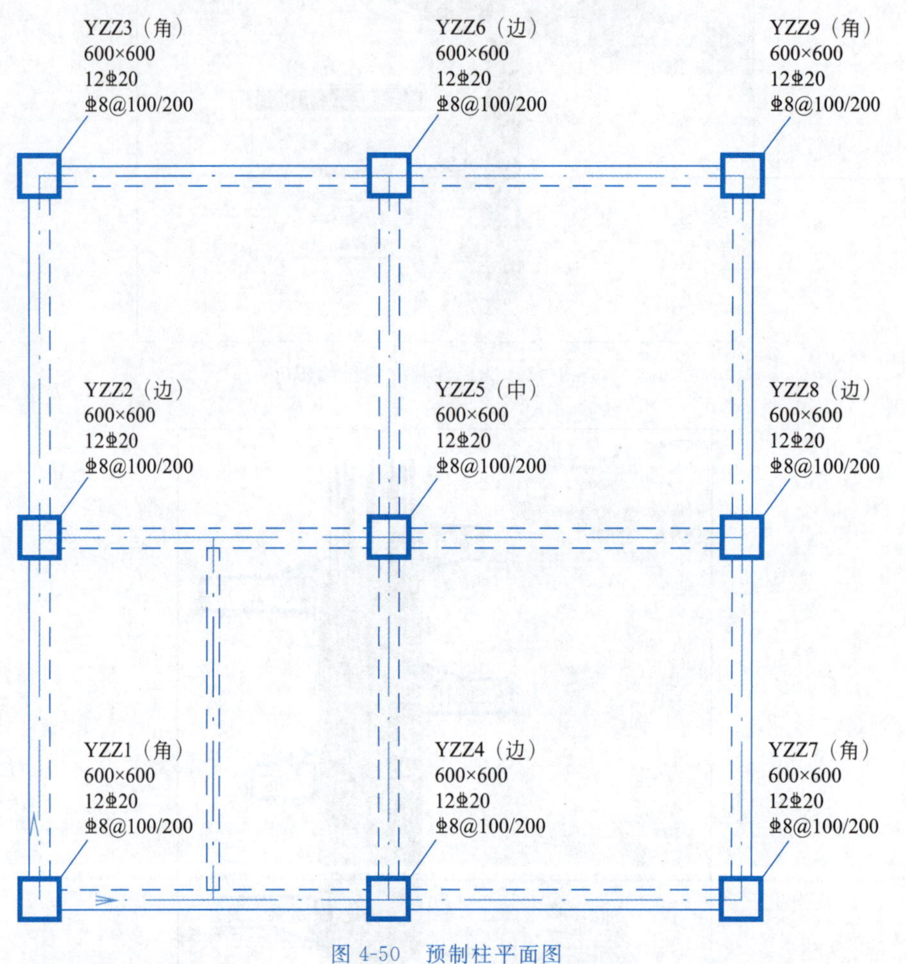

图 4-50 预制柱平面图

2. 标注开关

【标注开关】菜单可以选择平面图显示的内容。【现浇构件开关】可按现浇构件显示或者关闭配筋信息；【预制构件开关】可显示或者关闭预制构件的相关信息。

3. 柱筋修改（见图 4-51）

【平面钢筋编辑】菜单下，既可以查看预制构件的配筋信息，也可以通过双击目标预制柱查看并修改配筋。

双击预制柱弹出【预制柱钢筋编辑】菜单，可对【柱名称】、【角筋】、【B 边筋】、【H 边筋】、【箍筋】以及【箍筋肢数】进行修改。

4. 预制柱接缝验算

【专项验算】菜单下可以对预制柱进行接缝验算，单击【预制柱底抗剪】，首先在平面图中输出本层所有预制柱的接缝抗剪验算结果，之后可以单击需要验算的预制柱查看单根预制柱详细的接缝抗剪验算计算过程(见图 4-52～图 4-54)。

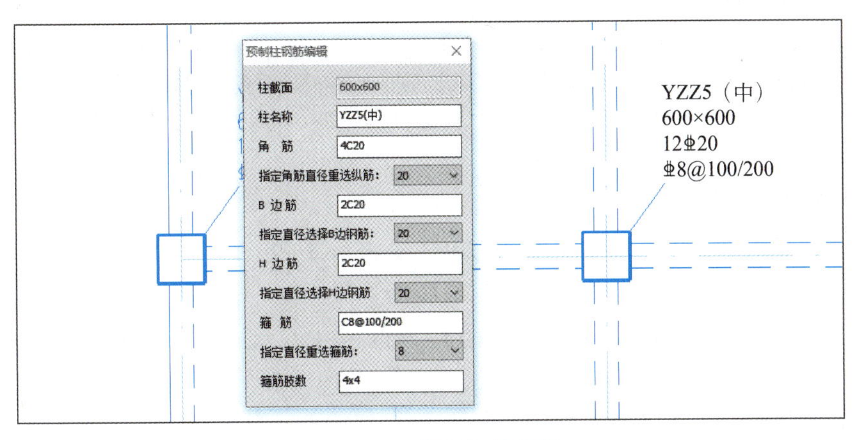

图 4-51　预制柱钢筋编辑

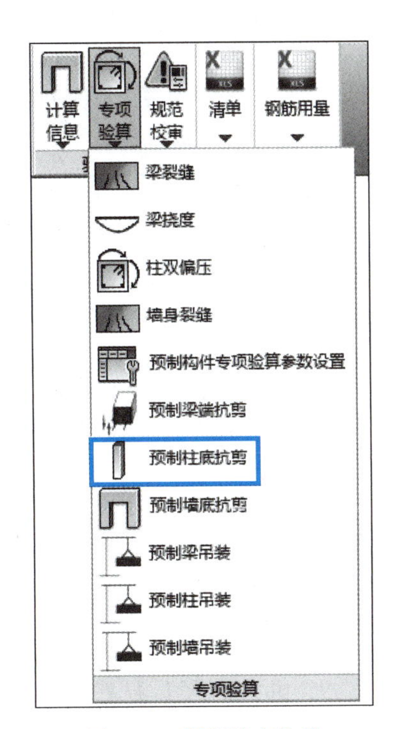

图 4-52　预制柱底抗剪

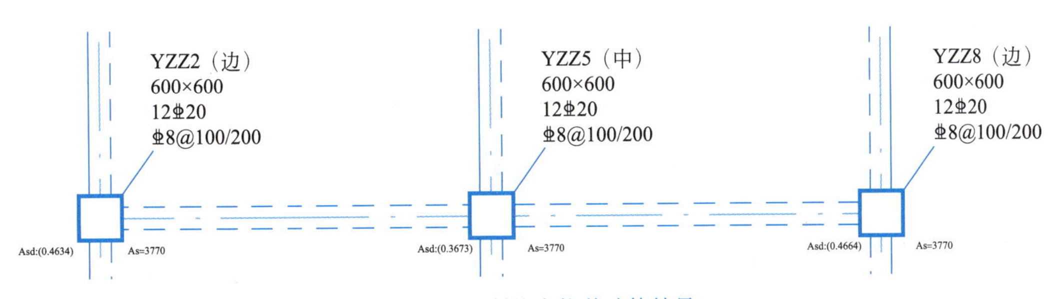

图 4-53　预制柱底抗剪验算结果

3 承载力验算

参照《装配式混凝土结构技术规程》(JGJ 1—2014)第 6.5.1 条对预制柱柱底接缝进行抗剪验算。由规范第 7.2.3 条条文说明可知，不需验算非地震设计时的接缝抗剪承载力，程序暂不验算持久设计状况，即公式(6.5.1-1)，只进行地震设计状况下公式(6.5.1-2)和公式(6.5.1-3)的验算。

3.1 验算公式(6.5.1-2)

《装配式混凝土结构技术规程》(JGJ 1—2014) 公式(6.5.1-2)为

$$V_{jsE} \leqslant V_{uE} / \gamma_{RE}$$

根据《装配式混凝土结构技术规程》(JGJ 1—2014)公式(7.2.3)可知，地震设计状况下接缝抗剪承载力如下。

预制柱受压时：

$$V_{uE}=0.8N+1.65A_{sd}\sqrt{f_c f_y}$$

预制柱受拉时：

$$V_{uE}=1.65A_{sd}\sqrt{f_c f_y\left[1-\left(\frac{N}{A_{sd}f_y}\right)^2\right]}$$

验算时要遍历地震工况下所有组合，通过公式计算满足接缝验算的计算所需 A_{sd}。

遍历所有地震组合，计算所需 A_{sd} 的最大值对应组合如下表。

位置	控制组合号	剪力设计值 V_{jde}/kN sqrt(V_x^2+V_y^2)	轴力设计值 N/kN (受压为正)
柱底	106	46.2	341.6

控制组合下计算所需 A_{sd} 计算过程如下(预制柱受压)：

γ_{RE}=0.85, V_{jdE}=46.2kN, N=341.6kN, f_c=14.3N/mm^2, f_y=360.0N/mm^2

A_{sd}=(46195.1×0.85−0.8×341625.3)/1.65/sqrt(14.3×360.0)

=−1974.69(mm^2)=0(mm^2)(计算所需 A_{sd} 小于 0，取 0)

3.2 验算公式(6.5.1-2)

《装配式混凝土结构技术规程》(JGJ 1—2014)公式(6.5.1-3)为

$$\eta_j V_{mua} \leqslant V_{uE}$$

根据《装配式混凝土结构技术规程》(JGJ 1—2014)公式(7.2.3)可知，地震设计状况下接缝抗剪承载力为

预制柱受压时：

$$V_{uE}=0.8N+1.65A_{sd}\sqrt{f_c f_y}$$

预制柱受拉时：

$$V_{uE}=1.65A_{sd}\sqrt{f_c f_y\left[1-\left(\frac{N}{A_{sd}f_y}\right)^2\right]}$$

图 4-54 详细计算书(部分)

4.8 结果输出

4.8.1 预制梁、柱平面图

设计软件提供了绘制平面图功能，在【预制构件设计】菜单下的可绘制平面标注图、套

筒布置图、抗剪计算结果、预制构件布置图等(见图 4-55)。

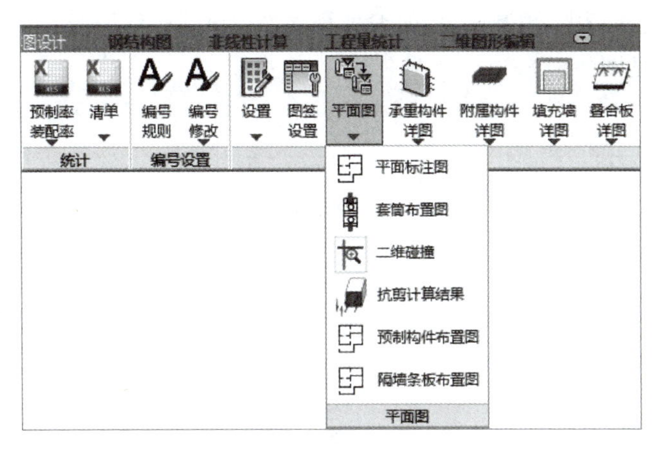

图 4-55　平面图菜单

1. 平面标注图

平面标注图用于标注普通现浇构件的平法标注信息和预制构件信息(见图 4-56)。

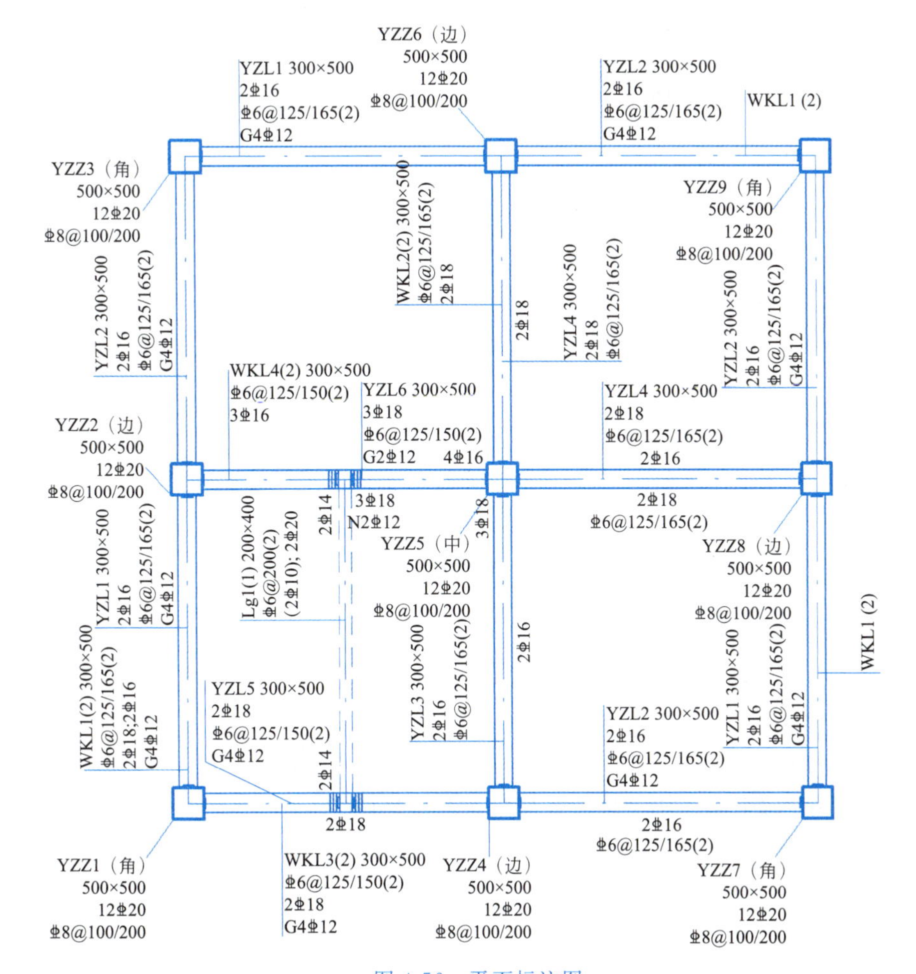

图 4-56　平面标注图

2. 预制构件布置图

【预制构件布置图】中，预制梁、柱的编号及位置与预制构件详图一一对应，方便预制构件的生产及安装(见图 4-57)。

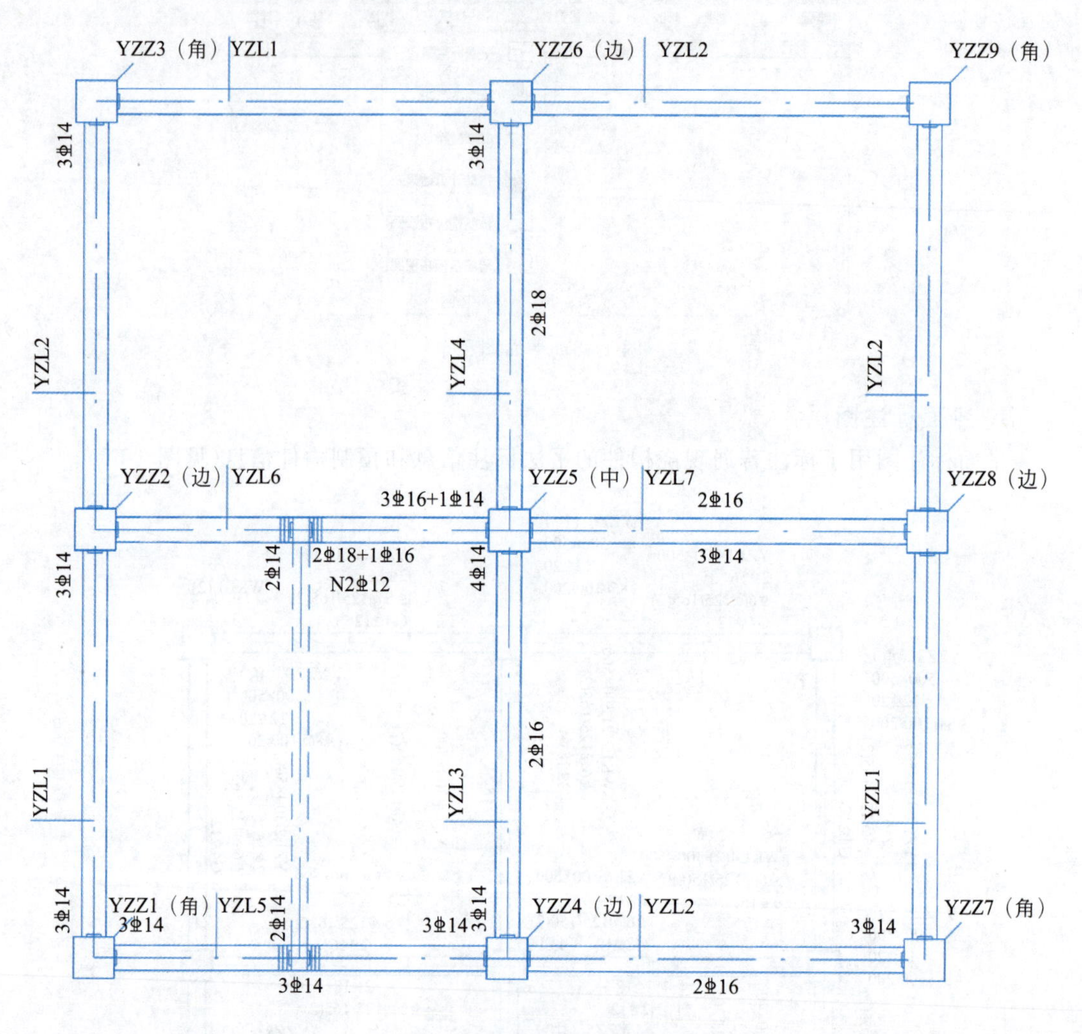

图 4-57　预制构件布置图

3. 套筒布置图

【套筒布置图】用于定位套筒钢筋的位置，方便施工单位预留钢筋位置与预制柱上的套筒位置相对应(见图 4-58)。

4. 抗剪计算结果

【抗剪计算结果】平面图用于抗剪计算结果的输出(见图 4-59)。

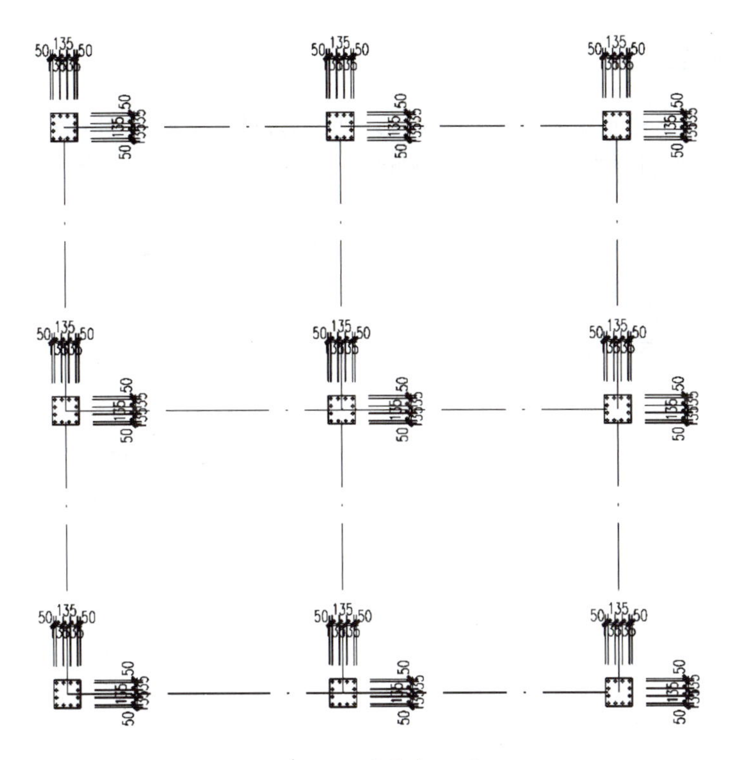

图 4-58　套筒布置图

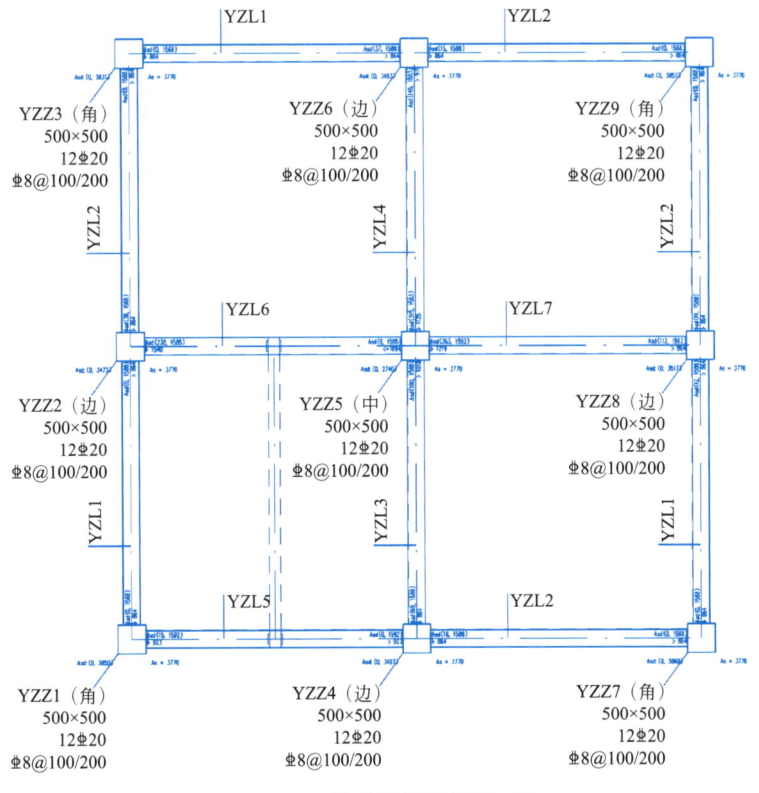

图 4-59　抗剪计算结果平面图

4.8.2 预制梁详图

设计软件提供了批量绘制预制梁详图的功能，通过【预制构件设计】菜单下的【承重构件详图】按钮批量绘制预制梁详图（见图 4-60）。

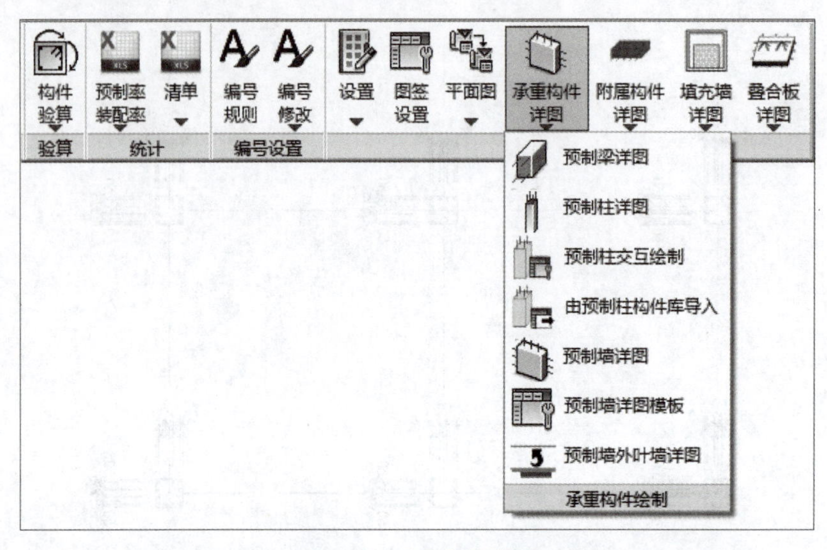

图 4-60 承重构件详图

单击【预制梁详图】按钮，弹出预制梁列表，勾选需要批量绘制的预制梁编号（见图 4-61）。

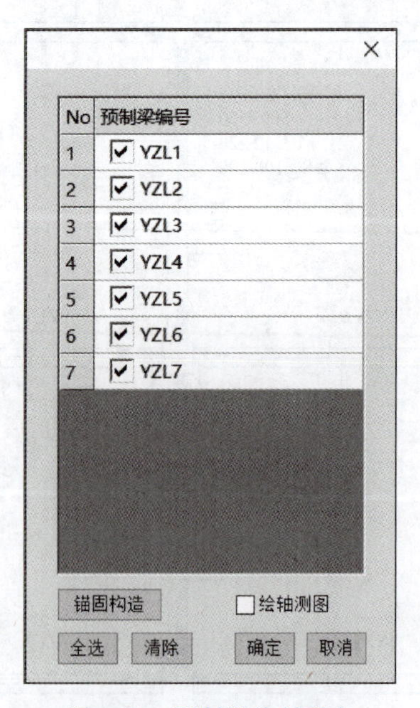

图 4-61 预制梁绘制列表

单击【确定】按钮，软件会自动新建一个窗口，框选绘图范围，软件在绘图范围内将各类预制梁的大样详图依次画出。

预制梁详图的内容包括模板图、配筋图、剖面图、轴侧图、构件信息表、钢筋统计清单、附件清单表以及构件位置示意图等(见图 4-62)。

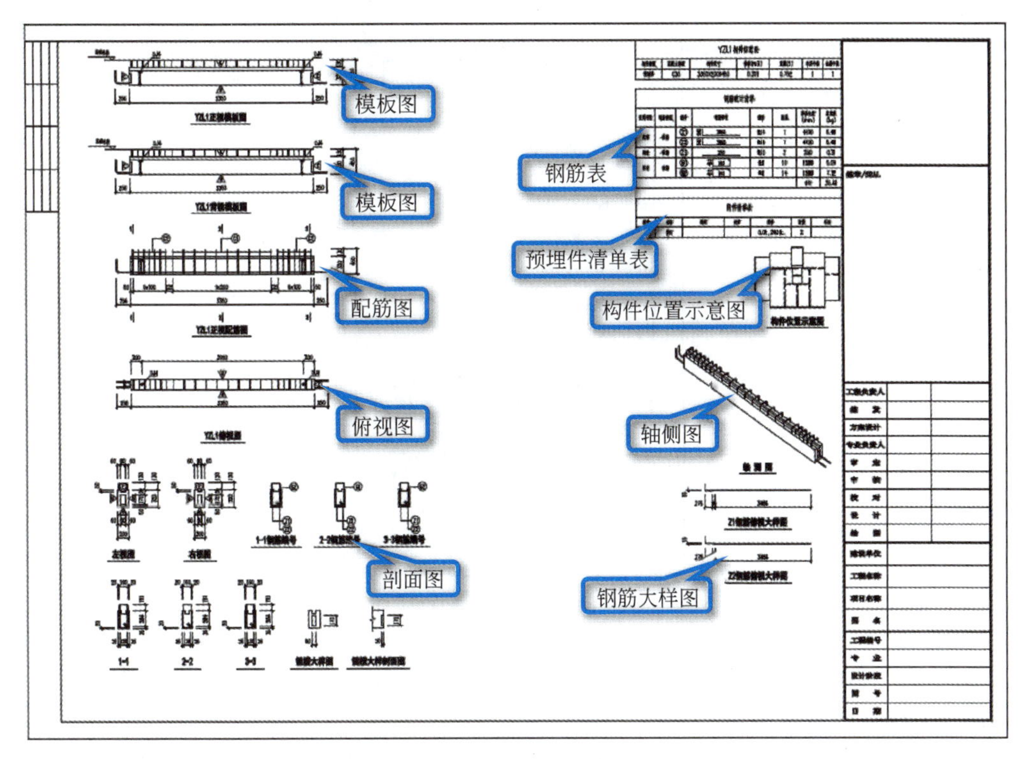

图 4-62　预制梁详图

4.8.3　预制柱详图

设计软件提供了批量绘制预制柱详图的功能,通过【预制构件设计】菜单下的【承重构件详图】按钮批量绘制预制柱详图,也可以将光标放在预制柱上,右击选择【详图】,绘制相应预制柱详图。

单击【预制柱详图】按钮后软件弹出预制柱列表，勾选需要批量绘制的预制柱编号（见图 4-63）。

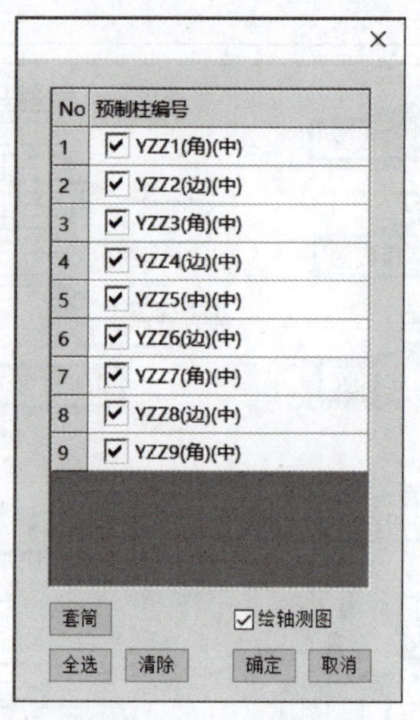

图 4-63　预制柱绘制列表

单击【确定】按钮软件会自动新建一个窗口，框选绘图范围，软件在绘图范围内将各类预制柱的大样详图依次画出。

预制柱详图的内容包括模板图、配筋图、剖面图、柱底详图、柱顶详图、灌浆孔详图、轴侧图、构件信息表、钢筋统计清单、附件清单表以及构件位置示意图等（见图 4-64）。

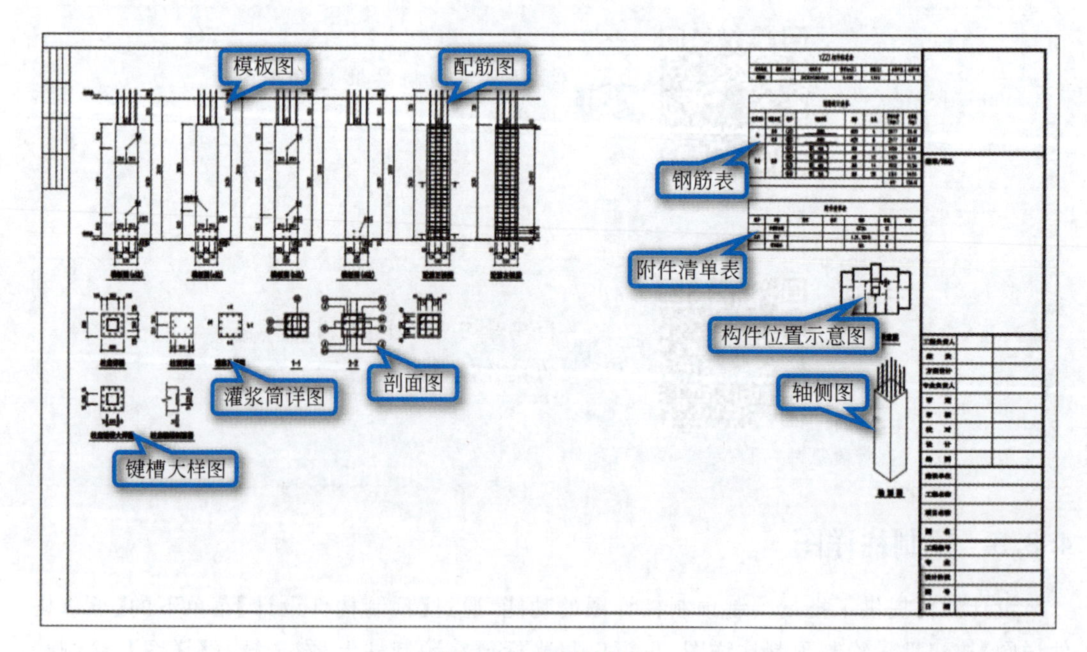

图 4-64　预制柱详图

扫码学习预制柱批量详图的操作流程

教学视频：预制柱批量详图

扫码学习预制柱单构件详图的操作流程

教学视频：预制柱单构件详图

4.8.4 预制梁、柱清单统计

单击【清单】菜单下的【本层预制梁清单统计】按钮（见图 4-65）可以统计本层预制梁工程量清单，清单内容按单构件输出混凝土体积、保温板体积、预埋件数量、钢筋直筋及数量等内容，预制柱的清单统计与预制梁步骤相同（见图 4-65～图 4-67）。

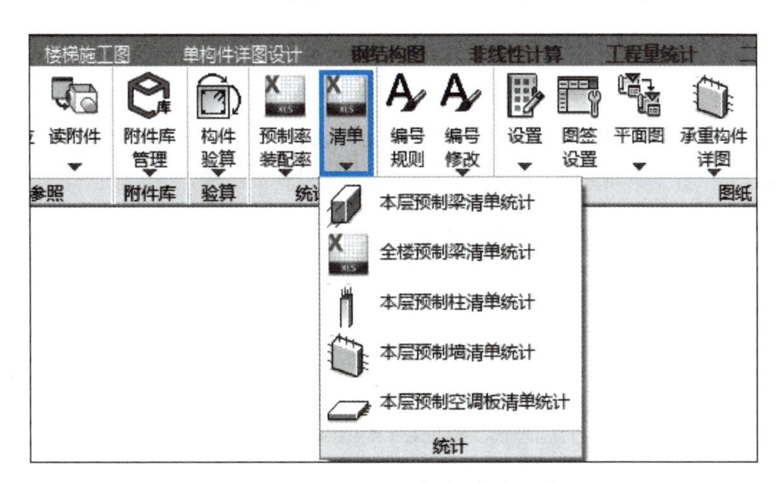

图 4-65 本层预制构件清单统计

用量清单												
楼层	构件名称	截面尺寸	数量	单构件混凝土体积(m^3)	HRB400					单构件钢筋重量(kg)	合计	
					6	12	14	16	18		混凝土体积(m^3)	钢筋重量(kg)
第1层	YZL1	300x500	3	0.483	14.781	16.197		17.491		48.469	1.449	145.406
	YZL2	300x500	4	0.483	14.781	16.197		17.491		48.469	1.932	193.875
	YZL3	300x500	1	0.483	12.398			17.491		29.889	0.483	29.889
	YZL4	300x500	1	0.483	12.398				22.260	34.658	0.483	34.658
	YZL5	300x500	1	0.483	16.847	15.345	19.983			52.175	0.483	52.175
	YZL6	300x500	1	0.483	15.656	9.111		8.793	22.260	55.819	0.483	55.819
	YZL7	300x500	1	0.483	12.398		19.983			32.381	0.483	32.381
合计			12		173.164	137.835	39.966	148.717	44.520		5.796	544.203
					544.203							

图 4-66 预制梁清单(部分)

YZZ1(角)(角柱) (1 根)							
钢筋类型	直径	间距	数量	单根长(mm	总长(m)	单根重(kg)	总重(kg)
纵筋	Φ20		2	2777	6	6.86	14
纵筋	Φ20		2	6187	12	15.28	31
纵筋	Φ20		6	2777	17	6.86	41
纵筋	Φ20		2	6187	12	15.28	31
矩形箍筋	Φ8	100	13	1868	24	0.74	10
矩形箍筋	Φ8	100	26	1332	35	0.53	14
矩形箍筋	Φ8	200	5	1868	9	0.74	4
矩形箍筋	Φ8	200	10	1332	13	0.53	5
矩形箍筋	Φ8	100	3	1956	6	0.77	2
矩形箍筋	Φ8	100	6	1420	9	0.56	3

YZZ2(边)(边柱) (1 根)							
钢筋类型	直径	间距	数量	单根长(mm	总长(m)	单根重(kg)	总重(kg)
纵筋	Φ20		2	2480	5	6.13	12
纵筋	Φ20		2	3410	7	8.42	17
纵筋	Φ20		6	2480	15	6.13	37
纵筋	Φ20		2	3410	7	8.42	17
矩形箍筋	Φ8	100	15	1868	28	0.74	11
矩形箍筋	Φ8	100	30	1332	40	0.53	16
矩形箍筋	Φ8	200	5	1868	9	0.74	4
矩形箍筋	Φ8	200	10	1332	13	0.53	5
矩形箍筋	Φ8	100	0	1788	0	0.71	0
矩形箍筋	Φ8	100	0	1252	0	0.49	0

图 4-67 预制柱清单(部分)

4.8.5 预制梁、柱的接缝计算书

预制梁端抗剪接缝计算书结果输出详见本书 4.6.4 小节，预制柱底抗剪接缝计算书结果输出详见本书 4.7.4 小节。

4.8.6 预制梁、柱吊装验算

1. 预制梁吊装验算

在平面图编辑【平面图编辑】菜单，【专项验算】下选择【预制梁吊装】(见图 4-68)，再选择需要进行吊装验算的预制梁，即可输出该预制梁的吊装验算的计算书(见图 4-69)。

2. 预制柱吊装验算

在【专项验算】下选择【预制柱吊装】(见图 4-70)，即可输出所有预制柱的吊装验算计算书(见图 4-71)。

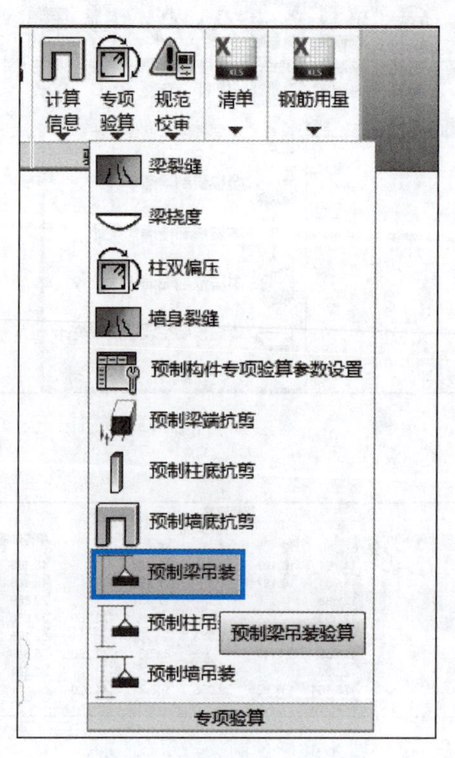

图 4-68 预制梁吊装验算

YZL1吊装脱模验算

1　计算依据

《混凝土结构设计规范》(GB 50010—2010)(2015 年版)
《混凝土结构工程施工规范》(GB 50666—2011)
《装配式混凝土结构技术规程》(JGJ 1—2014)

2　吊装、脱模施工验算

混凝土强度等级：C35
混凝土容重：25.5kN/m^3
预制梁长度 L=4600mm
吊点距离梁端长度 L_1=950mm(两点起吊，吊点距离梁端为 0.207L 时，由自重产生的最大正弯矩等于最大负弯矩)
吊点间距离 $L_2=L-L_1\times2$=2700(mm)
预制梁宽度 b=300mm
预制梁高度 h=350mm
截面弹性抵抗矩 $W=bh^2/6$=0.006125(m^3)

a) 吊装验算

吊装时，混凝土立方体抗压强度取设计的混凝土强度等级，f_{tk}=2.20N/mm^2
吊装动力系数：a=1.5
吊装最大负弯矩：M_1=1.81kN · m
吊装最大正弯矩：M_2=1.85kN · m
吊装最大弯矩：M_{max}=1.85kN · m
构件正截面边缘混凝土法向拉应力：$\sigma_{ct}=M_{max}/W$=0.30(N/mm^2)

$$\sigma_{ct}\leqslant f_{tk}$$

b) 脱模验算

脱模时，混凝土立方体抗压强度取设计的混凝土强度等级值的 75%，f_{tk}=1.84N/mm^2
脱模动力系数：a=1.2
等效静力荷载标准值取构件自重标准值乘以动力系数后与脱模吸附力之和，且不宜小于构件自重标准值的 1.5 倍。脱模吸附力取 1.5kN/m^2。
脱模最大负弯矩：M_1=1.81kN · m

图 4-69　预制梁吊装验算计算书

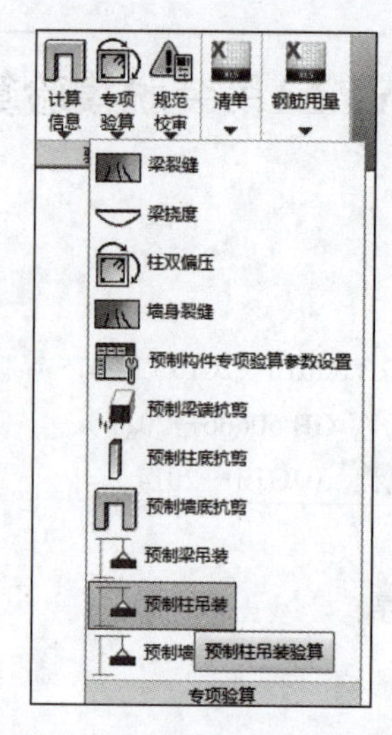

图 4-70 预制柱吊装验算

第 1 层全层预制柱吊装验算结果

预制柱 YZZ4(边) (ID = 400)

水平起吊，弯矩为1.264kN/m
水平起吊，最大允许弯矩为95.919kN/m
水平起吊，受弯承载力满足
水平起吊，最大裂缝宽度为：0.001mm
水平起吊，允许最大裂缝宽度为：0.200mm
满足

预制柱 YZZ9(角) (ID = 900)

水平起吊，弯矩为1.264kN/m
水平起吊，最大允许弯矩为95.919kN/m
水平起吊，受弯承载力满足
水平起吊，最大裂缝宽度为：0.001mm
水平起吊，允许最大裂缝宽度为：0.200mm
满足

预制柱 YZZ3(角) (ID = 300)

水平起吊，弯矩为1.264kN/m
水平起吊，最大允许弯矩为95.919kN/m
水平起吊，受弯承载力满足
水平起吊，最大裂缝宽度为：0.001mm
水平起吊，允许最大裂缝宽度为：0.200mm
满足

图 4-71 本层预制柱吊装验算书

再选择某个预制柱，即可输出该预制柱的详细的吊装验算计算书。

【学习笔记】

复习思考题

一、单选题

1. 装配整体式混凝土框架结构是由(　　)或其他部件通过钢筋、连接件或施加预应力加以连接并现场浇筑混凝土而形成整体的框架结构。

A. 预制混凝土框架梁和叠合板　　B. 预制混凝土框架梁和框架柱

C. 叠合板和框架柱　　D. 预应力双 T 板和框架柱

2. 做装配式建筑设计必须要具有(　　)的思维。

A. 信息化　　B. 智能化　　C. 工业化　　D. 机械化

3. 装配式建筑设计应遵循(　　)的原则。

A. 多规格,少组合　　B. 多规格,多组合

C. 少规格,少组合　　D. 少规格,多组合

4. 采用预制柱以及叠合梁的装配整体式框架中,关于柱底接缝处的说法不正确的是(　　)。

A. 后浇节点区混凝土上表面应设置粗糙面

B. 后浇节点区混凝土表面应光洁

C. 柱纵向受力钢筋应贯穿后浇节点区

D. 柱底接缝厚度宜为 20mm,并应采用灌浆料填实

5. 装配整体式混凝土框架结构中,当采用叠合梁时,框架梁的后浇混凝土叠合层厚度不宜小于(　　)mm,次梁的后浇混凝土叠合层厚度不宜小于(　　)mm。

A. 100　80　　B. 120　100

C. 150　120　　D. 180　200

二、简答题

1. 什么是装配整体式混凝土框架结构?

2. 装配整体式结构设计一般要求是什么?

3. 装配整体式混凝土框架结构建筑的预制构件一般有哪些?

三、工程实践

完成二维码链接中装配整体式混凝土框架结构模型的搭建及深化设计。

教学模型 2

教学单元 5 装配整体式钢筋混凝土楼盖设计

思维导图

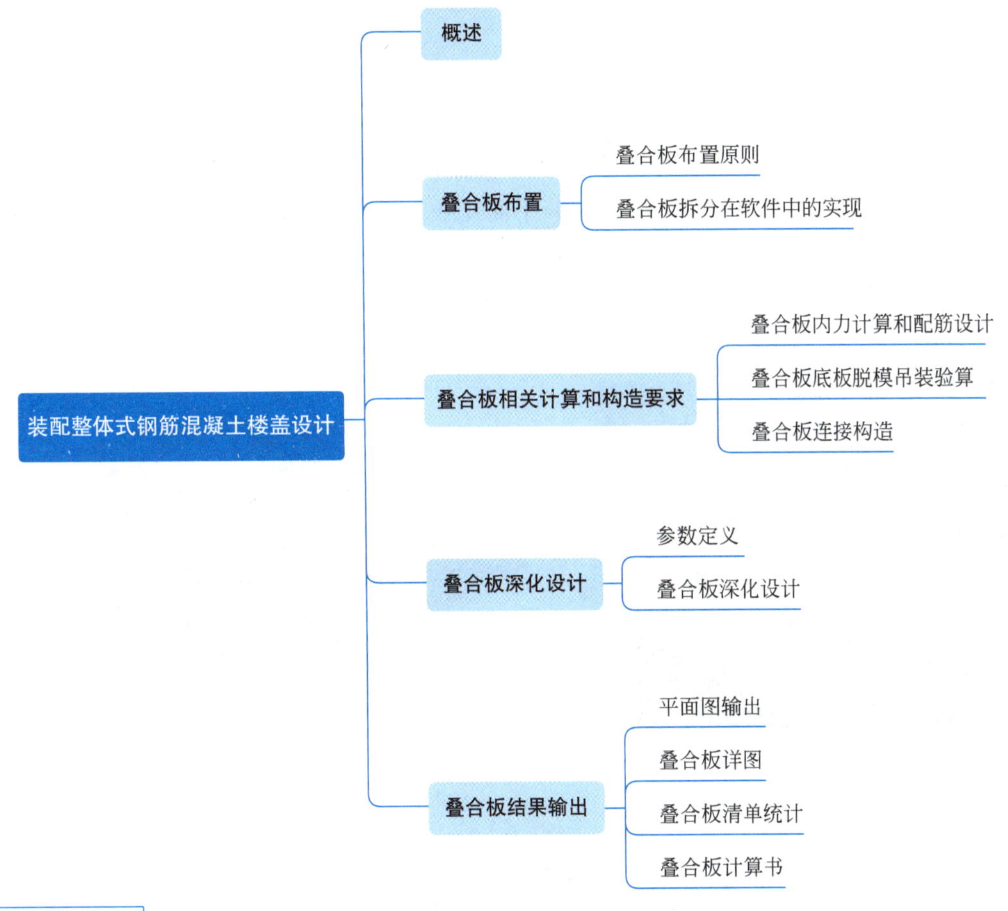

教学目标

1. 知识目标

(1) 了解叠合板拆分的原则；

(2) 熟悉叠合板拆分的软件操作方法；

(3) 掌握叠合板配筋计算、脱模和吊装验算及连接构造措施；

(4) 掌握叠合板深化设计的参数设置和配筋深化设计；

(5) 掌握叠合板底板平面布置图、构件详图图纸输出的方法和 BOM 表生成方法。

2. 能力目标

（1）能够利用设计软件进行叠合板拆分；

（2）能够利用软件进行钢筋桁架叠合板配筋计算、脱模和吊装验算；

（3）能够利用软件进行钢筋桁架叠合板配筋深化设计；

（4）能够在设计软件中输出叠合板平面图、生成 BOM 表。

3. 素质目标

（1）培养学生严谨细致、精益求精的工作作风；

（2）培养学生团结向上、齐心协力的团队精神；

（3）培养学生勤俭节约、吃苦耐劳的生活习惯。

5.1 概　　述

装配式楼盖按预制程度可分为叠合楼盖和全预制楼盖。装配整体式结构宜采用叠合楼盖，在装配整体式结构中如结构转换层、平面复杂或开洞较大的楼层、作为上部结构嵌固部位的地下室楼层宜采用现浇楼盖。

叠合楼板由预制板和现浇层构成，叠合楼板类型主要有桁架钢筋混凝土叠合楼板、PK 预应力叠合板、双 T 叠合板等。各种叠合楼板的预制板如图 5-1 所示。

（a）桁架钢筋混凝土叠合板

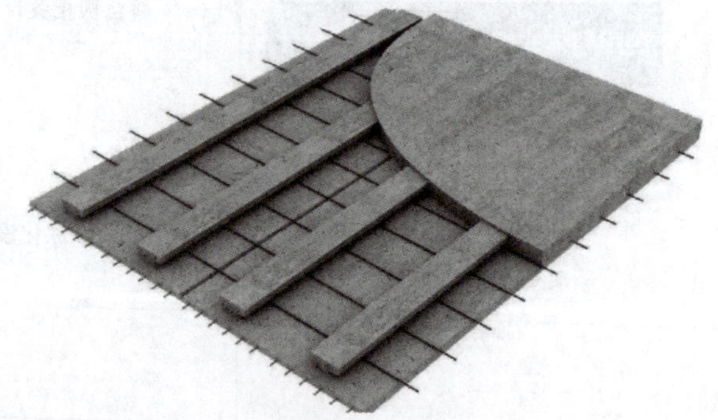

（b）PK预应力叠合板

（c）双T叠合板

图 5-1　叠合楼板主要类型

本教学单元主要介绍桁架钢筋混凝土叠合楼板(以下简称桁架钢筋叠合板),叠合楼板的预制板由桁架钢筋、板底钢筋、混凝土底板组成,如图 5-2 所示。

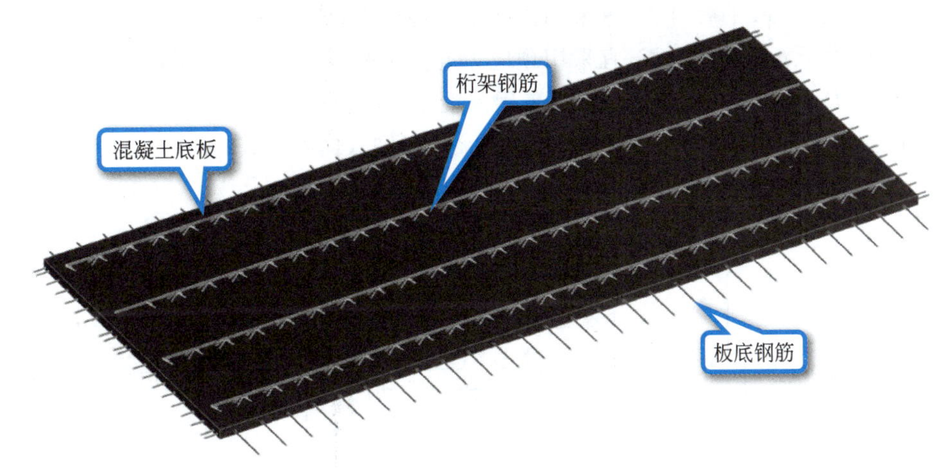

图 5-2 桁架钢筋混凝土叠合板

桁架钢筋可以增加底板刚度,增强现浇层与预制层的交接面抗剪性能,施工时可以当作板顶筋的"马镫"使用,并且可以兼作吊点;混凝土底板既是板厚的组成部分,也是现浇层的永久性模板。桁架钢筋叠合板底板安装完成后,需要在现浇层绑扎钢筋,布置管线,然后浇筑混凝土形成整体受弯楼盖。

桁架钢筋叠合板的设计内容包括以下几点。

(1) 板厚的选取,包括预制层厚度和现浇层厚度。

(2) 桁架筋的选取。

(3) 楼板内力计算及配筋设计。

(4) 脱模及吊装验算。

(5) 设备线盒及预留洞口的设计。

5.2 叠合板布置

5.2.1 叠合板布置原则

叠合板从设计、生产到施工需要经历多个环节:生产时需要考虑模具的重复利用率、构件生产效率等因素;施工时需要考虑运输、吊装、安装的成本和安全。为了实现安全性和经济性兼得的目标,在叠合板拆分阶段就需要考虑多方面的影响。

《装配式混凝土结构技术规程》(JGJ 1—2014)对叠合板适用条件做出了规定:装配整体式结构的楼盖宜采用叠合楼盖;结构转换层、平面复杂或开洞较大的楼层、作为上部结构嵌固部位的地下室楼层宜采用现浇楼盖。

叠合板应采用现行国家标准《混凝土结构设计规范》(GB 50010—2010)(2015 年版)进行设计,并应符合下列规定:

(1) 叠合板的预制板厚度不宜小于 60mm,后浇混凝土叠合层厚度不应小于 70mm;
(2) 当叠合板的预制板采用空心板时,板端空腔应封堵;
(3) 跨度大于 3m 的叠合板,宜采用桁架钢筋混凝土叠合板;
(4) 跨度大于 6m 的叠合板,宜采用预应力混凝土叠合板;
(5) 板厚大于 180mm 的叠合板,宜采用混凝土空心板。

结构受力方面,叠合板拆分时可分为单向叠合板和双向叠合板(见图 5-3)。

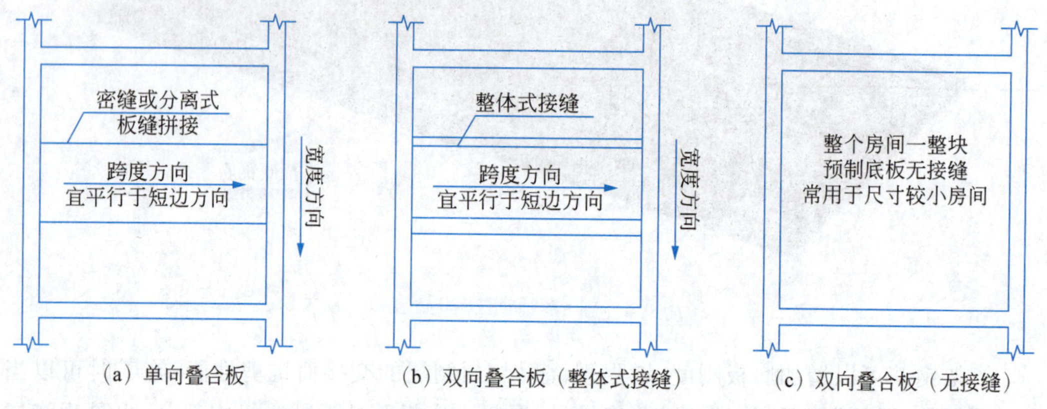

图 5-3 单向叠合板、双向叠合板拆分示意

按单向板设计的叠合板各预制板块间采用密缝或分离式接缝拼接(见图 5-4)。叠合板导荷方式为对边导荷(见图 5-5),因此拆分时板跨方向宜与房间尺寸较小边方向平行;板宽方向不受力,所以可以在任意位置拼接,板缝处可以不出筋,出筋时也不必满足钢筋搭接条件。

按双向板设计的叠合板各预制板块间采用整体式接缝或无接缝设计(见图 5-4)。叠合板导荷方式为梯形三角形传导(见图 5-5),板块间接缝处须有钢筋伸出并满足搭接锚固要求,因此拆分时板缝方向宜与房间尺寸较小边方向平行,并将板缝设置在受力较小的位置。

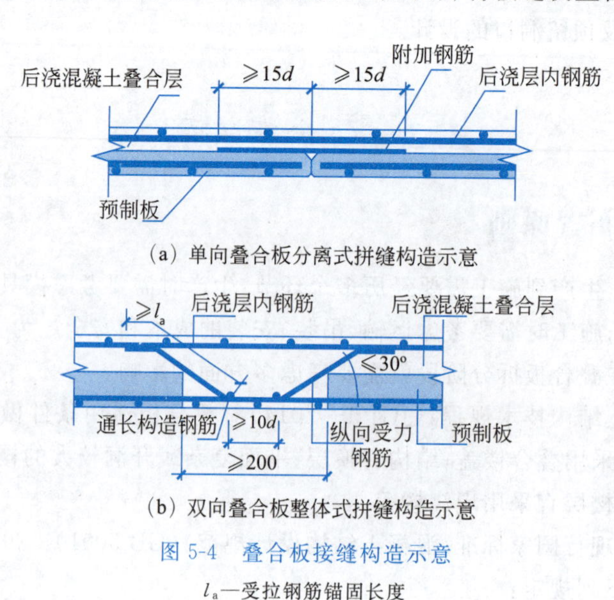

图 5-4 叠合板接缝构造示意

l_a—受拉钢筋锚固长度

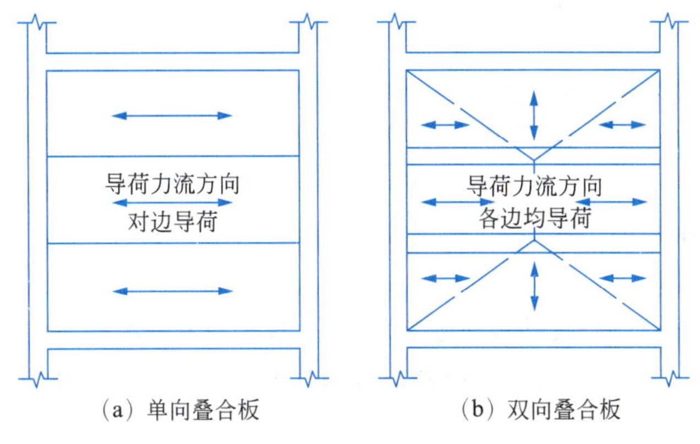

(a) 单向叠合板　　(b) 双向叠合板

图 5-5　单向叠合板、双向叠合板导荷方式

协同设计方面，板块拆分时要协调设备专业线盒、洞口、线管等布置。线管避免与叠合板钢筋碰撞，线盒尽量位于预制板内。

生产方面，为提高生产效率，叠合板拆分时要秉持“少规格、多组合”的标准化理念，尽量减少板块类别和规格，通过灵活排块实现拆分目标。

运输方面，由于运输车辆尺寸和道路规则限制，为方便卡车运输，预制板宽度一般不超过 3.5m，跨度一般不超过 5m。

施工方面，需要和施工单位落实吊装设备型号，了解吊装设备的最大起重量。拆分时做到满足吊装方面要求。

5.2.2　叠合板拆分在软件中的实现

进入【预制构件拆分】菜单，所有与叠合板拆分相关按钮位于【叠合板布置】菜单栏中(见图 5-6)。使用【定义】菜单可定义桁架钢筋叠合板和双 T 叠合板；使用【布置】菜单可以进行桁架钢筋叠合板、双 T 叠合板以及 PK 预应力叠合板的布置；使用【导入 DWG 生成叠合板】菜单可将 CAD 图纸中的叠合板布置导入设计软件中，实现叠合板的快速拆分布置；使用【修改】菜单可修改板块和板缝的大小及排列顺序，使用【拆分信息】菜单可显示与隐藏板块的尺寸、排布方向信息。

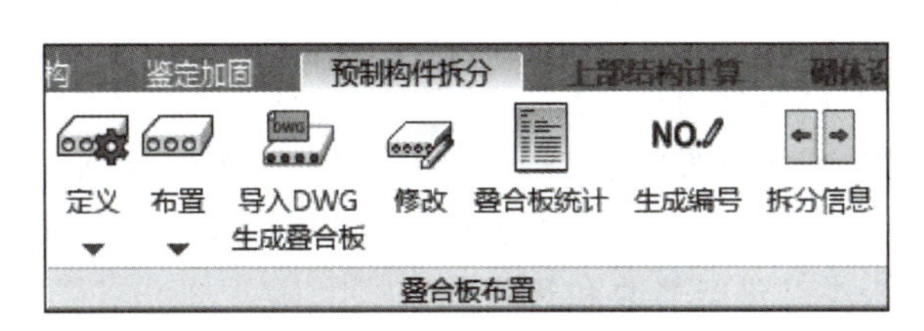

图 5-6　【叠合板布置】菜单

设计软件提供了两种叠合板的拆分方式：直接布置叠合板、导入 CAD 图纸生成叠合板。

1. 直接布置叠合板

直接布置叠合板就是通过人工交互指定的方式，将需定义的叠合板的区域以房间为单位进行自动排块布置。直接布置叠合板的流程如下。

(1) 生成楼板。

(2) 定义叠合板的预制板类型。

(3) 设置叠合板布置参数。

(4) 布置叠合板。

(5) 叠合板排布调整。

1) 生成楼板

布置叠合板之前,需要在【楼板布置】菜单下生成楼板并修改板厚(见图 5-7)。其中【生成楼板】可以在封闭的梁单元之间生成楼板,【修改板厚】可以修改楼板的厚度,此处的板厚为叠合层与现浇层的总厚度。

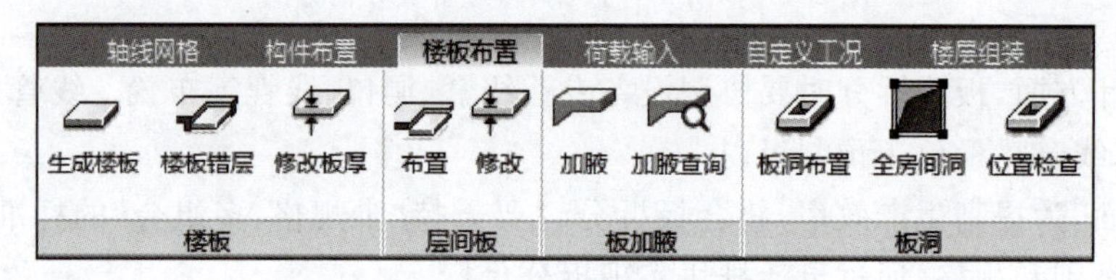

图 5-7 【楼板布置】菜单

2) 定义叠合板的预制板类型

在【预制构件拆分】菜单下选择【定义】,软件提供了【普通叠合板】、【双 T 板】的定义(见图 5-8),普通叠合板即桁架钢筋叠合板。

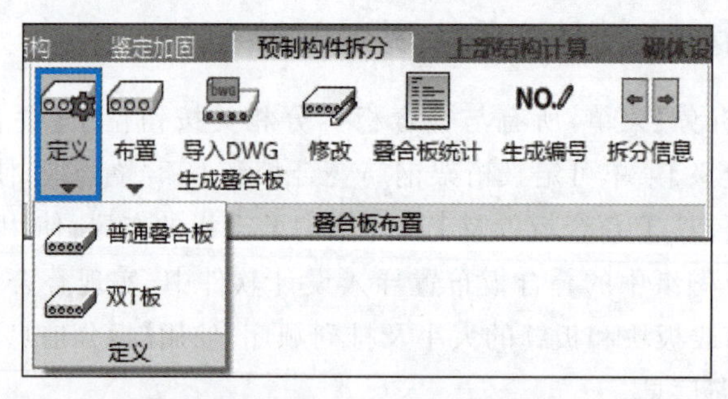

图 5-8 【叠合板布置】菜单

单击【普通叠合板】按钮,即可弹出【添加】对话框(见图 5-9)。叠合板定义参数包括名称(不填写时软件自动生成为板宽×板厚)、板宽、板厚、桁架筋参数。设置完参数后,单击【添加】按钮即可添加到左侧叠合板定义列表框中供布置使用。单击【修改】和【删除】按钮可以对已定义的叠合板类型进行修改和删除。

3) 叠合板布置参数

对于人工交互布置的叠合板,软件提供了两种布置方式:自动布置和选边布置(见图 5-10),【选边布置】适用于异形板,本教学单元主要讲解适用于矩形叠合板的【自动布置】。

单击【自动布置】按钮,即弹出【布置参数】对话框(见图 5-11)。叠合板布置参数由 7 个部分组成,分别为板类型选择、操作方式、布置选项、布置模式、支座搁置宽度、叠合板类型和板缝宽度。

图 5-9　叠合板的预制板定义

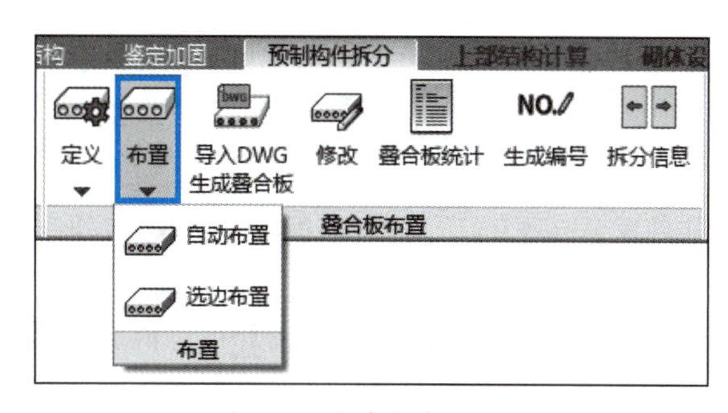

图 5-10　叠合板布置方式

（1）板类型选择

最多可选择 3 种叠合板定义时的预制板类型，软件在自动排块时会读取选择的板类型进行布置。

（2）操作方式

默认为【布置新板】，此时房间叠合板底板根据已经设置的参数排布；当选中【拾取其他板参数】单选按钮时，先选择一个已排布好的房间，再单击其他需要排布的房间时，会根据第一次选择的房间排布参数进行布置。

（3）布置选项

①【按单向板布置】：房间中布置叠合板时，按单向板方式进行布置，默认板跨方向为平行于房间短边。

②【按双向板布置】：房间中布置叠合板时，按双向板方式进行布置。

③【自动判断单向板、双向板】：按照所需布置房间的长宽比判断，长宽比＞3 时，按照单向板排布；长宽比≤3 时，按照双向板排布。

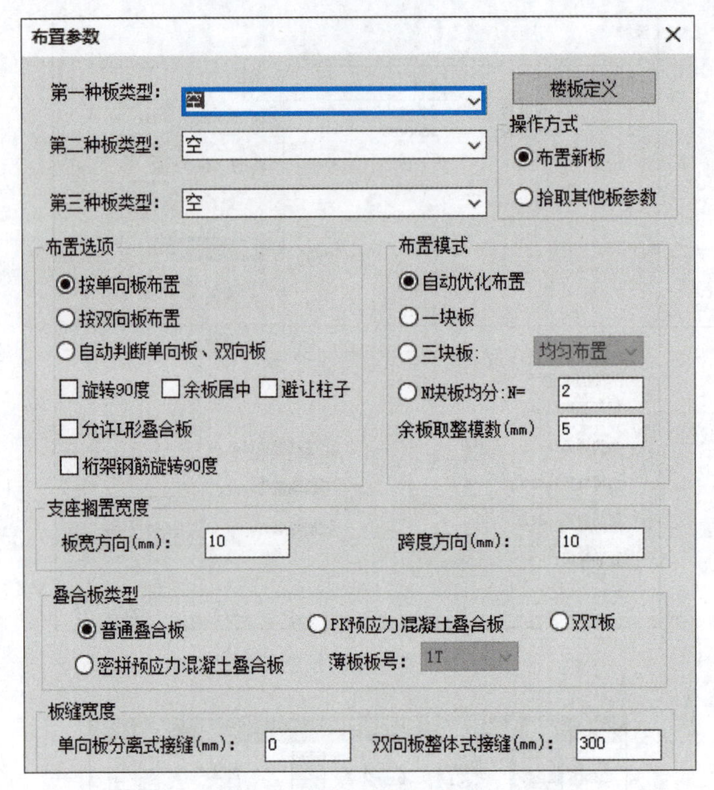

图 5-11 【布置参数】对话框

④【旋转 90 度】:软件默认按平行于房间短边为板跨方向,勾选该项后可更改为沿板跨方向。

⑤【余板居中】:当布置方式选择【自动优化布置】时,可能会出现按所选板类型排列完成时,最后一块叠合板后面仍有一部分现浇带的情况,当现浇带宽度≥500mm 时,会增加一块非标准叠合板。选中该复选框后,可将该块非标准叠合板置于房间中央。

⑥【避让柱子】:选中该复选框,第一块叠合板和最后一块叠合板板边会紧贴柱边布置。

⑦【允许 L 形叠合板】:该复选框在布置 L 形房间时起作用。选中该复选框,在 L 形房间布置叠合板时允许出现带缺口的 L 形叠合板块。

⑧【桁架钢筋旋转 90 度】:桁架钢筋默认布置方向同板跨方向,选中该复选框可将桁架钢筋布置方向调整为垂直于板跨方向。

(4) 布置模式

该部分选项为叠合板布置方式选项,可以选择不同模式进行布置,该部分内容在本节的“布置叠合板”中介绍。

(5) 支座搁置宽度

支座搁置宽度分为板宽方向和板跨方向,指叠合板底板在相应方向上的房间端部搁置在支座上的宽度,默认为 10mm。

(6) 叠合板类型

【叠合板类型】分为普通叠合板、PK 预应力混凝土叠合板和双 T 板 3 种。

(7) 板缝宽度

板缝宽度分为单向板分离式接缝和双向板整体式接缝。由于单向板板宽方向不受力，【单向板分离式接缝】默认为 0mm；考虑到双向板板宽方向受力，【双向板整体式接缝】默认为 300mm。

4) 布置叠合板

在叠合板定义和布置参数设置完成后便可人工交互布置。软件以房间为单位进行布置，软件提供了 4 种布置模式，分别为【自动优化布置】、【一块板】、【三块板】和【N 块板均分】。选择布置模式之后，单击任意房间即可按照相应的规则布置叠合板(见图 5-12)。

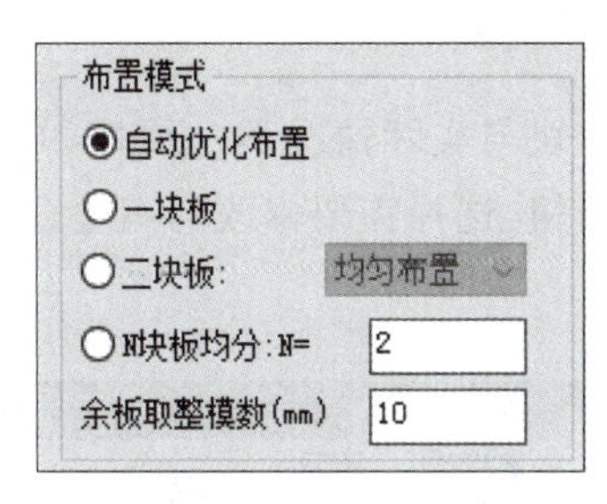

图 5-12　叠合板的布置模式

上述 4 种布置模式下，均可能产生非标准叠合板，软件提供了【余板取整模数】参数，默认为 10mm，防止非整十数尺寸的板块出现。

(1)【自动优化布置】

根据所选择的板类型软件在所选房间内对叠合板预制板自动排块。

当板类型只选择一种板宽时，软件按排布方向自动逐一排列板宽和板缝，对于排列后的剩余部分，当其宽度≥500mm 时，增加一块非标准板；当其宽度＜500mm 时，剩余部分按现浇处理。非标准板指用户没有在定义菜单中输入过板宽，由软件自动生成的叠合板板型。

当选择两种或 3 种板类型时，软件以非标准板或后浇带宽度最小原则优化布置叠合板。

(2)【一块板】

该布置方式为在一个房间内布置一整块叠合板，用于尺寸较小的房间。需要注意的是，布置时虽不会用到板类型中的板块尺寸，也需要选择至少一块叠合板的类型。

(3)【三块板】

该布置方式为在一个房间内布置 3 块预制板，分为均匀布置、边板优先和中板优先(见图 5-13)。【均匀布置】为布置 3 块宽度相等的预制板，布置时不会用到板类型中的板块尺寸；【边板优先】为两块边板采用第一种板类型，中板为余板；【中板优先】为中间板块采用第一种板类型，两边为相同板宽的余板，余板通常为非标准板。

(4)【N 块板均分】

该布置方式为按房间布置尺寸和设置的接缝宽度，在一个房间内布置 N 块相同尺寸

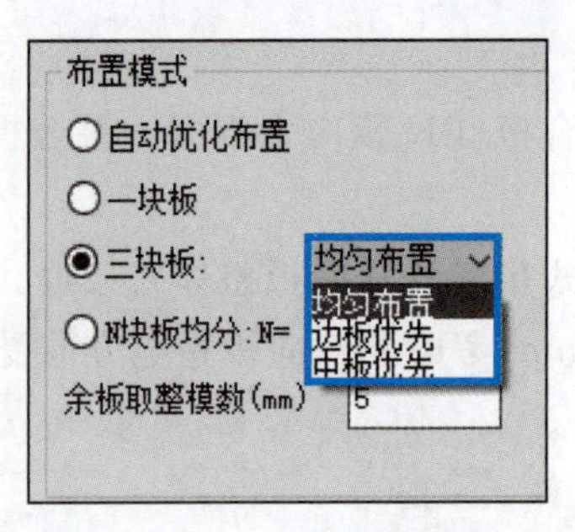

图 5-13　三块板布置模式

的叠合板。需要注意的是，布置时虽不会用到板类型中的板块尺寸，也需要选择至少一块叠合板的类型。

5）叠合板排布调整

当软件自动布置的叠合板排块与实际情况不一致时，可使用【修改】功能调整该房间的板块类型和排布。单击【修改】按钮，选择需要修改的有叠合板的房间，即可弹出【叠合板排布调整】对话框(见图 5-14)。

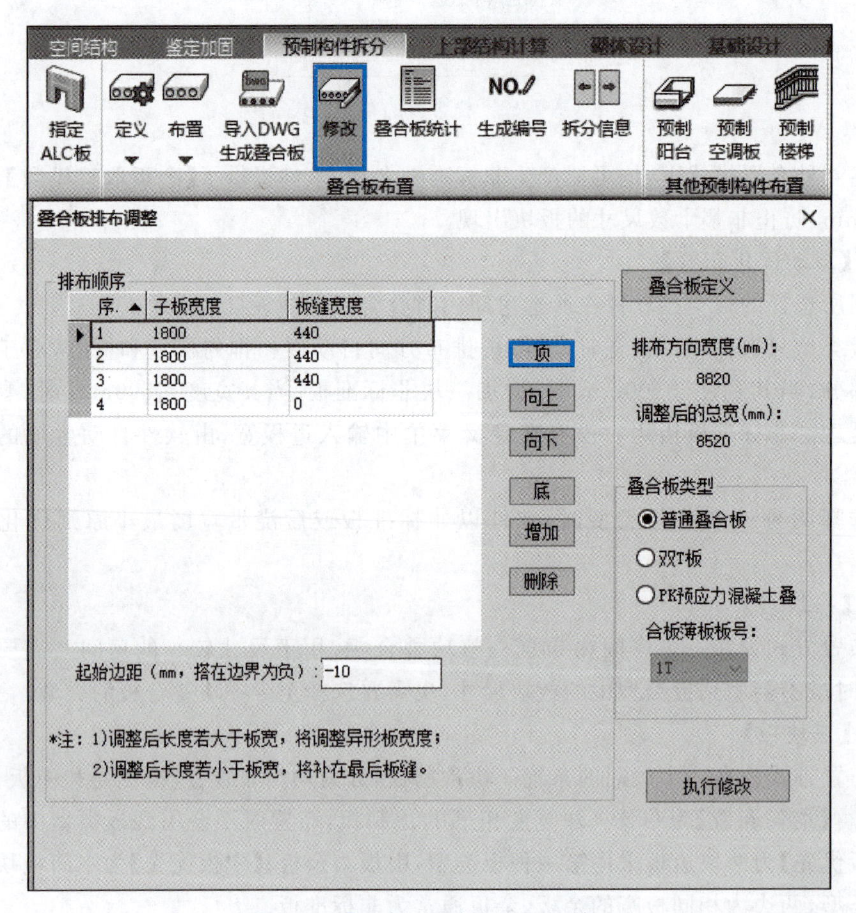

图 5-14　【叠合板排布调整】对话框

【叠合板排布调整】按照房间内叠合板排布顺序列出了所有的板块和板缝宽度，排布顺序为叠合板布置房间内的箭头方向。板块宽度和板缝宽度均可进行调整。

单击【子板宽度】列表中的板块，会出现板定义下拉列表(见图5-14)，下拉列表中包含前面定义的所有叠合板块类型，可进行选择替换。单击【板缝宽度】列表内的数值可对缝宽进行修改。对【子板宽度】和【板缝宽度】列表内容可通过单击【顶】、【向上】、【向下】、【底】按钮调整顺序。可通过单击【增加】、【删除】按钮调整列表内叠合板块数量(见图5-15)。

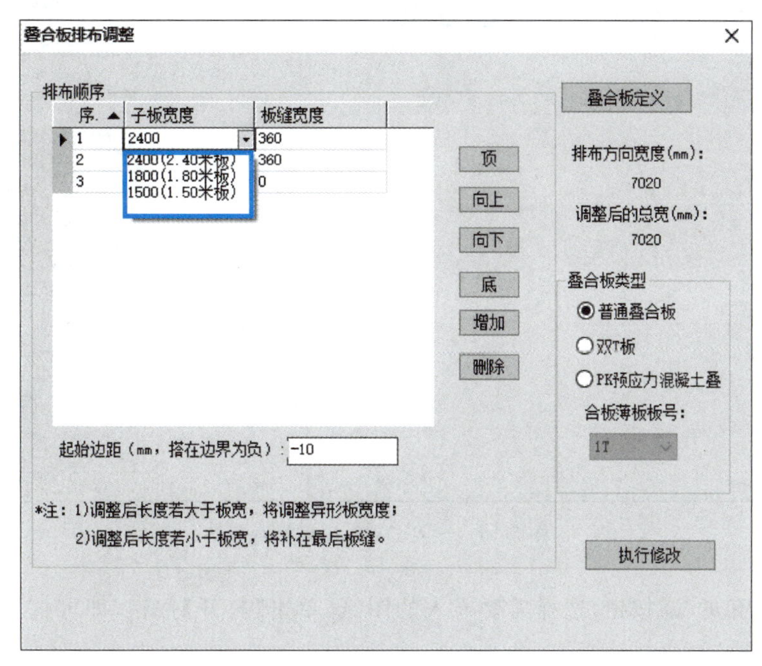

图5-15　叠合板排布调整对话框

列表中内容调整完后，列表下面会实时显示【调整后的总宽】数值，方便判断调整后的宽度与【排布方向宽度】是否匹配，【排布方向宽度】为房间净宽加2倍支座搁置宽度。如【调整后的总宽】大于实际板宽将调整余板的宽度；如【调整后的总宽】小于实际板宽，则增加最后的板缝宽度。

单击【执行修改】按钮，即可按调整后的板块和板缝重新布置房间内的叠合板。

2. 导入CAD图纸生成叠合板

设计软件还提供了将CAD图纸中的叠合板平面布置图直接导入模型实现快速翻模布置的功能。

首先，需要通过CAD软件在DWG文件中完成叠合板的拆分设计，单个叠合板绘制为封闭的多段线，叠合板的定位、尺寸应满足设计要求。

然后，在【预制构件拆分】菜单下单击【导入 DWG 生成叠合板】按钮，软件会弹出【导入 DWG】对话框（见图 5-16）。

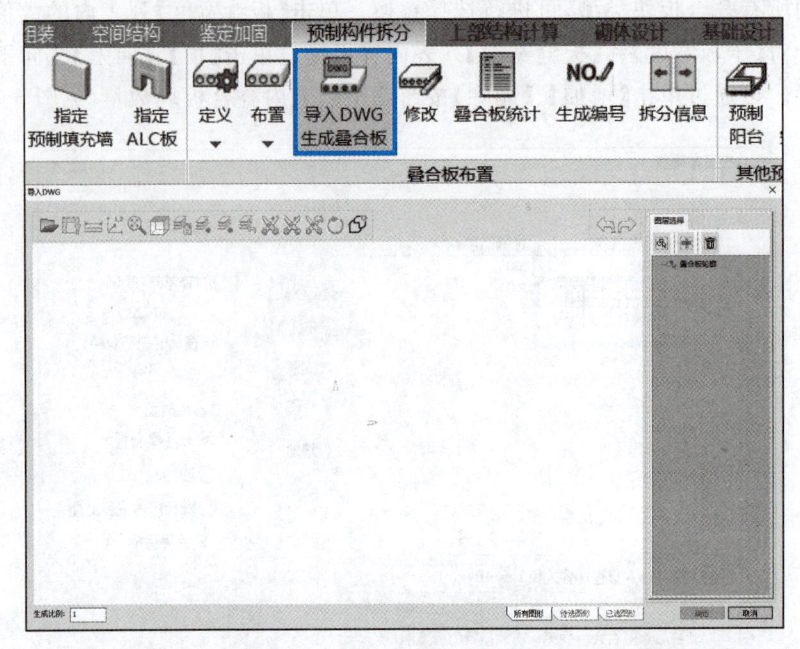

图 5-16 导入 DWG 生成叠合板

单击左上角的按钮，选择需要导入的图纸，单击【打开】按钮，即可打开 DWG 图纸（见图 5-17）。

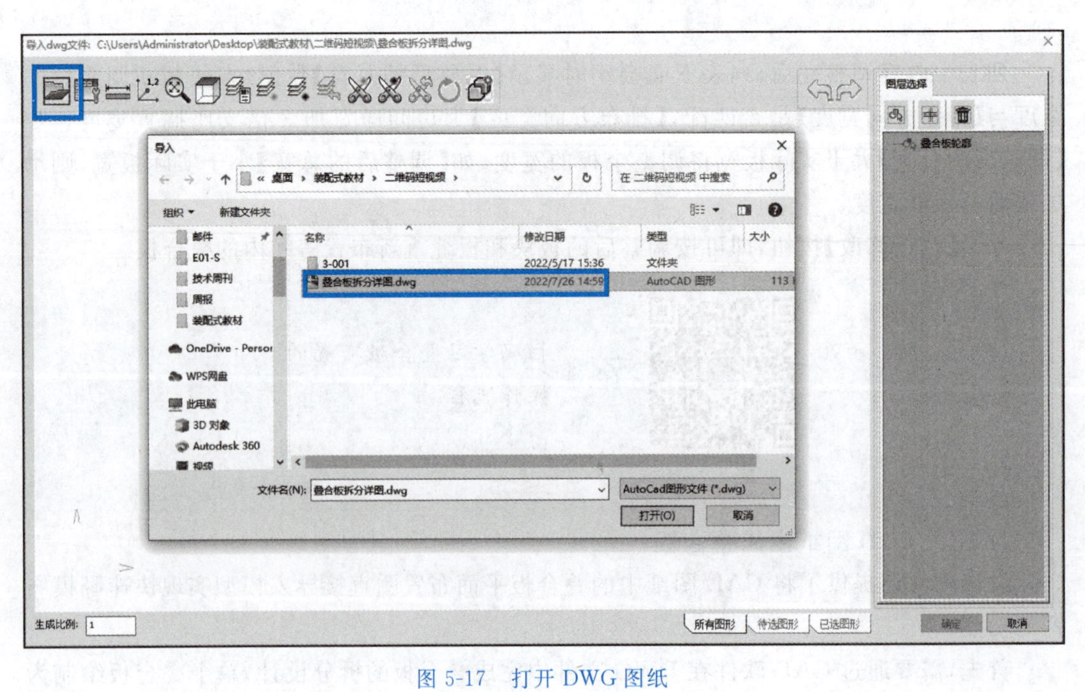

图 5-17 打开 DWG 图纸

单击【叠合板轮廓】,再选择叠合板的轮廓图层线(见图 5-18),即可完成叠合板轮廓图层的选取。

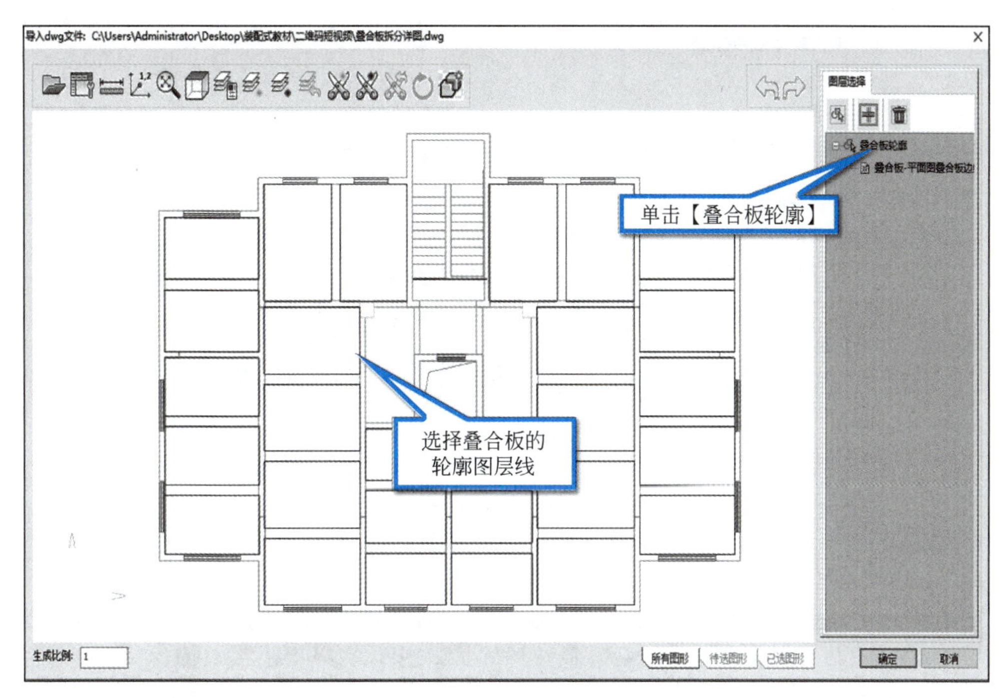

图 5-18 设置叠合板轮廓图层

单击按钮,选择需要导入的基点,单击【确定】按钮(见图 5-19),即可插入 DWG 图纸到设计软件当中。

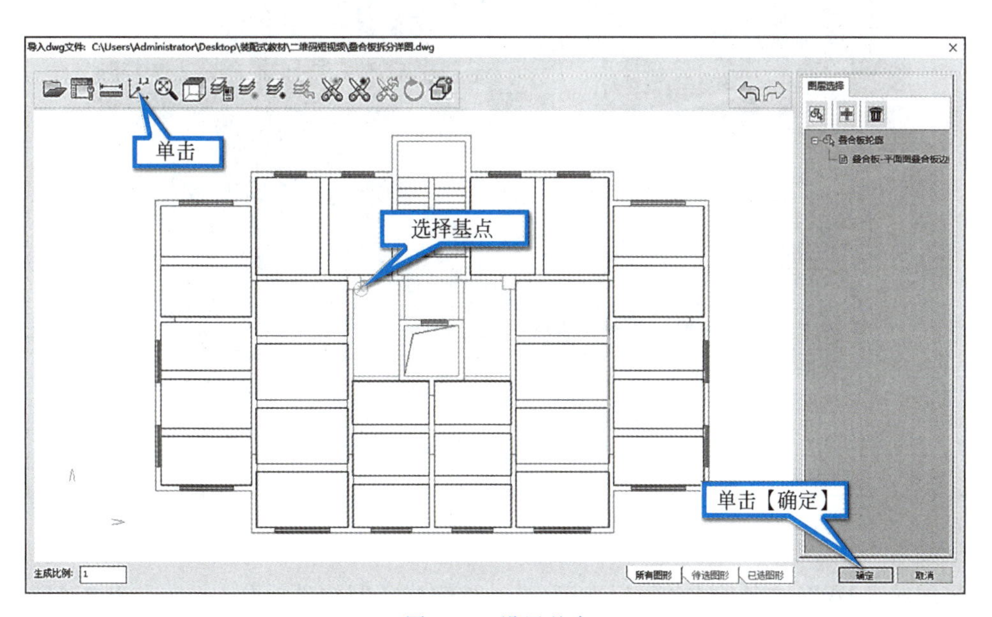

图 5-19 设置基点

在软件模型中选择对应的基点，即可弹出【导入叠合板参数设置】对话框（见图5-20），设置好叠合板的参数后，单击【确定】按钮，即可完成叠合板的布置（见图5-21）。

导入叠合板参数设置

导入参数：

叠合板板厚（mm）：60　　双向板最小板缝(mm)：100

桁架钢筋参数

桁架高度(mm)：80

中跨间距(mm)：600　　上弦筋直径(mm)：8

边跨间距(mm)：600　　下弦筋直径(mm)：8

腹筋直径(mm)：6　　弦筋等级：HRB400

腹筋等级：HPB300

确定　　取消

图5-20 【导入叠合板参数设置】对话框

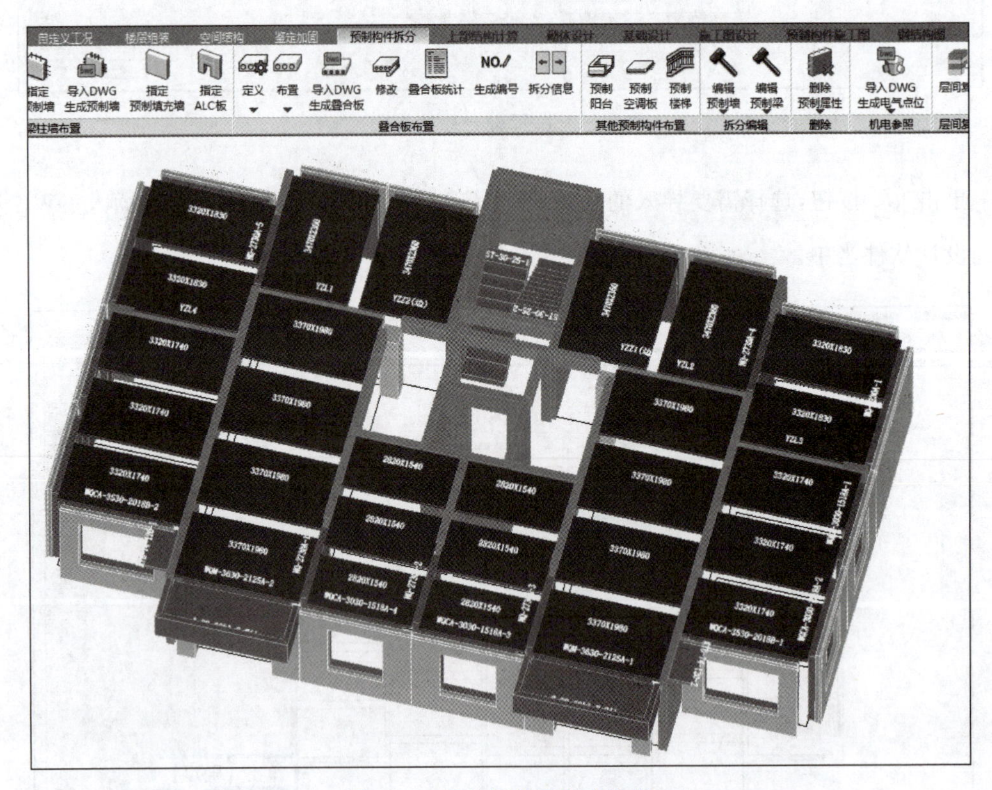

图5-21 叠合板布置完成效果

采用导入DWG文件的方法可以准确、高效地完成预制构件拆分工作。使用CAD软件在DWG文件中拆分预制构件并调整，这种方法更符合设计师的日常工作流程。将完成拆分的DWG文件一键导入软件装配式模型并完成构件拆分，节省了从二维图形到三维模型的人工操作时间，然后借助软件预制构件详图生成的功能完成设计，进一步提高工作效率。

5.3 叠合板相关计算和构造要求

5.3.1 叠合板内力计算和配筋设计

叠合板内力计算和配筋设计分为单向板和双向板两种形式。单向板导荷方式为对边导荷；双向板导荷方式为向各边均导荷(见图5-22)。叠合板内力计算与相同导荷条件下的普通现浇楼板相同，计算厚度为叠合板底板与现浇层总厚度。

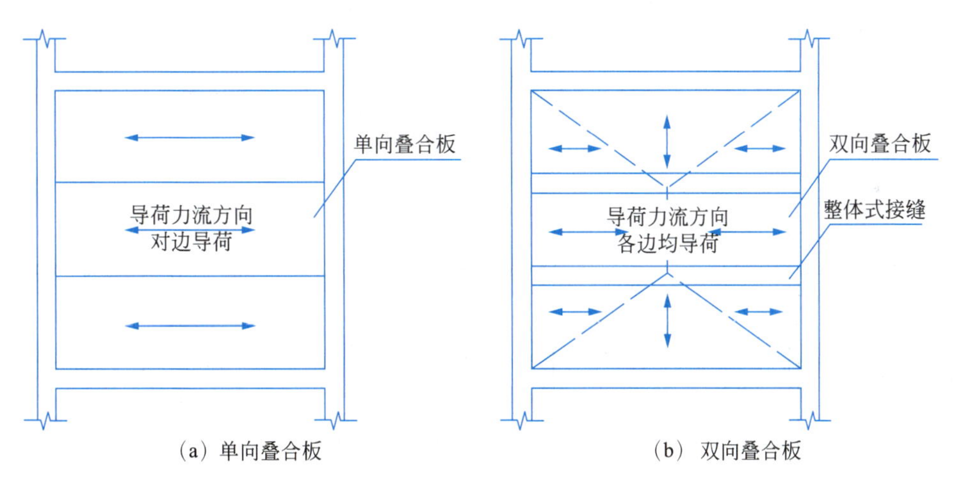

图5-22 叠合板导荷示意

单向板房间的内力特点为板宽方向内力为0，板跨方向根据荷载、板跨长度和边界支座条件按两端支撑构件进行受弯计算。双向板房间内力计算同普通现浇双向板，可采用手册算法或有限元算法。图5-23为同一房间分别布置单向板叠合板和双向板叠合板后的内力计算结果。

叠合板的内力计算及板底钢筋的生成、修改均可在【叠合板施工图】菜单下完成。进入【叠合板施工图】菜单，单击【板底布置平面图】按钮(见图5-24)即可自动完成配筋计算及叠合板底板布置平面图的绘制(见图5-25)。

单击【打开旧图】按钮可打开已经完成计算的板底布置平面图；单击【清除板底配筋】即可清空板底钢筋的计算数据(见图5-24)。

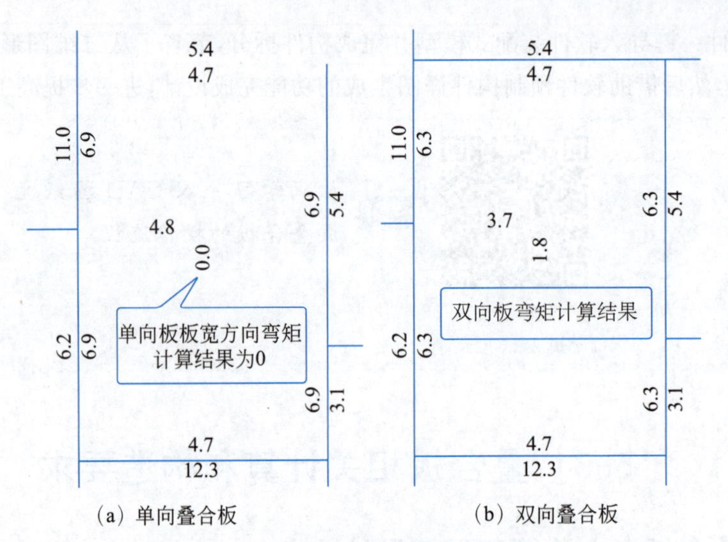

图 5-23 叠合板内力计算结果

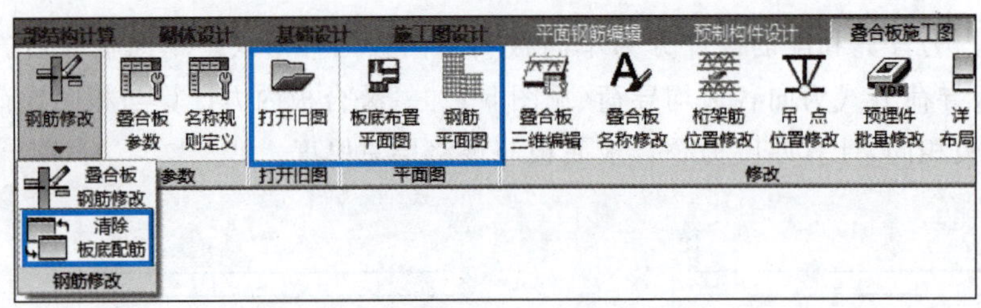

图 5-24 叠合板施工图相关菜单

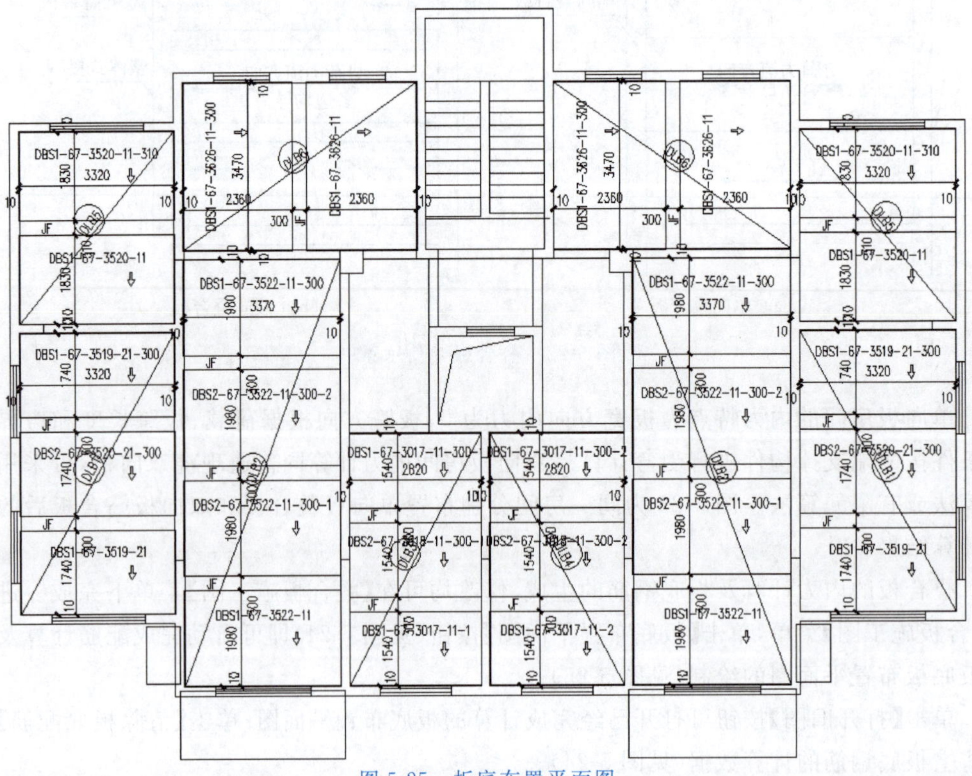

图 5-25 板底布置平面图

完成计算后便可进行叠合板的配筋设计。板配筋分为板底筋和板顶筋，板底筋位于叠合板的预制板内，板顶筋位于现浇层内(见图 5-26)。

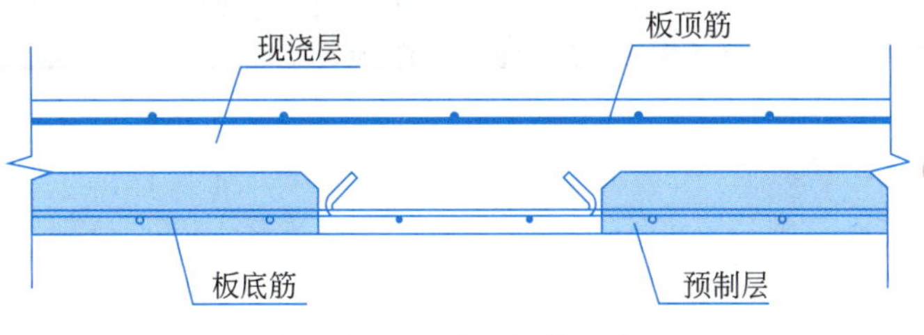

图 5-26 叠合板钢筋示意

单击【钢筋平面图】按钮(见图 5-24)可生成叠合板板底钢筋。

软件配筋时，对于单向叠合板房间，预制板跨方向和板宽方向配筋方式为：叠合板跨度方向的板底筋和支座板顶负筋按照单向板房间计算结果配置；由于叠合板宽度方向的板底筋不受力，采用构造板底分布筋，默认为φ6@200；宽度方向的支座负筋仍采用双向板房间计算的结果。

单向叠合板板宽方向和板跨方向如图 5-27 所示。

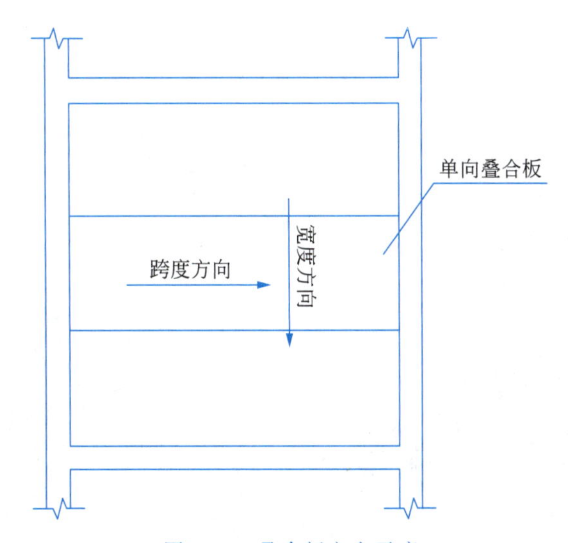

图 5-27 叠合板方向示意

对于双向板叠合板房间，板底配筋和各方向的支座负筋按照双向板房间计算。

单击【钢筋修改】菜单下的【叠合板钢筋修改】按钮(见图 5-24)，可对板底钢筋进行修改(见图 5-28)。

5.3.2 叠合板底板脱模吊装验算

叠合板底板制作和施工过程需要经历脱模和吊装过程，因此需要进行脱模和吊装验算。《装配式混凝土结构技术规程》(JGJ 1—2014)规定了吊装和脱模验算荷载设计值，软件根据《装配整体式叠合剪力墙结构技术规程》(DB/TJ 08-2266—2018)附录 A 的方法进行脱模吊装验算。

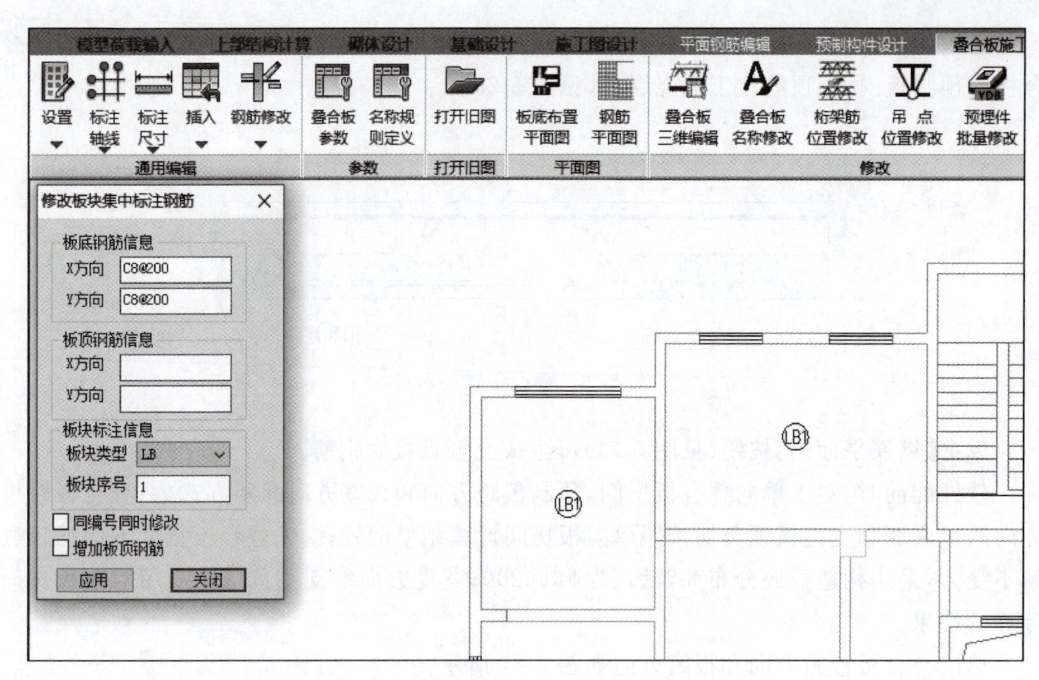

图 5-28　叠合板钢筋修改

吊件类型分为桁架筋兼作吊点和吊环两种(见图 5-29 和图 5-30)。

图 5-29　吊环吊装现场

软件在叠合板参数设置中提供了吊点设计的相关参数(见图 5-31)。

(1)【吊点类型】:可以选择【桁架筋兼作吊点】或【吊环】形式。也可通过【吊点位置修改】按钮(见图 5-24)手动调整每块叠合板的吊点位置。

(2)【吊钩钢筋直径】:用于设置吊钩钢筋的直径。

(3)【叠合板详图是否绘制吊点】:用于控制叠合板二维详图中是否绘制吊点。

(4)【吊点距离按标准图集采用】:选中时,吊点位置根据图集《桁架钢筋混凝土叠合板》(15G366-1)采用。

图 5-30　桁架筋兼作吊点吊装现场

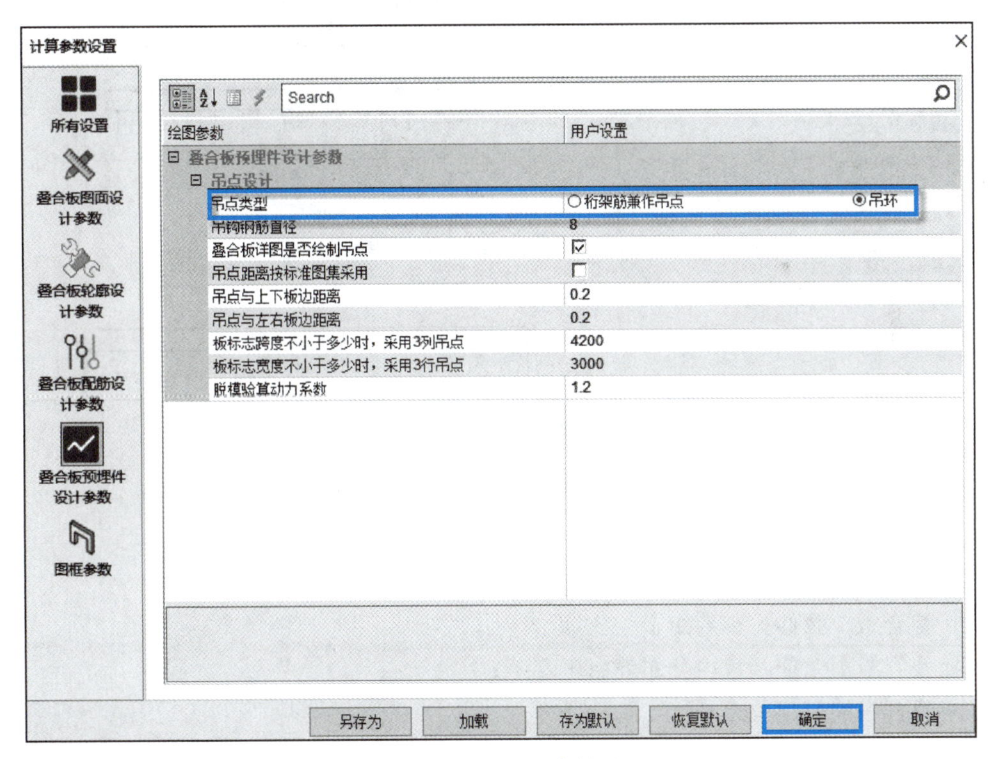

图 5-31　吊点类型参数设置

(5)【吊点与上下板边距离】、【吊点与左右板边距离】：控制吊点在叠合板上的布置位置。当所填数值小于 1 时，吊点距板边距离为所填数值乘以叠合板边长；当所填数值大于 1 时，吊点距板边距离为实际所填数值，单位为 mm。

(6)【板标志跨度不小于多少时，采用 3 列吊点】：控制吊点的列数，当板标志跨度大于或等于所填数值时，会布置3列吊点。

(7)【板标志宽度不小于多少时，采用3行吊点】：控制吊点的行数，当板标志宽度大于或等于所填数值时，会布置3行吊点。

(8)【脱模验算动力系数】：叠合板需进行脱模验算和吊装验算，《装配式混凝土结构技术规程》(JGJ 1—2014)规定脱模验算时动力系数不宜小于1.2，该参数控制脱模验算动力系数。

设置完参数并确定吊点位置后，即可进行叠合板块的吊装脱模验算。单击【叠合板施工图】菜单下的【叠合板计算书】按钮(见图5-32)，选择需要验算的叠合板块，会弹出软件Word版计算书(见图5-33)。

图5-32 脱模吊装验算菜单

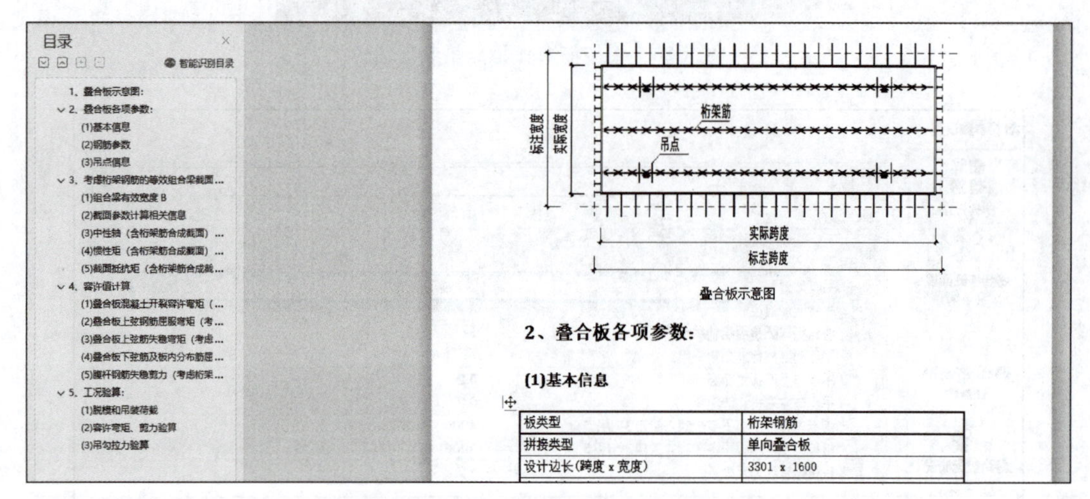

图5-33 脱模吊装验算计算书(局部)

计算书会对以下几方面进行验算：

① 叠合板混凝土开裂容许弯矩；

② 叠合板上弦钢筋屈服弯矩；

③ 叠合板上弦筋失稳弯矩；

④ 叠合板下弦筋及板内分布筋屈服弯矩；

⑤ 腹杆钢筋失稳剪力；

⑥ 吊点承载力验算。

5.3.3 叠合板连接构造

结合装配式相关图集和规程，软件总结了叠合板与预制墙、叠合板与预制梁、叠合板间的多种连接构造大样(见图5-34)，单击【插入图块】按钮会弹出【图库选择】对话框(见图5-35)，选择需要插入的大样后单击【确定】按钮即可插入图面中。

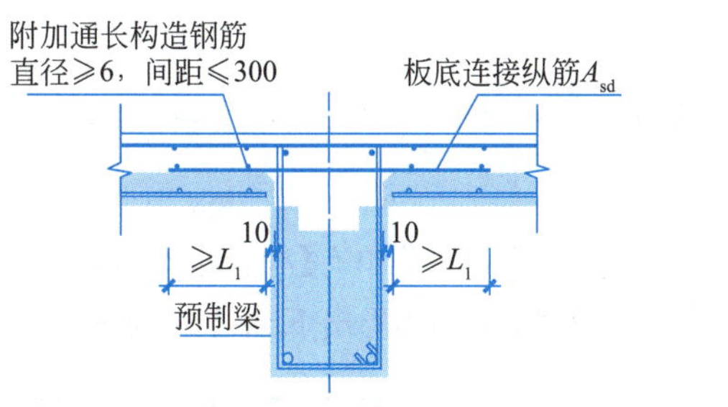

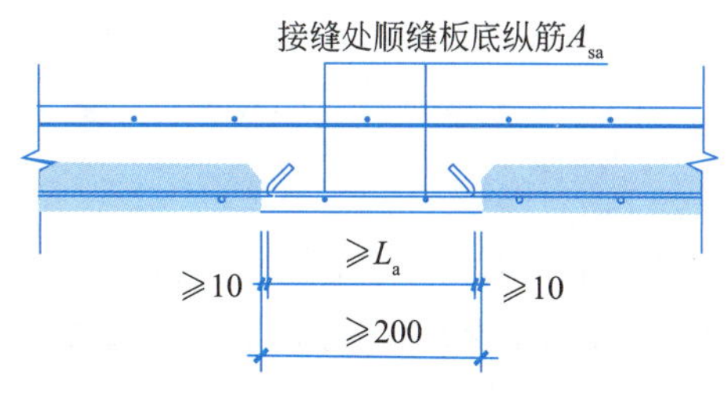

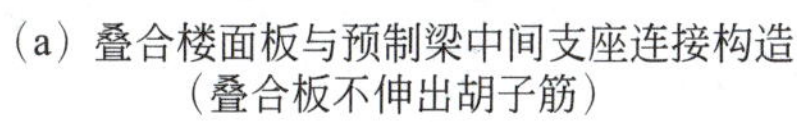

（a）叠合楼面板与预制梁中间支座连接构造
（叠合板不伸出胡子筋）

（b）双向板后浇带形式接缝
（板底纵筋末端带135°弯钩）

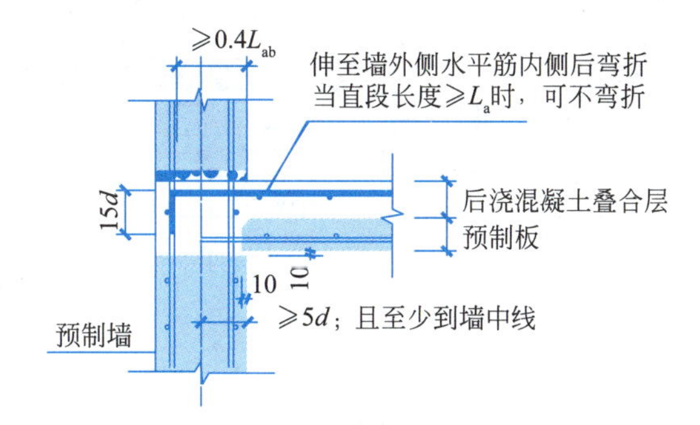

（c）叠合楼面板与中间层预制剪力墙边支座连接构造
（叠合板伸出胡子筋）

图 5-34　叠合板连接大样图

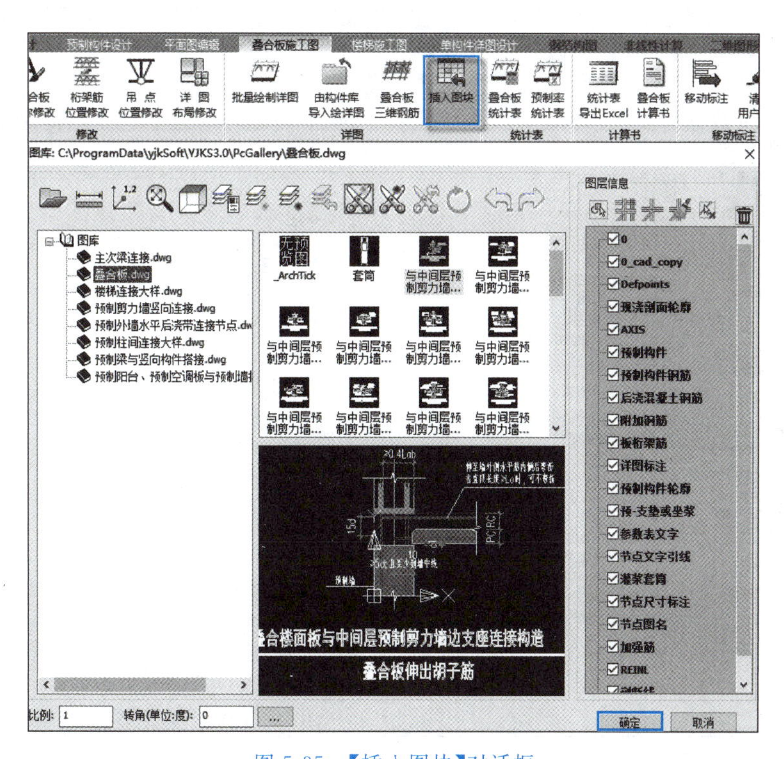

图 5-35　【插入图块】对话框

5.4 叠合板深化设计

叠合板深化设计主要在【叠合板施工图】菜单下进行，常用的菜单有【叠合板参数】、【底板布置平面图】、【批量绘制详图】、【插入图块】、【叠合板统计表】、【统计表导出 Excel】等(见图 5-36)。

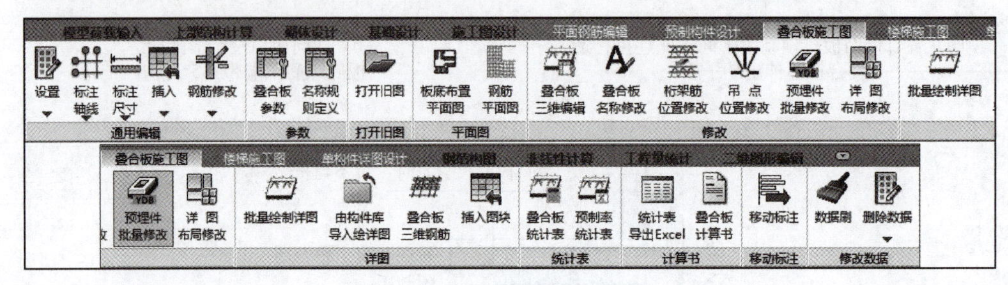

图 5-36　叠合板施工图菜单

5.4.1 参数定义

单击【叠合板参数】按钮，即可调出叠合板【计算参数设置】对话框，【计算参数设置】由 5 部分组成，分别为【叠合板图面设计参数】、【叠合板轮廓设计参数】、【叠合板配筋设计参数】、【叠合板预埋件设计参数】、【图框参数】(见图 5-37)。

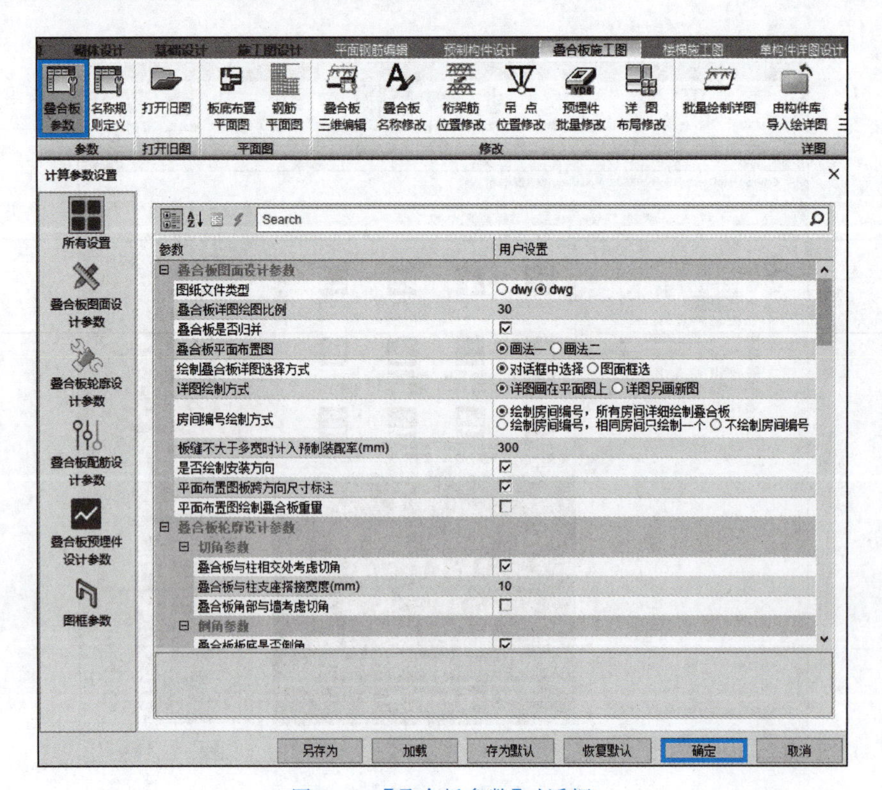

图 5-37　【叠合板参数】对话框

1.【叠合板图面设计参数】

该参数主要解决图面绘图比例、构件是否归并、不同平面布置图绘图方式的表达及详图绘制方式等方面内容(见图 5-38)。

图 5-38　叠合板图面设计参数

(1)【叠合板是否归并】。当不勾选该参数时,软件在命名时不会归并叠合板,每块叠合板具有单独的名称。

(2)【叠合板平面布置图】。软件提供两种叠合板平面布置图绘图方式。

【画法一】是采用依据国家建筑标准设计图集《桁架钢筋混凝土叠合板》(15G366-1)中的表示方法表示叠合板编号(见图 5-39),单向箭头表示叠合板的安装方向,可通过【是否绘制安装方向】(见图 5-38)选择是否绘制。

【画法二】在画法一的基础上,增加板厚信息:130(70/60)代表板厚为 130mm,现浇层 70mm 厚,叠合层 60mm 厚;以及用双向箭头表示桁架钢筋的方向(见图 5-40)。

(3)【房间编号绘制方式】。软件提供了【绘制房间编号,所有房间详细绘制叠合板】、【绘制房间编号,相同房间只绘制一个】、【不绘制房间编号】3 种方式(见图 5-41)。

2.【叠合板轮廓设计参数】

叠合板轮廓设计参数主要包含【切角参数】、【倒角参数】和【压槽参数】(见图 5-42)。当叠合板与墙柱相交时,重叠位置归属于竖向构件(墙柱)范畴,为了考虑竖向构件对楼板的影响,预制叠合板需要考虑切角。

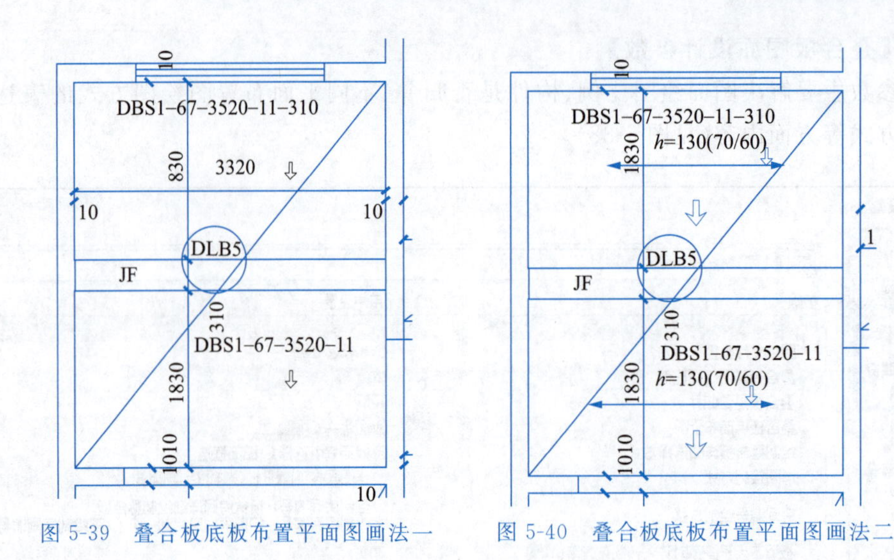

图 5-39 叠合板底板布置平面图画法一　　图 5-40 叠合板底板布置平面图画法二

1)【切角参数】

【叠合板与柱相交处考虑切角】参数用于控制叠合板与柱相交时，是否考虑柱对叠合板的切角(见图 5-43)。

2)【倒角参数】

叠合板倒角包含板底倒角、板面倒角，预制叠合板板面通常会进行倒角，绘制时需要选中【叠合板板面是否倒角】复选框；单向板板底一般会倒角，若要进行板底倒角，可选中【叠合板板面是否倒角】复选框，倒角效果如图 5-44 所示。

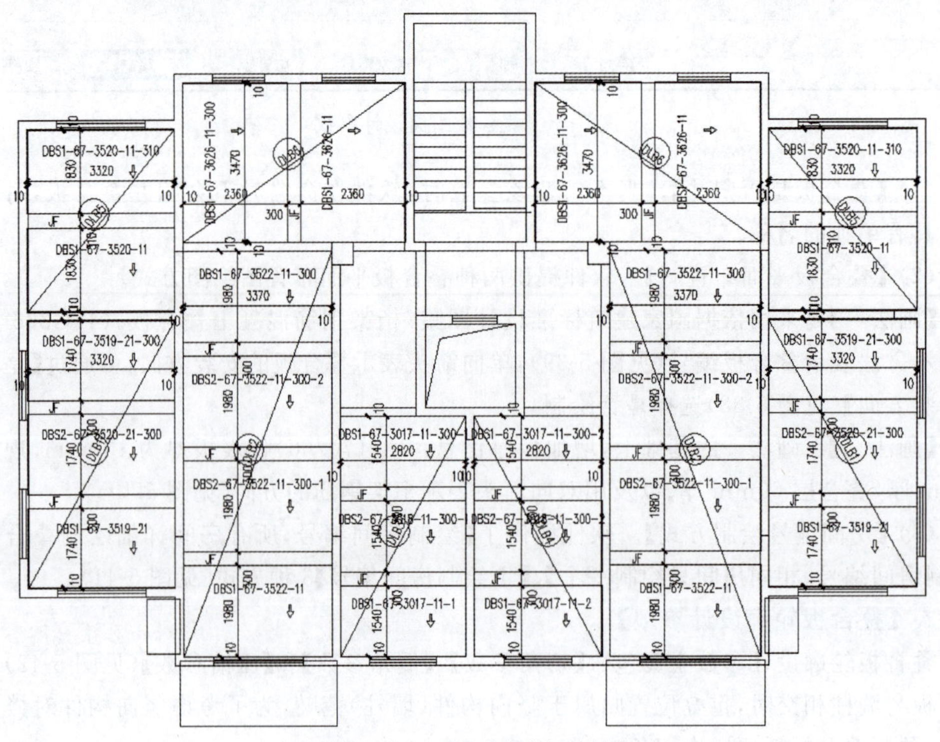

(a) 绘制房间编号，所有房间详细绘制叠合板

图 5-41 房间编号绘制方式

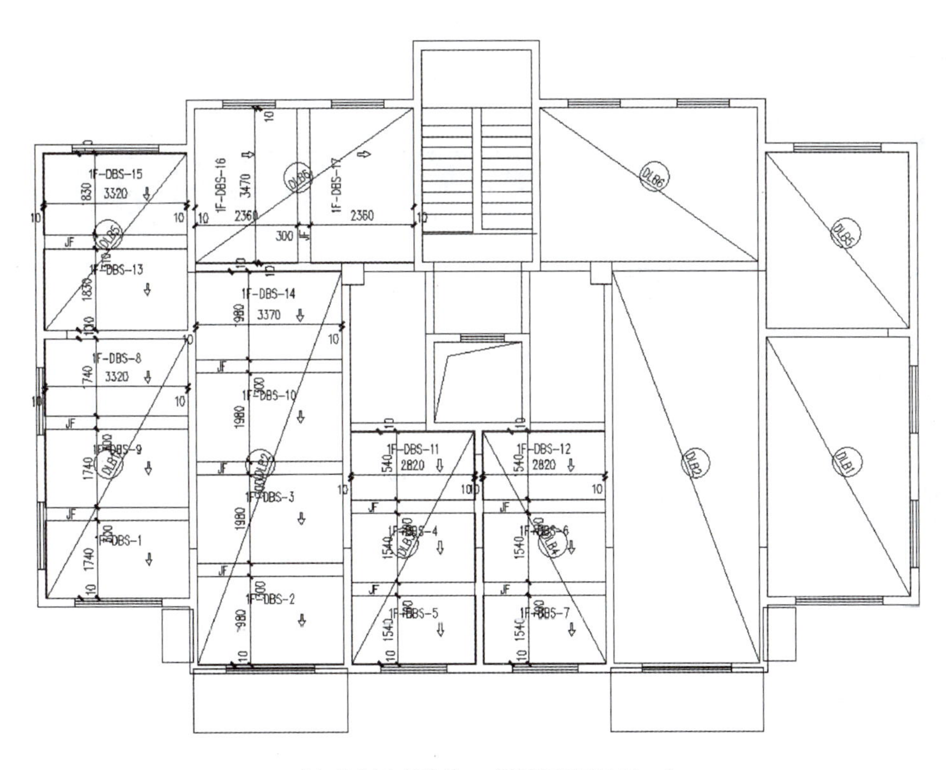

(b) 绘制房间编号，相同房间只绘制一个

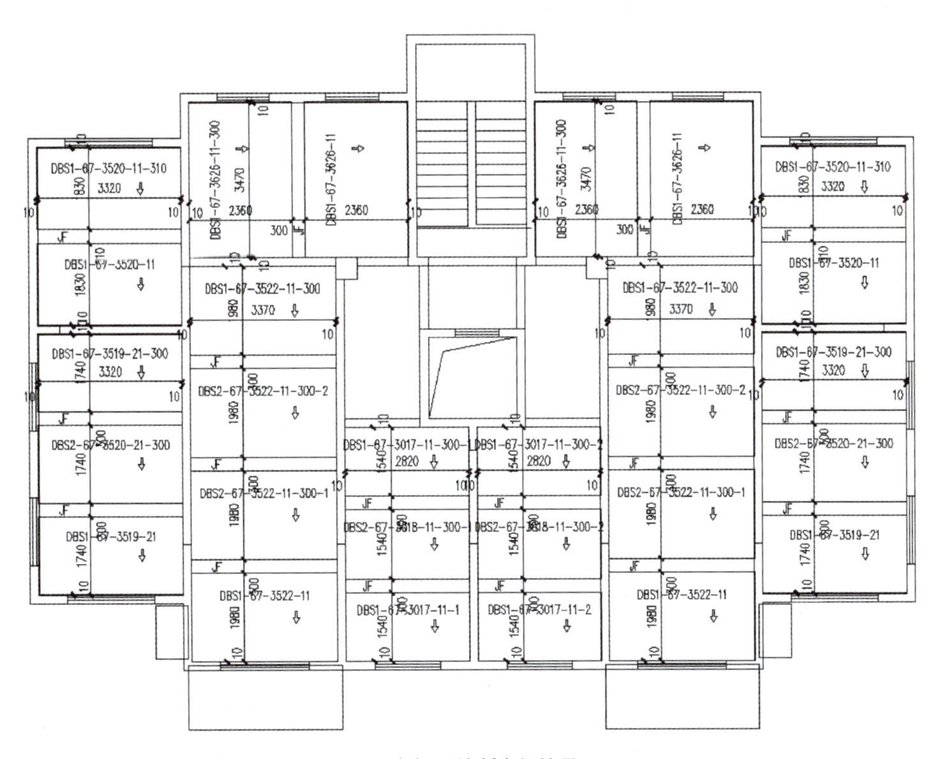

(c) 不绘制房间编号

图　5-41(续)

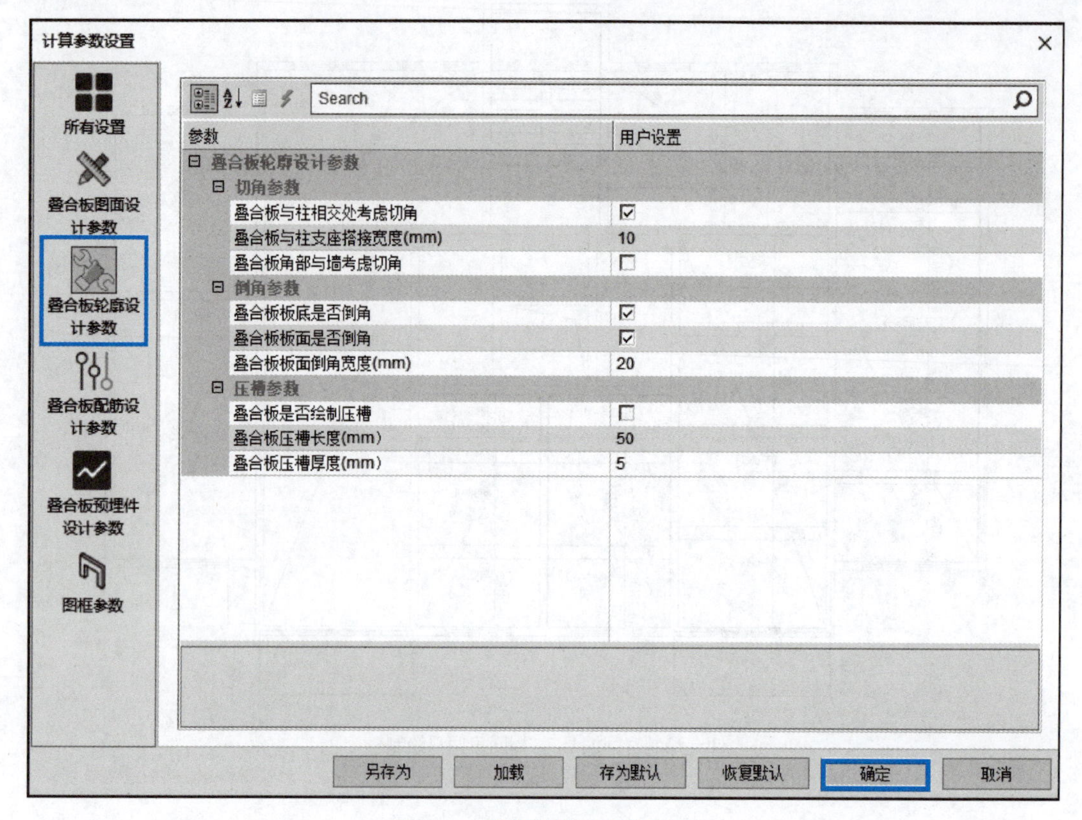

图 5-42　叠合板轮廓设计参数

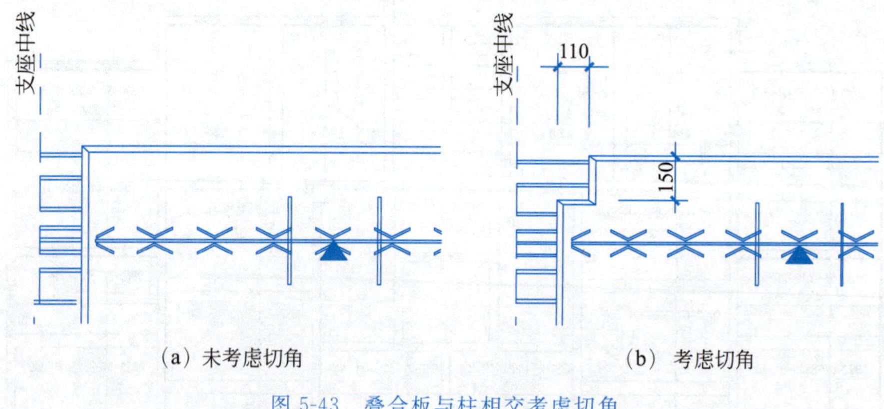

图 5-43　叠合板与柱相交考虑切角

3)【压槽参数】

选中【叠合板是否绘制压槽】复选框，并设置压槽的长度和厚度，可在双向叠合板板缝边会按参数尺寸设置压槽(见图 5-45)。

3. 叠合板配筋设计参数

叠合板配筋设计参数包含【保护层、钢筋等级】、【切角钢筋】、【洞口补强钢筋】、【钢筋相对位置】、【钢筋伸出与支座关系】、【单向板钢筋】、【双向板钢筋】、【桁架筋】、【弯起钢筋】(见图 5-46)。

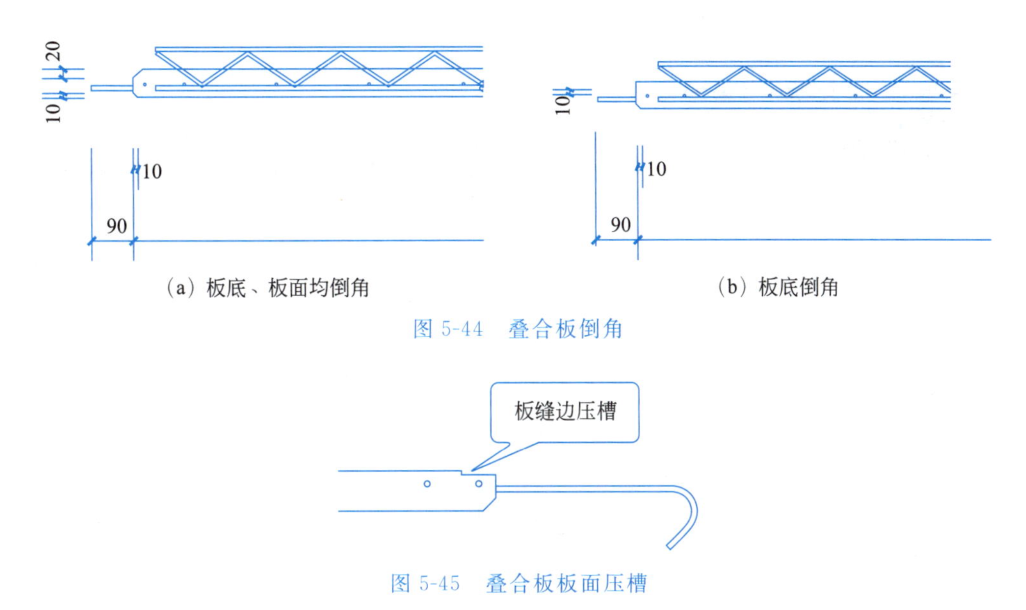

图 5-44　叠合板倒角

图 5-45　叠合板板面压槽

计算参数设置

所有设置　叠合板图面设计参数　叠合板轮廓设计参数　叠合板配筋设计参数　叠合板预埋件设计参数　图框参数

Search

参数	用户设置
⊟ 叠合板配筋设计参数	
⊟ 保护层、钢筋等级	
叠合板保护层厚度	15
钢筋等级	HRB400
⊟ 切角钢筋	
叠合板与柱相交处切角时，钢筋也截断	☑
补强钢筋根数	0
补强钢筋锚固长度	10*D
补强钢筋直径	12
⊟ 洞口补强钢筋	
超过多大尺寸洞口的钢筋需要采用截断补强	300
补强钢筋锚固长度	10d
补强钢筋直径	12
⊟ 钢筋相对位置	
底部钢筋排布方式	◉ 传统对称排布 ○ 非对称排布
最后一个横筋或者竖筋最大边距	60
剖面图中竖筋画在横筋上方	☑
竖筋在横筋上方时，桁架钢筋绘制在竖筋上方	☐
⊟ 钢筋伸出与支座关系	
钢筋伸出支座中线的距离(mm)	0

另存为　加载　存为默认　恢复默认　确定　取消

图 5-46　叠合板配筋设计参数(局部)

1)【切角钢筋】(见图 5-47)

叠合板与柱相交处，叠合板的钢筋可以伸入柱中，也可以不伸入柱中，通过是否勾选【叠合板与柱相交处切角时，钢筋也截断】实现(见图 5-48)。

⊟ 切角钢筋	
叠合板与柱相交处切角时，钢筋也截断	☑
补强钢筋根数	0
补强钢筋锚固长度	10*D
补强钢筋直径	12

图 5-47　切角钢筋参数

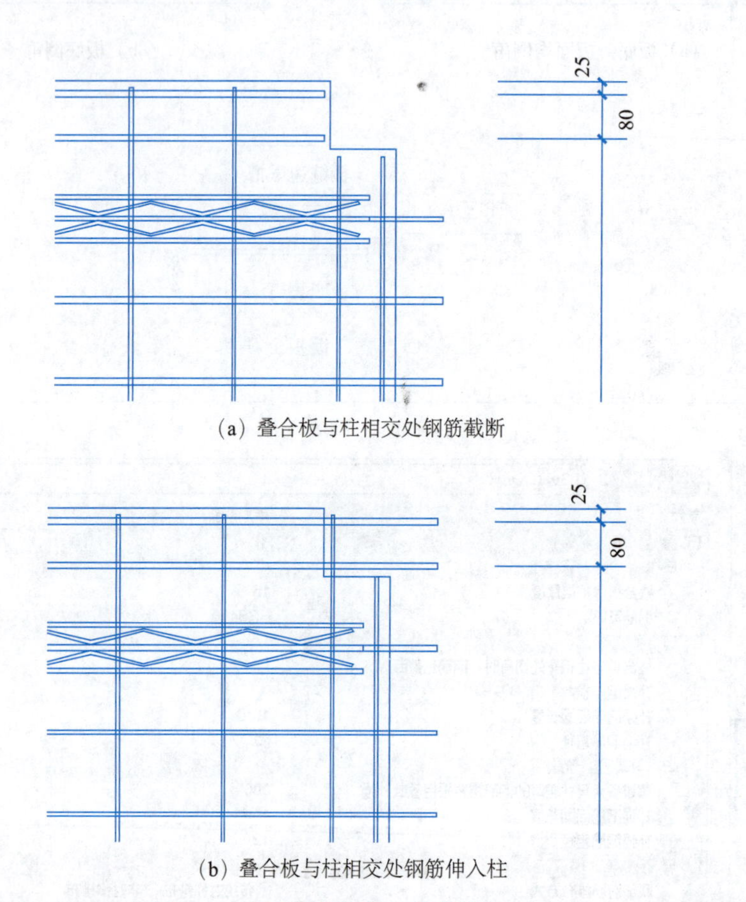

(a) 叠合板与柱相交处钢筋截断

(b) 叠合板与柱相交处钢筋伸入柱

图 5-48　叠合板与柱相交处钢筋处理

2)【洞口补强钢筋】(见图 5-49)

⊟ 洞口补强钢筋	
超过多大尺寸洞口的钢筋需要采用截断补强	300
补强钢筋锚固长度	10d
补强钢筋直径	12

图 5-49　洞口补强钢筋参数

叠合板开洞后，洞口位置钢筋不能贯通，此时需要考虑原本贯通的钢筋如何处理。软件提供钢筋弯曲避让与洞口截断补强两种处理方式，通过【超过多大尺寸洞口的钢筋需要采用截断补强】参数控制，当超过该限值时洞口钢筋采用截断补强的方式；不超过该限值的洞口钢筋采用弯折的方式绕过洞口，不布置补强钢筋(见图 5-50)。

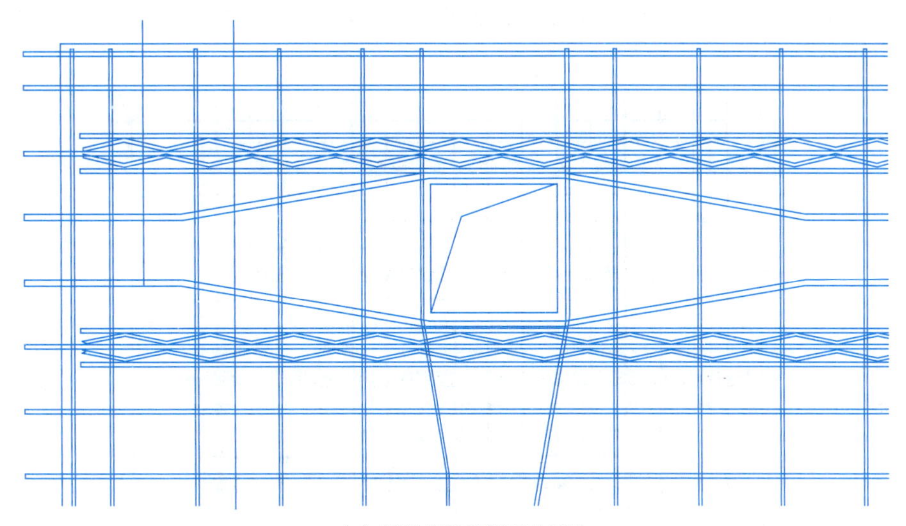

(a) 洞口位置钢筋弯曲避让

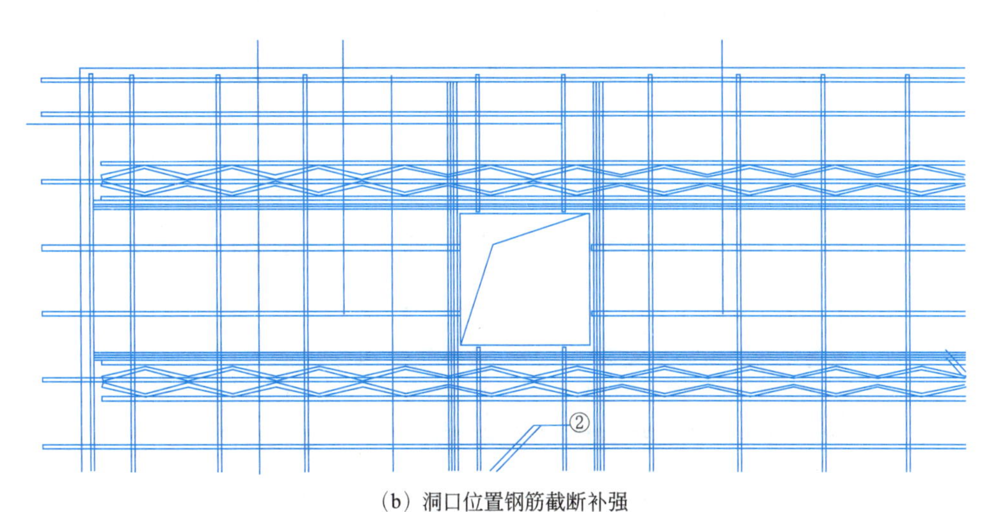

(b) 洞口位置钢筋截断补强

图 5-50　洞口钢筋的弯折与补强

3)【钢筋相对位置】(见图 5-51)

钢筋相对位置	
底部钢筋排布方式	⊙传统对称排布 ○非对称排布
最后一个横筋或者竖筋最大边距	60
剖面图中竖筋画在横筋上方	☑
竖筋在横筋上方时，桁架钢筋绘制在竖筋上方	☐

图 5-51　钢筋相对位置参数

【底部钢筋排布方式】分为【传统对称配筋】和【非对称配筋】。

当选择【传统对称配筋】时，叠合板钢筋沿叠合板中心线对称布置(见图 5-52)。

当选择【非对称排布】时，横向和竖向第一根钢筋距板边为 50mm 并伸出，后面钢筋依次根据间距排布，排到最后一根钢筋如距板边的距离大于【最后一个横筋或者竖筋最大边距】参数中所填数值时，会在末端增加一根不出筋钢筋，如不大于所填数值时便不再增加钢筋(见图 5-53)。

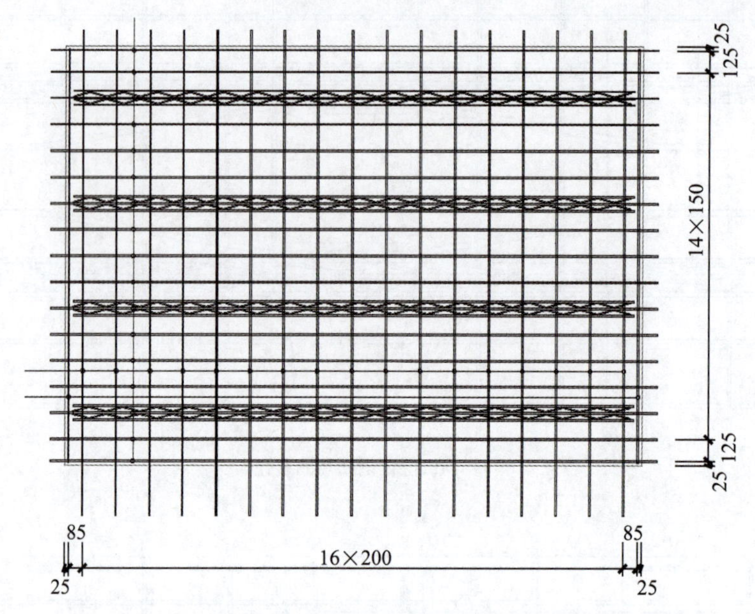

图 5-52 传统对称配筋

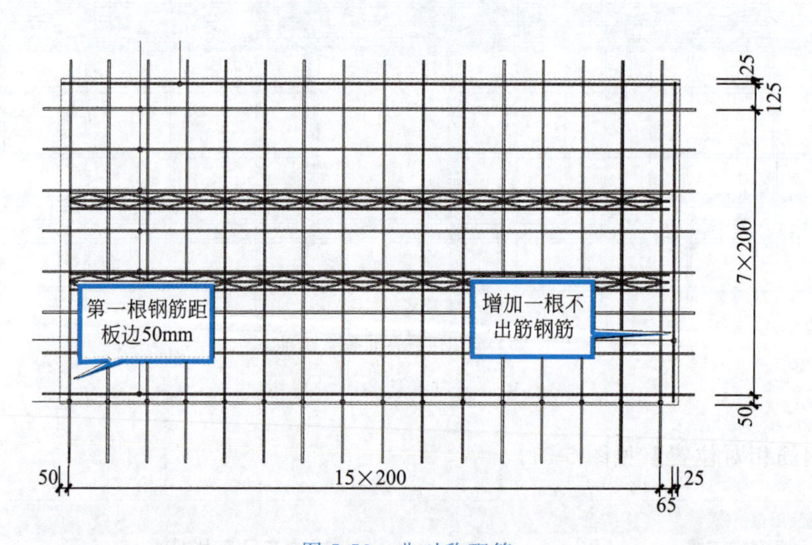

图 5-53 非对称配筋

4)【单向板钢筋】(见图 5-54)

⊟ 单向板钢筋	
单向板分布筋伸入支座	☐
单向板分布筋伸入板缝	☐
单向板分布筋最小直径	6

图 5-54 单向板钢筋参数

【单向板分布筋伸入支座】参数控制单向板分布筋是否伸入支座(见图 5-55)。

当单向板房间存在后浇板缝时，可通过【单向板分布筋伸入板缝】参数控制单向板分布筋是否伸入板缝。

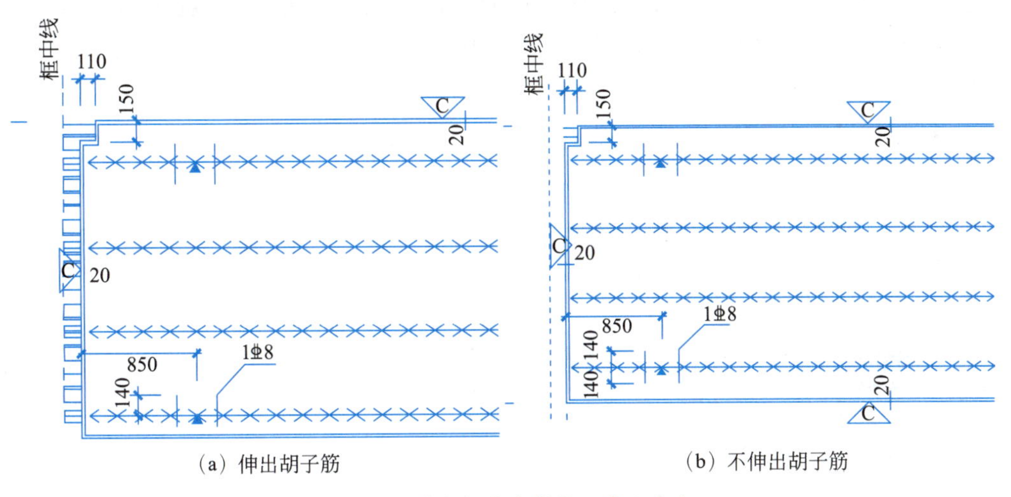

(a) 伸出胡子筋　　(b) 不伸出胡子筋

图 5-55　单向板分布筋是否伸入支座

5)【双向板钢筋】(见图 5-56)

⊟ 双向板钢筋	
第奇数(1.3.5...)双向叠合板宽度方向钢筋偏移尺寸(...	0
第偶数(2.4.6...)双向叠合板宽度方向钢筋偏移尺寸(...	10
双向板接缝钢筋弯钩类型	○不弯钩 ○90度弯钩 ⊙135度弯钩
双向板接缝钢筋搭接长度(直径倍数)	35

图 5-56　双向板钢筋参数

由于双向板宽度方向伸出钢筋在接缝处互相搭接，为避免搭接时的钢筋碰撞，布置钢筋时做适当偏移(默认情况下奇数块不偏移，偶数块偏移 10mm)，以保证接缝处钢筋互相错开(见图 5-57)。

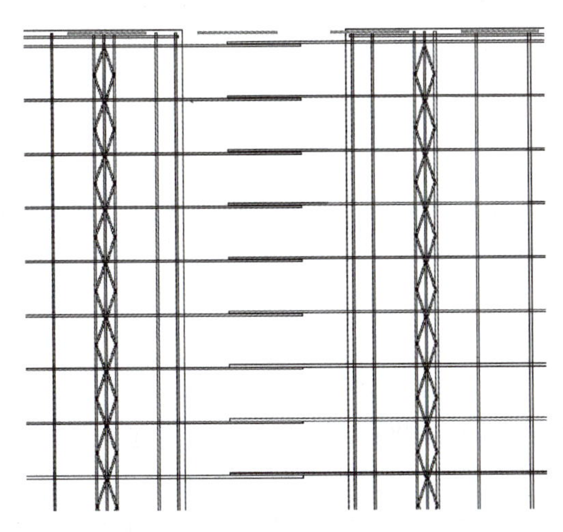

图 5-57　双向板接缝处钢筋避让

【第奇数 1,3,5…双向叠合板宽度方向钢筋偏移尺寸】参数控制奇数块钢筋偏移尺寸。

【第偶数 2,4,6…双向叠合板宽度方向钢筋偏移尺寸】参数控制偶数块钢筋偏移尺寸。

【双向板接缝钢筋弯钩类型】参数控制双向板接缝处钢筋弯钩类型,包括【不弯钩】、【90 度弯钩】和【135 度弯钩】形式,默认为【135 度弯钩】形式。

【双向板接缝钢筋搭接长度(直径倍数)】参数控制双向板接缝搭接长度,默认为 35d。

6)【桁架筋】

叠合板的桁架钢筋参数如图 5-58 所示。

⊟ 桁架筋	
板宽不大于多少时不绘制桁架筋(mm)	500
桁架钢筋距板边最小距离(mm)	150
桁架下弦筋是否伸出板端	☐
桁架钢筋不作底筋使用	☑
桁架筋端头离板边距离(mm)	50
钢筋表中桁架钢筋按整体统计	☑
板跨大于多少时，上弦钢筋直径取多少	3500,10

图 5-58　桁架钢筋参数

桁架钢筋可以作为底筋使用。取消选中【桁架钢筋不作底筋使用】复选框时,若底筋排到桁架钢筋处,桁架钢筋的两根钢筋充当一根受力钢筋使用(见图 5-59)。

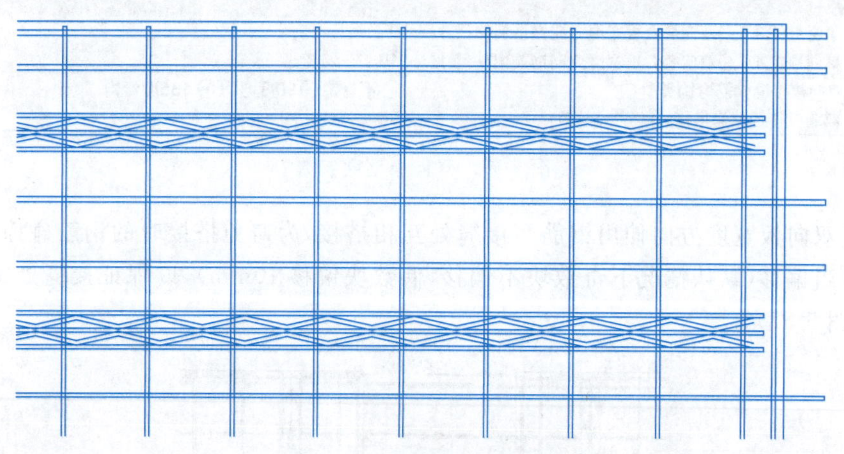

图 5-59　桁架钢筋作为底筋使用

选中【桁架钢筋不作底筋使用】复选框时,底筋的排布不受桁架钢筋的影响,即无论有无桁架钢筋,底筋的排布不会改变(见图 5-60)。

7)【弯起钢筋】

弯起钢筋参数如图 5-61 所示。

弯起钢筋有自动设置和手动设置两种设置方式。

自动设置:需勾选【钢筋弯起参数自动计算】,此时弯起钢筋相关参数中只有【自动计算时钢筋弯起角度】起作用,高度默认为板厚减去 50mm。

手动设置:不勾选【钢筋弯起参数自动计算】,此时弯起钢筋相关参数中的【钢筋弯起点离板边距离】、【钢筋弯起高度】、【伸出板边距离】起作用,【自动计算时钢筋弯起角度】不起作用。

设置弯起钢筋效果如图 5-62 所示。

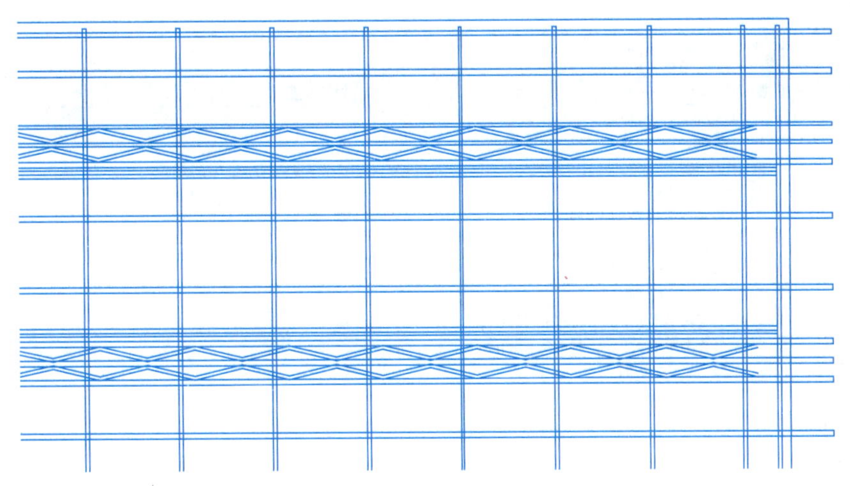

图 5-60　桁架钢筋不作为底筋使用

弯起钢筋（飞筋）	
钢筋端头是否弯起	☐
钢筋弯起参数自动计算	☐
自动计算时钢筋弯起角度	45
钢筋弯起点离板边距离	80
钢筋弯起高度	80
伸出板边距离	100

图 5-61　桁架钢筋参数

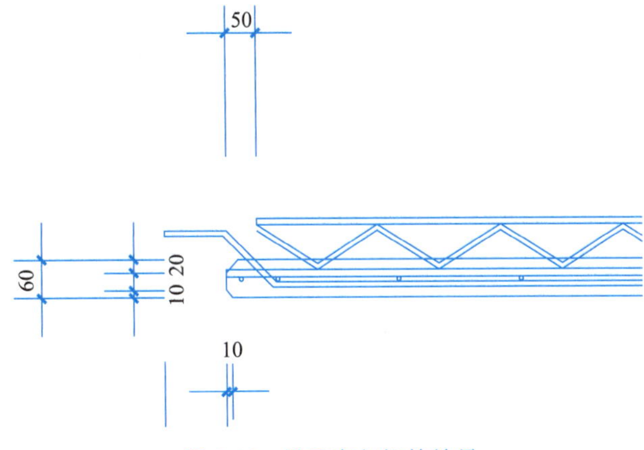

图 5-62　设置弯起钢筋效果

4.【叠合板预埋件设计参数】

叠合板预埋件设计参数主要对吊点的类型、吊点位置、数量等进行设置(见图 5-63)。

选中【叠合板详图是否绘制吊点】复选框,会在叠合板详图上绘制吊点,不勾选则不绘制(见图 5-64)。

吊点类型可分【桁架筋兼作吊点】、【吊环】两种,其中【吊环】是在叠合板中单独放置一根钢筋作为吊环(见图 5-65)。

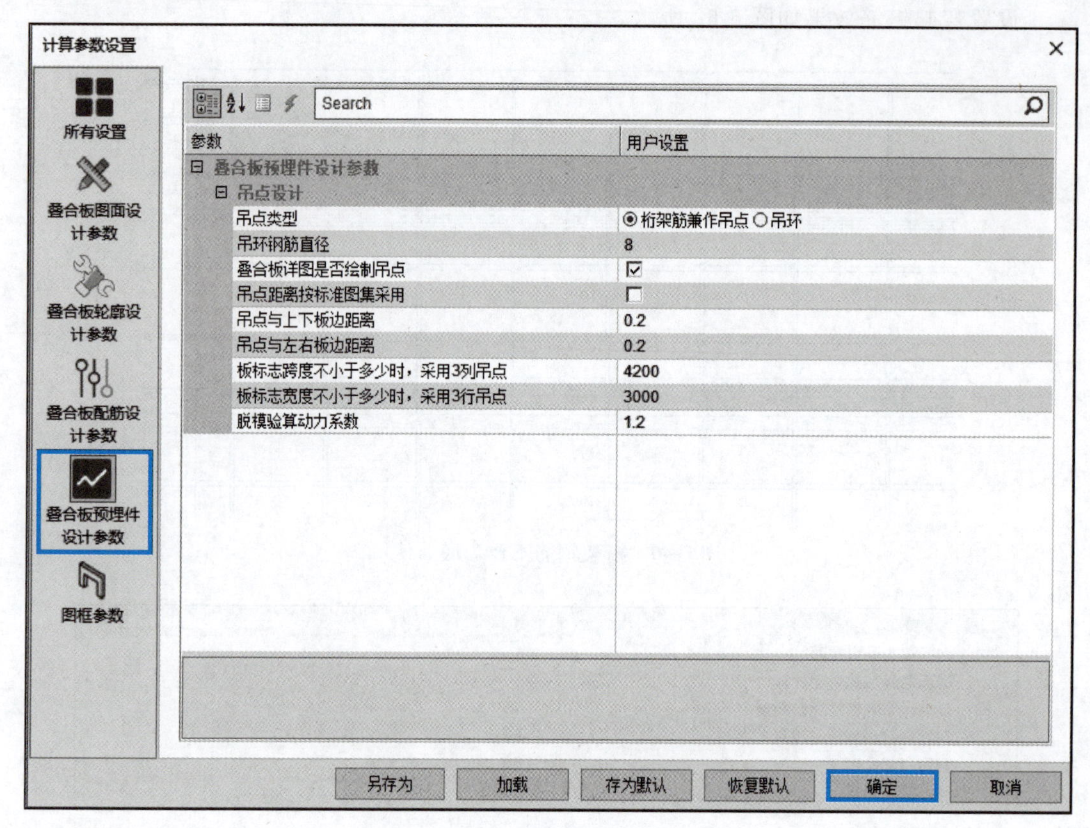

图 5-63 叠合板预埋件设计参数

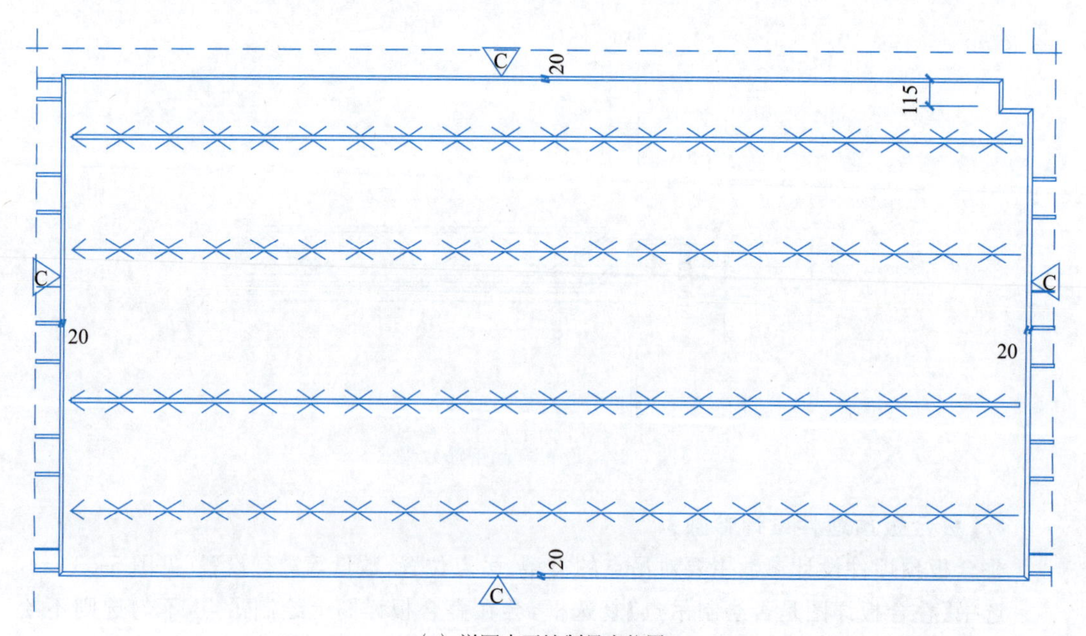

(a) 详图中不绘制吊点位置

图 5-64 详图中是否绘制吊点

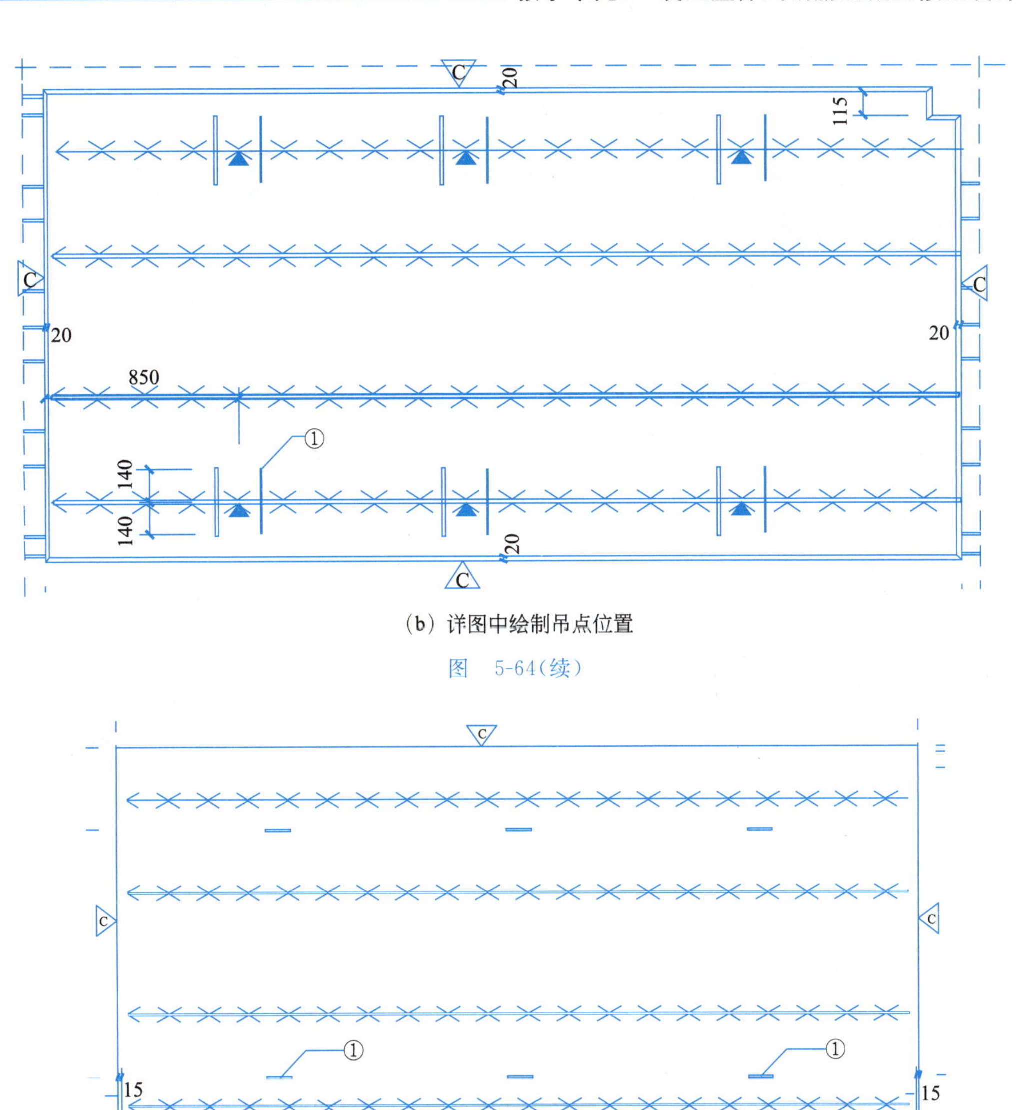

（b）详图中绘制吊点位置

图　5-64(续)

（a）详图中绘制吊环

（b）吊环示意

图 5-65　吊环

5.【图框参数】

图框参数中可以设置是否绘制图框、图纸号、图纸方向等信息(见图 5-66)。

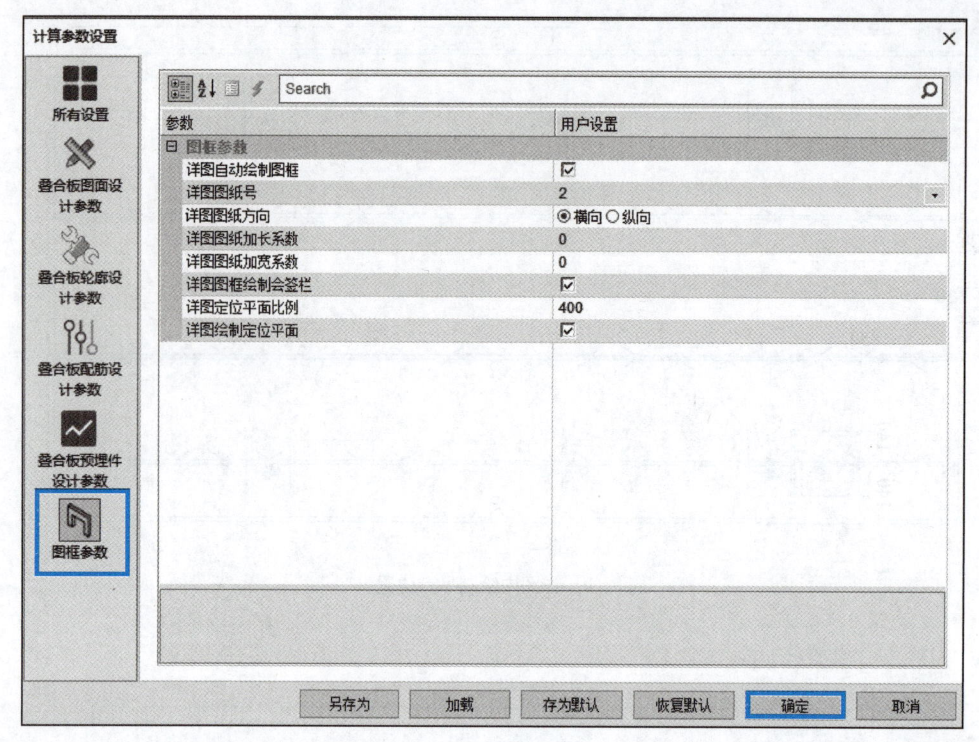

图 5-66 图框参数

5.4.2 叠合板深化设计

叠合板深化设计步骤可以简化为：首先绘制底板布置平面图，其次绘制叠合板详图，最后进行叠合板统计。

1. 绘制底板布置平面图

板底平面布置图的表达形式有多种，绘制前可以在【叠合板参数】中设置绘图形式。基于底板布置平面图的钢筋平面图可以很方便地查看叠合板的钢筋、桁架钢筋等排布形式。

绘制底板布置平面图的软件操作方法是：单击【底板布置平面图】按钮，软件会根据建模中的板块划分方式自动生成板底布置平面图（见图 5-67）。软件默认在底板平面布置图中画出各房间叠合板底板的排块布置图，相同布置的房间只在其中的一个房间进行详细标注，其余房间仅做标注房间类别号的简化标注。

详细标注中，按实际画出叠合板底板的布置，标注各底板的宽度和接缝的宽度，标注底板的名称，对于单向板的板之间板缝标注字符“MF”，是密缝的意思；对于双向板的板之间板缝标注字符“JF”，是接缝的意思。

软件依据国家建筑标准设计图集《桁架钢筋混凝土叠合板》(15G366-1)中的表示方法来表示叠合板编号（见图 5-68）。

叠合板 DBS1-67-3520-11（见图 5-69），该编号表示的是双向板（DBS），叠合板中预制部分的厚度是 60mm，叠合板后浇层的厚度是 70mm，该叠合板的跨度是 3.5m，宽度是 2m，钢筋代号是 11。软件会给出钢筋代号表（见图 5-69），表中会给出不同代号下跨度方向钢筋与宽度方向钢筋。

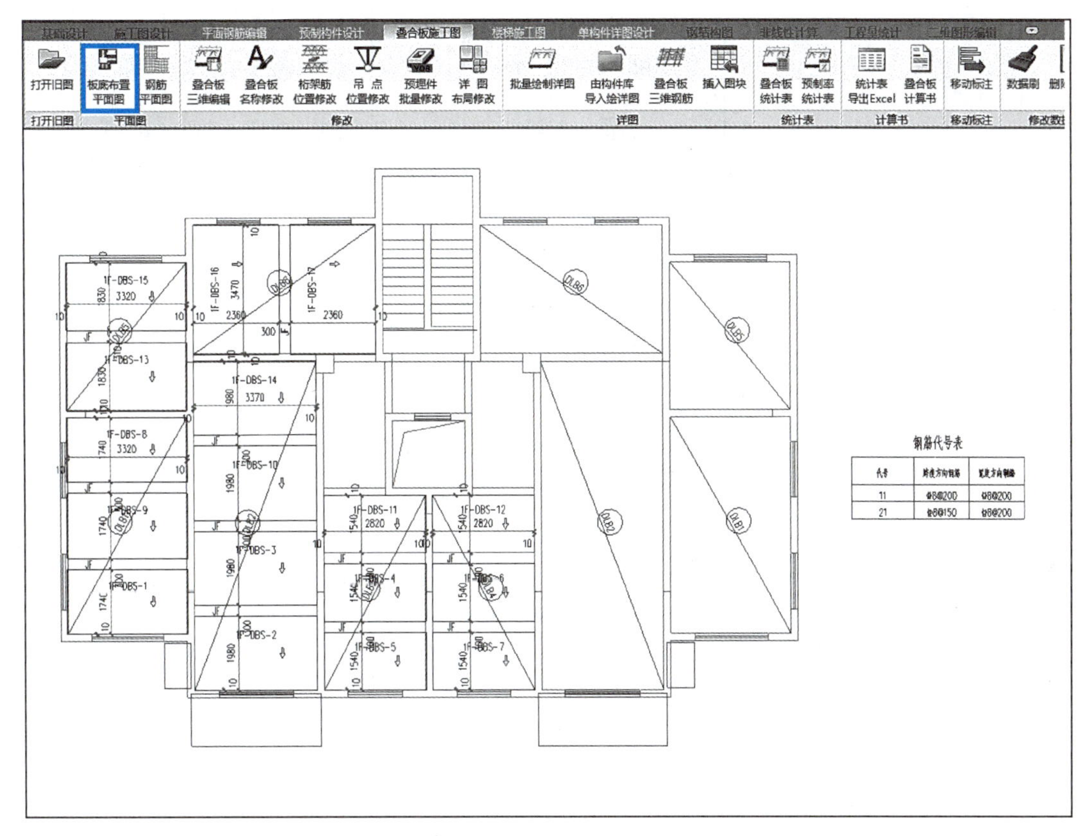

图 5-67　底板平面布置图

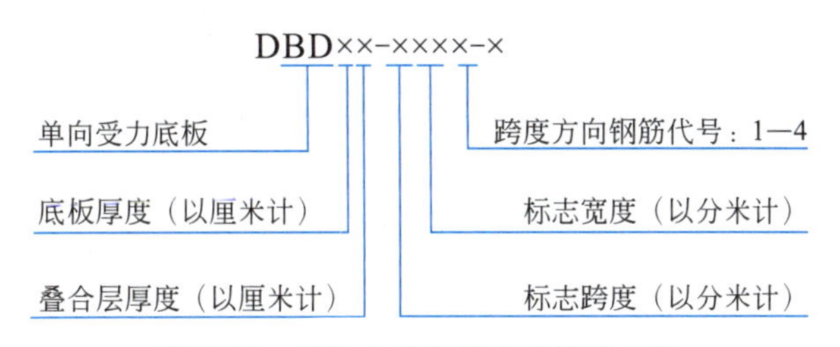

图 5-68　图集中叠合板底板编号方法

每个房间会以斜线绘制该房间所属范围，并用 DLB＊表示该房间的编号。若有多个房间的叠合板等信息完全一致时，可以进行归并，以增加图面的整洁程度。

2. 绘制叠合板详图

在绘制叠合板详图之前，需对叠合板进行编辑修改。编辑修改涉及的功能有【叠合板三维编辑】、【叠合板名称修改】、【桁架筋位置修改】、【吊点位置修改】、【预埋件批量修改】、【详图布局修改】（见图 5-70）。编辑修改是非必须操作步骤，若软件自动生成的叠合板能满足要求时，可不进行编辑修改，或只执行其中的某一项或几项功能，是否需要执行编辑修改视项目实际情况而定。

1）叠合板编号

软件默认叠合板的编号是采用国家标准图集里面的编号方式进行编号并绘制底板平

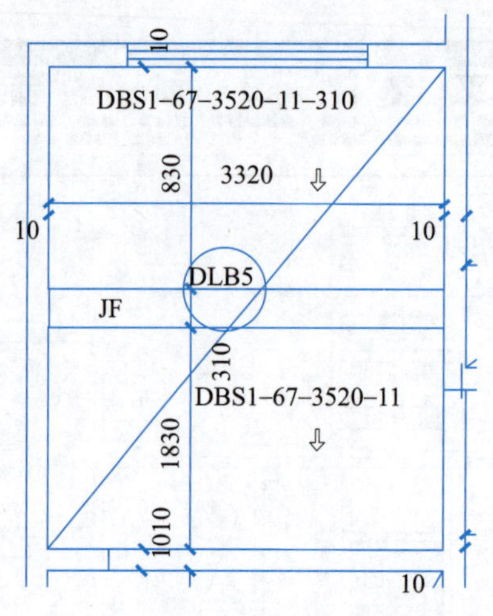

(a) 叠合板底板编号示意

代号	跨度方向钢筋	宽度方向钢筋
11	⏀8@200	⏀8@200
21	⏀8@150	⏀8@200

(b) 钢筋代号表

图 5-69　软件中叠合板底板编号

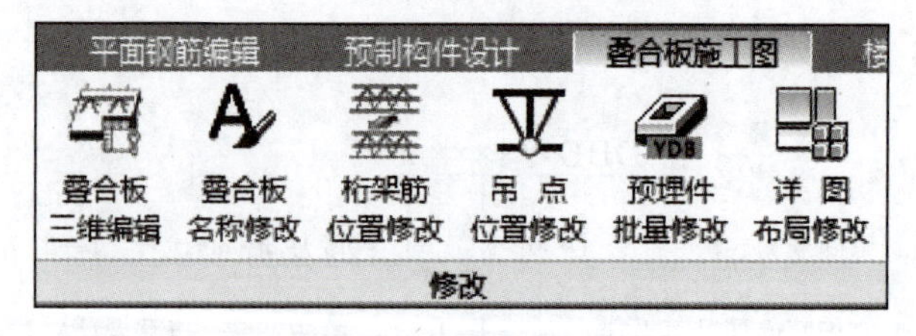

图 5-70　叠合板施工图编辑

面布置图。

为适应设计单位及预制构件深化单位对图面的不同要求，软件提供了丰富的叠合板编号编辑修改功能，如【叠合板名称修改】、【名称规则定义】(见图 5-71)。

(1)【叠合板名称修改】

单击【叠合板名称修改】按钮，选择需要修改的叠合板，在弹出的对话框中设置修改后的名称，单击【应用】按钮即可对叠合板名称进行修改(见图 5-71)。

(2)【名称规则定义】

软件提供一系列可选项，可结合工程实际情况选择需要表达哪些内容。采用名称规则定义的操作方式如下。

① 单击【名称规则定义】按钮。

② 选择图面上需绘制的可选项目，比如选择【楼层】、【叠合板类型】。

③ 单击箭头把左侧【可选项目】添加到右侧【已选项目】。

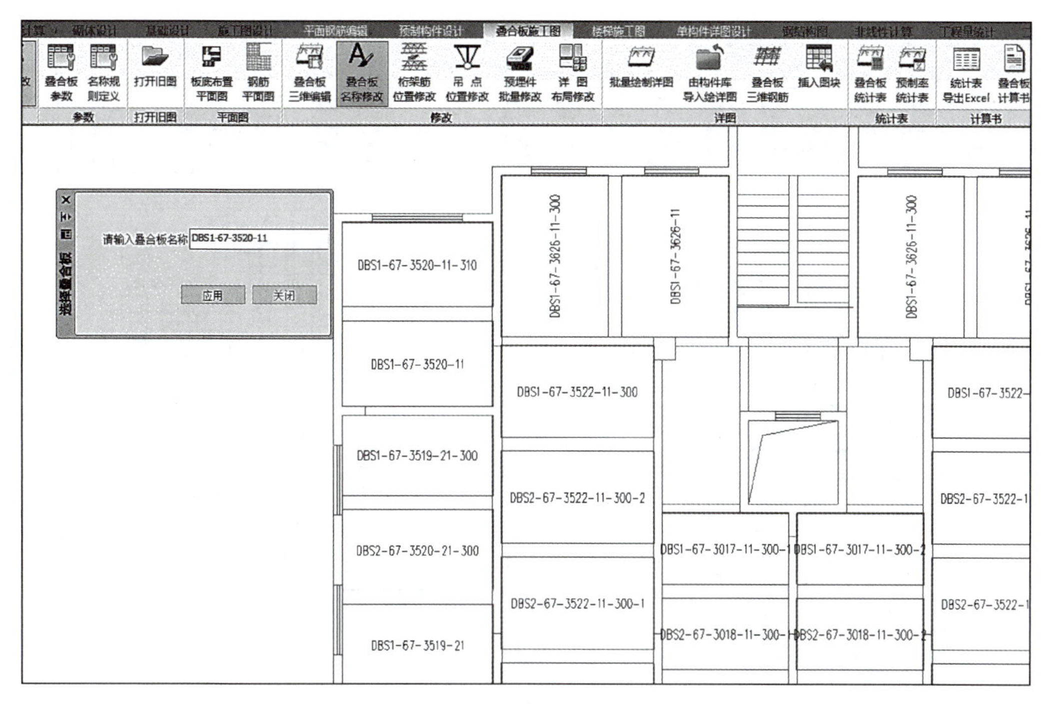

图 5-71 叠合板名称修改

④ 单击【确定】按钮。

⑤ 单击【板底布置平面图】，可以看到叠合板已经按照自定义规则进行命名(见图 5-72)。

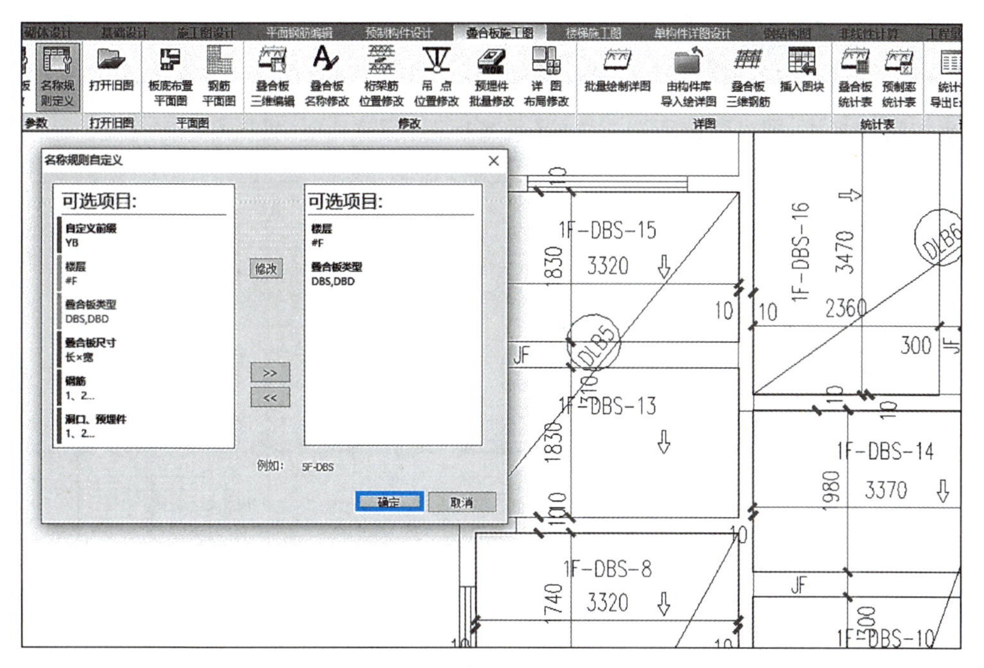

图 5-72 叠合板名称规则定义

2）钢筋平面图

【钢筋平面图】可在平面图中集中显示叠合板的二维钢筋，可快速查看所有叠合板的钢筋形式是否正确、是否有钢筋碰撞等(见图 5-73)。

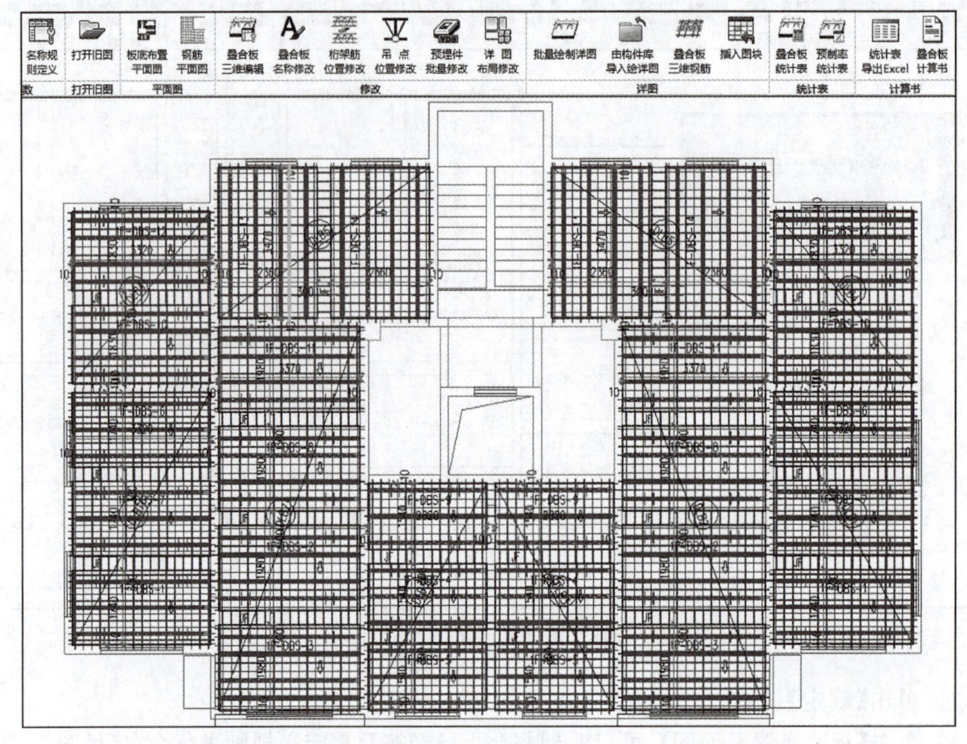

图 5-73 钢筋平面图

3) 叠合板三维编辑

【叠合板三维编辑】用于单块叠合板深化设计细节的修改,单击该按钮后在平面图中选择需要编辑的板块,即可弹出所选板块的【预制板编辑】对话框(见图 5-74)。

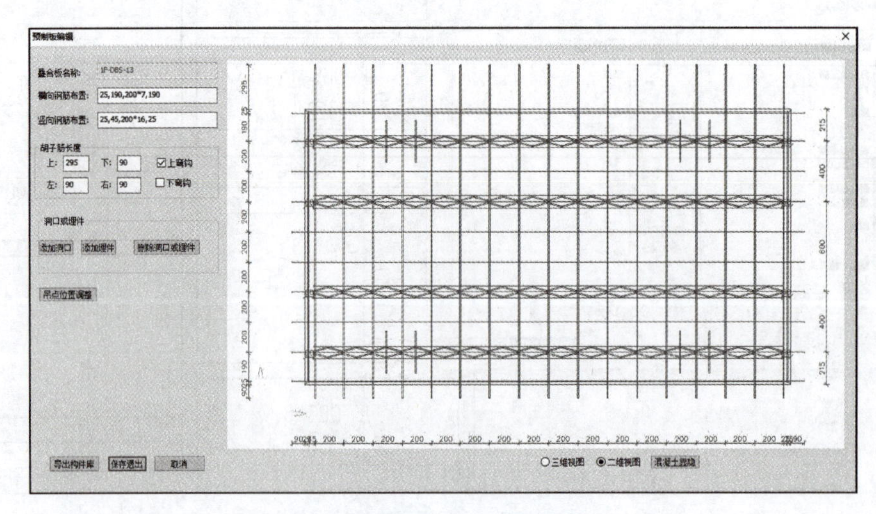

图 5-74 【预制板编辑】对话框

【预制板编辑】对话框由两部分组成:左侧为参数区域、右侧为叠合板显示区域,单击右下角的【三维视图】、【二维视图】按钮可实现视图切换。

(1) 叠合板显示区域

通过在叠合板显示区域进行相关设置可实现局部钢筋伸出长度、直径、弯钩形式、复制、移动、删除的调整;可实现桁架筋增加、删除、长度调整的功能。

① 局部钢筋伸出长度、直径、弯钩形式的调整

局部钢筋是指通过单击或框选选择的钢筋。

单击或框选钢筋在【三维视图】和【二维视图】下均可以进行,选择后的局部钢筋会加粗显示并弹出【竖向钢筋修改】对话框。在对话框中可调整【修改伸出长度】、【钢筋直径】、【竖筋弯钩修改】中数值,实现对局部钢筋伸出长度、直径、弯钩形式的调整(见图 5-75)。

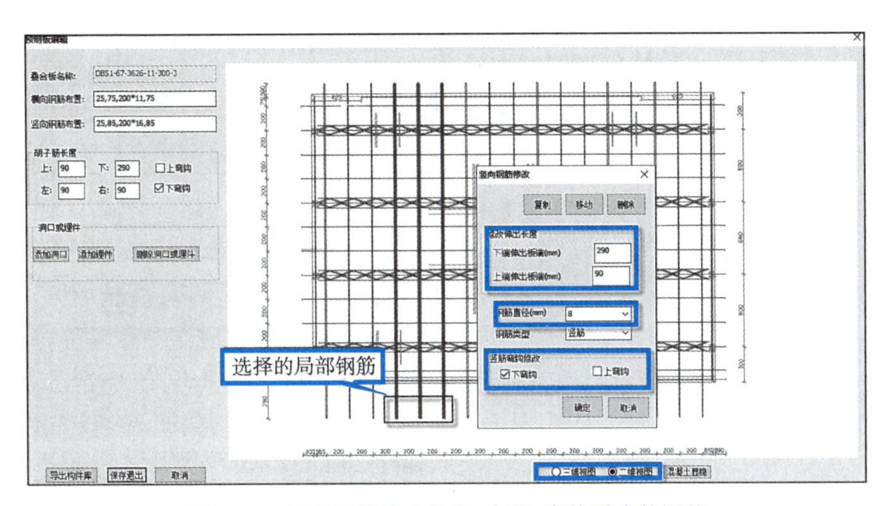

图 5-75 局部钢筋伸出长度、直径、弯钩形式的调整

② 局部钢筋的复制、移动、删除

选择局部钢筋后,钢筋会加粗显示并弹出属性【竖向钢筋修改】对话框,通过【复制】、【移动】、【删除】按钮,执行相应操作(见图 5-76)。

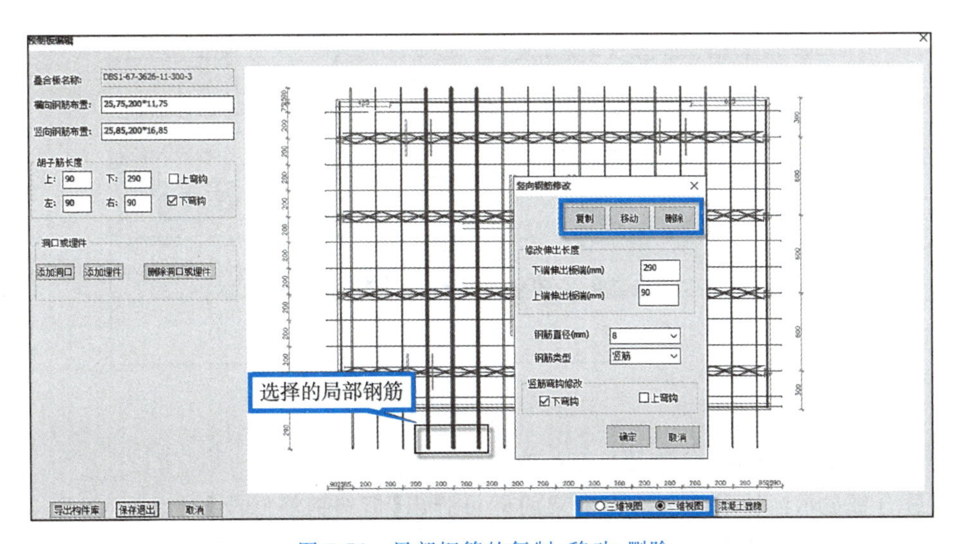

图 5-76 局部钢筋的复制、移动、删除

除上述复制、移动、删除局部钢筋操作外，软件还提供另一种操作方式。

在【二维视图】状态下选择某个间距或框选局部的尺寸标注，即可弹出所选间距修改对话框（见图 5-77），通过删除、增加、修改间距对话框中数值的方式实现钢筋复制、移动、删除的功能。间距列表栏中间距表示以间距范围内左端或下端第一根钢筋为基准位置钢筋，后面的间距依次以这根钢筋往后排。

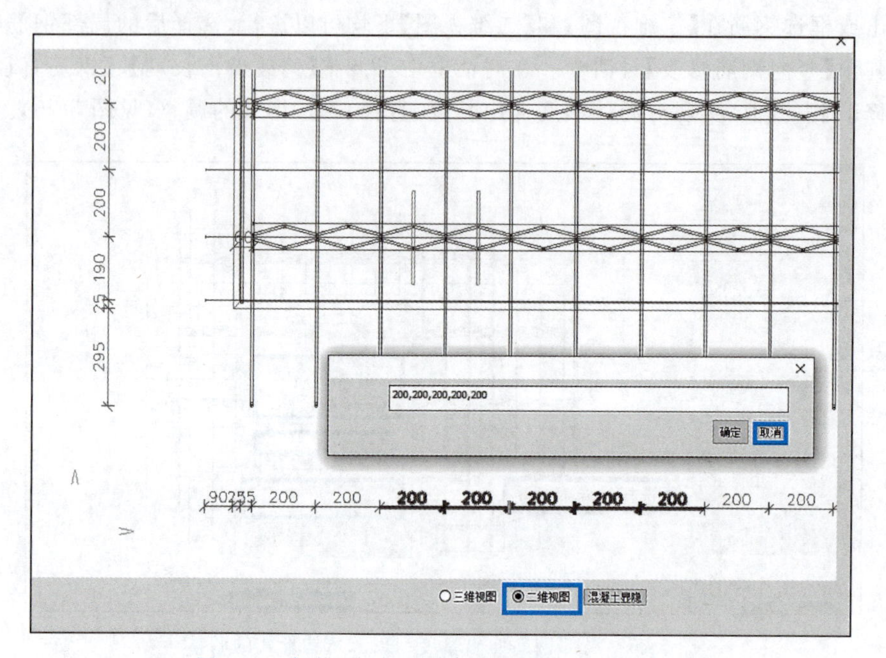

图 5-77　复制、移动、删除局部钢筋的另一种方式

当更改间距数值时，列表栏下部会有相应的文字提示，提醒用户设置的间距数值是否合理。提示信息包含的内容有所填间距数值是否有效、所填间距数值总和、可填间距数值总和最大值、删除或增加钢筋信息（见图 5-78）。

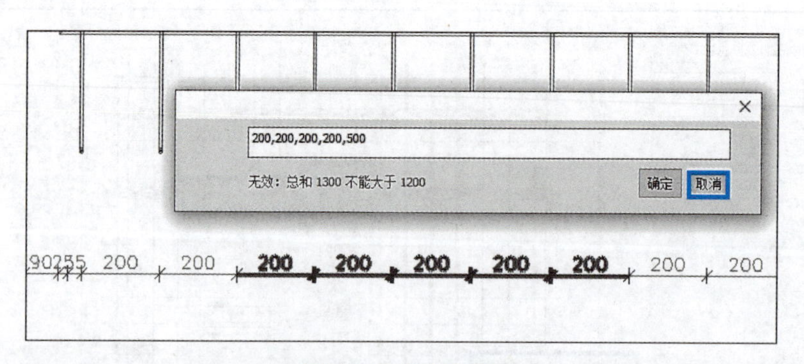

图 5-78　信息提示

③ 桁架筋增加、删除、位置及长度修改功能

在叠合板显示区域中单击某根桁架筋即可弹出【桁架钢筋修改】对话框（见图 5-79）。通过修改对话框中参数即可实现桁架筋增加、删除、调整位置、修改长度的功能。操作方式同普通钢筋。

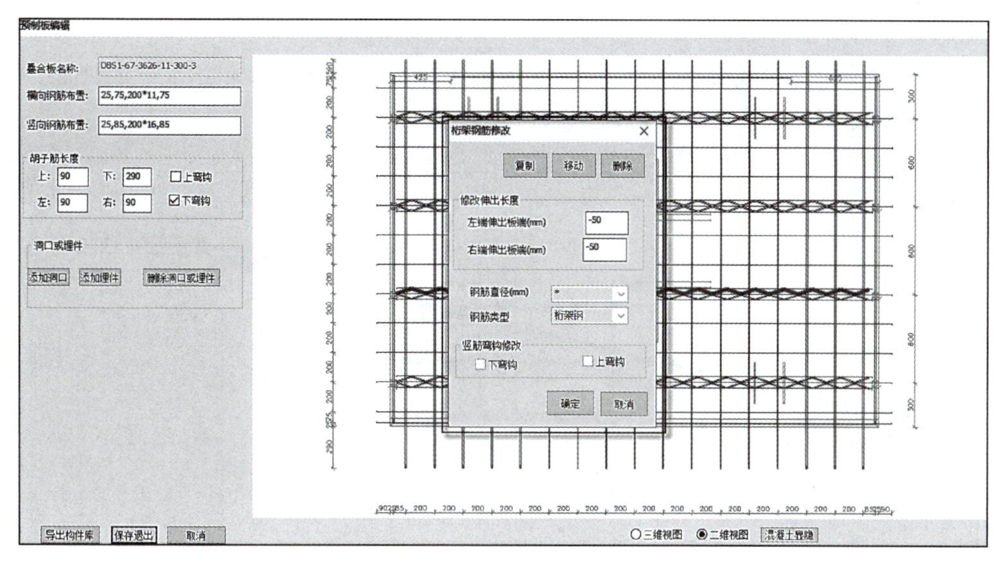

图 5-79 桁架筋增加、删除、调整位置及长度修改

(2) 参数区域

通过参数区域可实现钢筋修改、添加洞口、添加埋件等操作(见图 5-74)。

①【横向钢筋】、【竖向钢筋布置】

参数中输出了横向钢筋和竖向钢筋的间距,可通过修改其中的钢筋间距数值,实现调整任意钢筋位置的功能,通过增减间距数值个数,实现增删钢筋的功能(见图 5-74)。

②【胡子筋长度】

通过参数可以实现上、下、左、右胡子筋伸出长度的调整,对于上、下胡子筋可以设置是否有弯钩(见图 5-74)。

③【添加洞口】

除了在建模中添加叠合板洞口外,叠合板三维编辑中也提供添加洞口的功能,单击【添加洞口】按钮会弹出【添加洞口】对话框,设置洞口尺寸后在叠合板显示区域进行添加(见图 5-80),洞口输入时建议在二维视图下进行。洞口遇到钢筋后会自动进行弯折或截断避让,避让形式根据叠合板参数中设计的洞口尺寸限值确定。

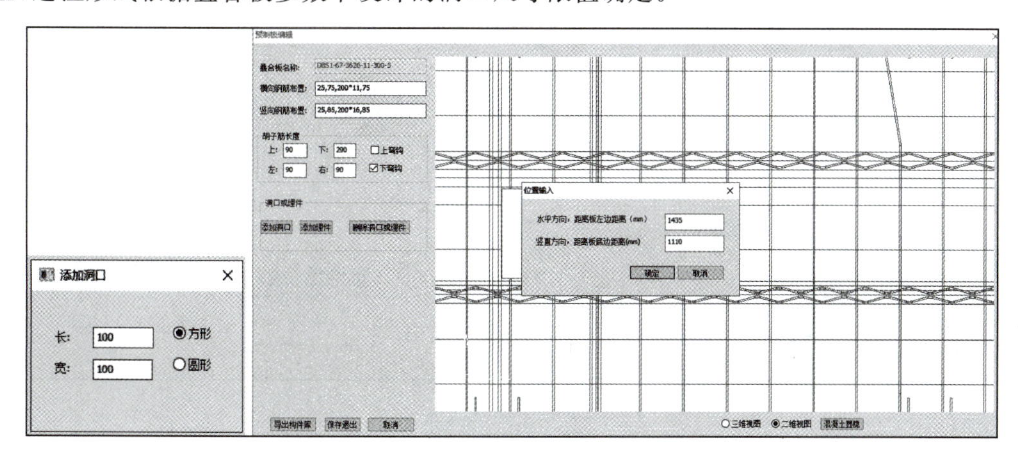

图 5-80 添加洞口

④【添加埋件】

除了在建模中添加线盒外，叠合板三维编辑中也提供添加线盒和止水节的功能，单击【添加埋件】按钮即可在右侧弹出【埋件参数】对话框（见图 5-81）。

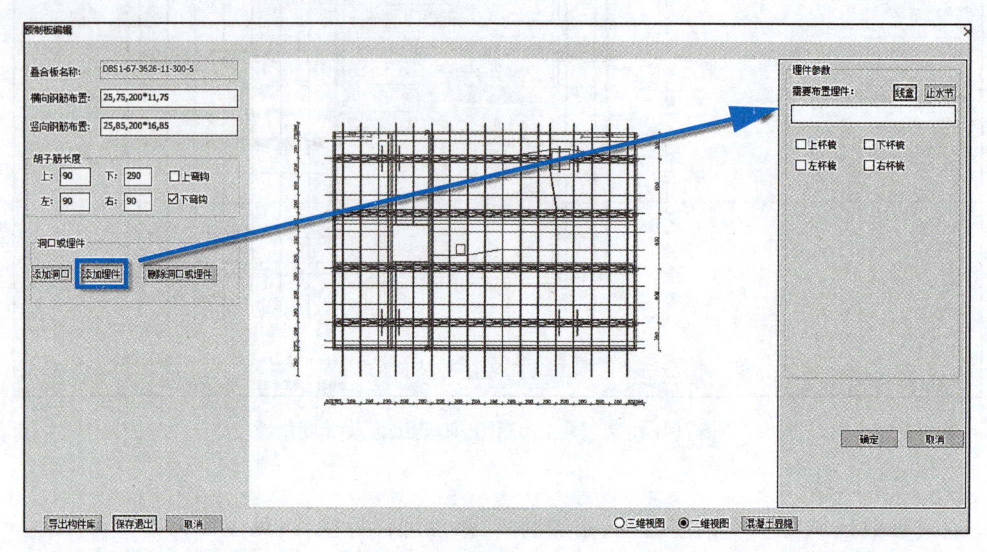

图 5-81 添加埋件

【埋件参数】对话框中单击【线盒】按钮，即可弹出【族管理】对话框（见图 5-82），选择对话框中需要的线盒规格后即可进行添加，添加操作同洞口输入，添加线盒时可选择生成杯梳的方向，布置完成后相应的二维详图附件统计表中附件编号、附加规格、附件名称均取自附件库中定义的值。

止水节添加的操作流程与线盒相同。

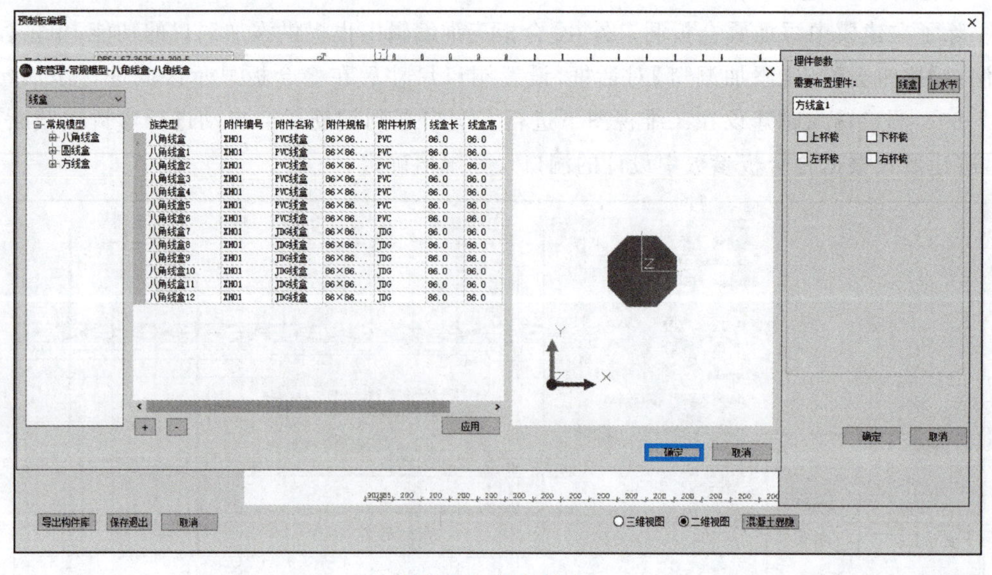

图 5-82 添加线盒

4）桁架钢筋位置修改

软件在自动排布桁架钢筋位置时会根据纵筋间距进行调整，如果需要重新排布桁架钢筋，可通过【桁架钢筋位置修改】实现。桁架钢筋位置修改的操作步骤如下。

① 单击【桁架钢筋位置修改】。

② 选择需要修改的叠合板。

③ 修改对话框中桁架钢筋的间距数值后单击【应用】(见图 5-83)。

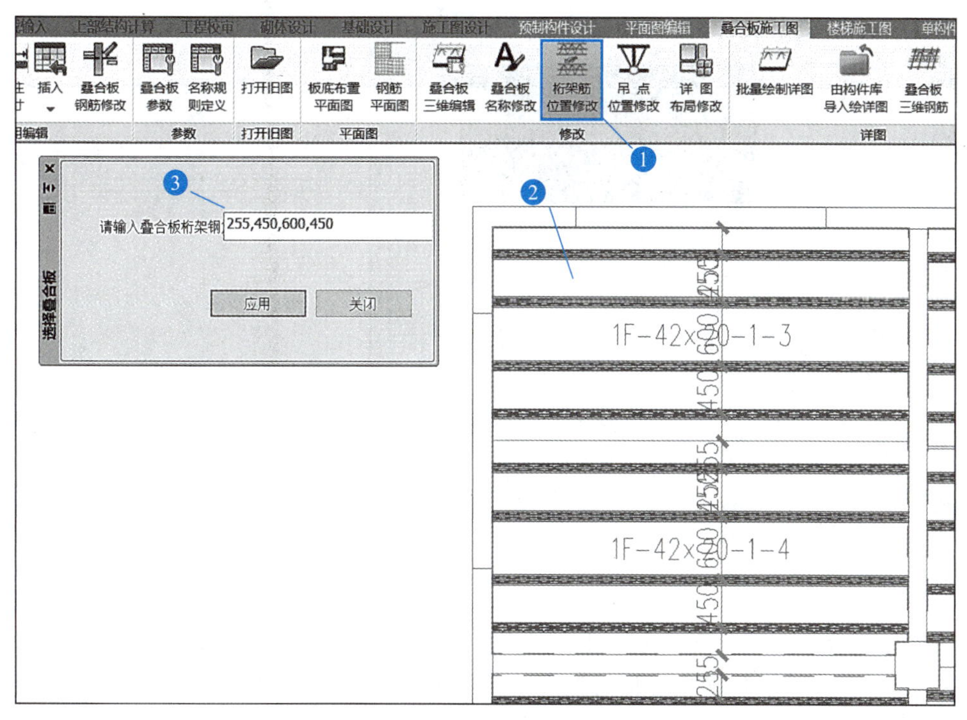

图 5-83　叠合板桁架筋修改

5）吊点位置修改

软件会根据参数设置中的信息自动生成吊点位置，若部分楼板的吊点位置比较特殊，需要修改，软件提供吊点位置修改功能。吊点位置修改的操作步骤如下。

① 单击【吊点位置修改】。

② 选择需要修改的叠合板。

③ 结合工程实际情况修改对话框中吊点排布、吊点间距等信息后单击【应用】(见图 5-84)。

6）插入图块

叠合板中的连接节点构造是设计中非常重要的一环，可以在图纸中引用国家建筑标准设计图集中的内容，也可以把图集中的连接节点构造直接绘制在图上。为方便实际工程的设计需求，软件将国家建筑标准设计图集《装配式混凝土结构连接节点构造》(G310-1～2)中的连接节点构造图库进行了内置。

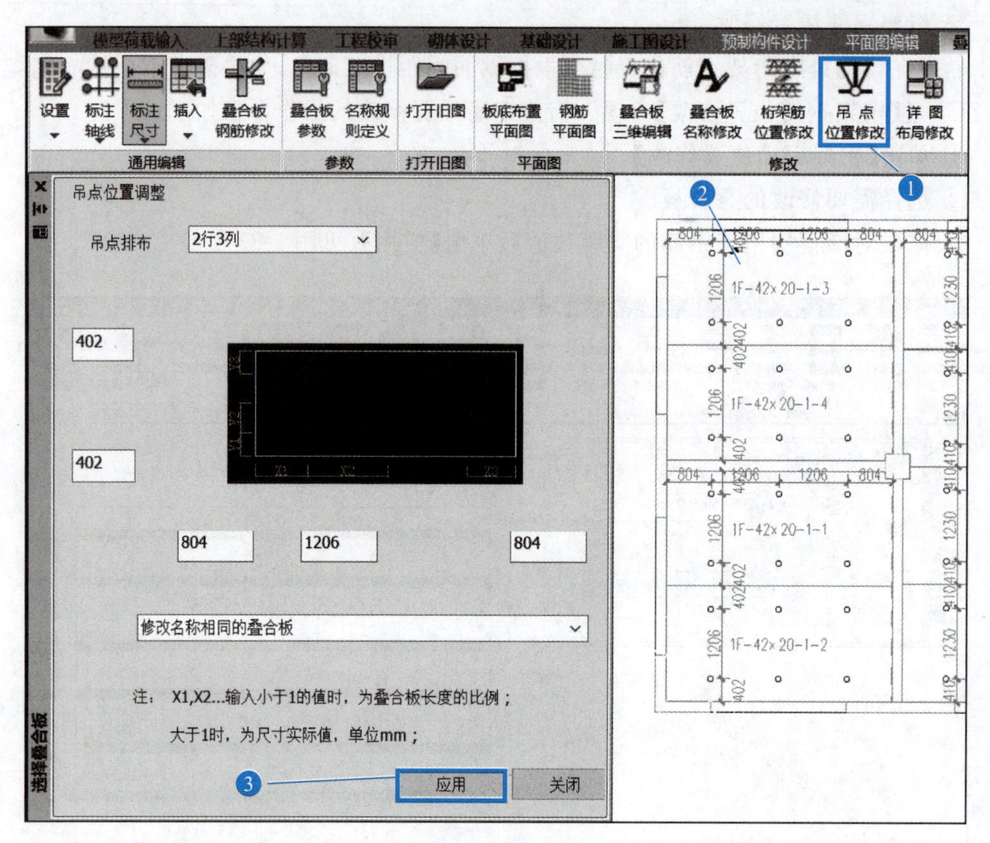

图 5-84　叠合板吊点修改

可通过叠合板施工图菜单中的插入图块功能将所需的连接节点构造图插入图纸中(见图 5-85)。该图库不仅包含叠合板的连接节点构造图，还包含主次梁连接、预制楼梯连接、预制剪力墙竖向连接、预制柱间连接等内容。

3. 叠合板统计表

底板布置平面图、详图绘制完成后，需要统计本层叠合板类型及其数量，此时可用软件中的叠合板统计表功能进行统计。叠合板统计表功能可统计本层所用叠合板的类型、数量、预制体积、钢筋用量等信息。

软件统计叠合板的操作方法为：在【叠合板施工图】菜单下单击【叠合板统计表】按钮，并在空白的位置框选，软件会自动对本层所有叠合板类型及其数量进行统计，并以表格的形式呈现出来(见图 5-86)。

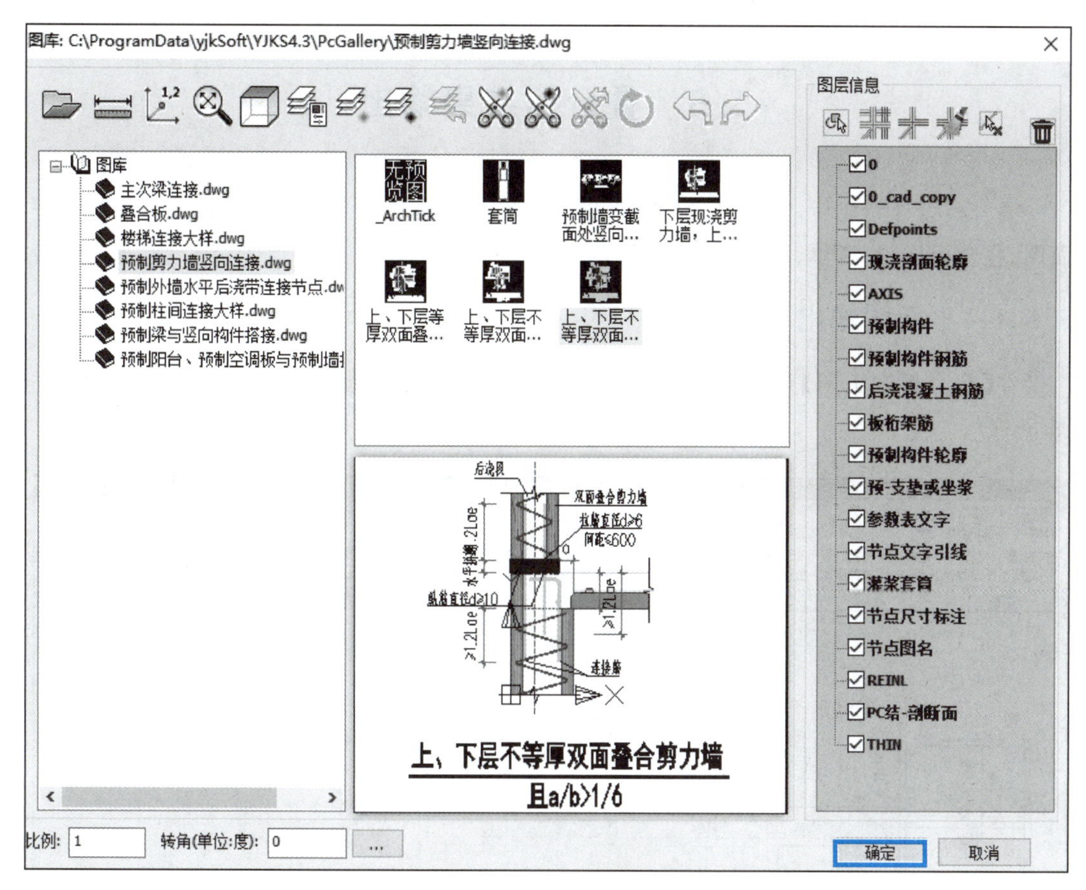

图 5-85　连接节点构造

叠合板统计表					
编号	尺寸/mm	块数	单块预制体积/m³	预制重量合计/kg	制后质量/kg
1F-DBS-1	3320×1740	2	0.35	1733	108.5
1F-DBS-10	3320×1830	2	0.36	1823	115.1
1F-DBS-11	3370×1980	2	0.40	2002	123.8
1F-DBS-12	3320×1830	2	0.36	1823	115.1
1F-DBS-13	3470×2360	2	0.49	2457	138.4
1F-DBS-14	3470×2360	2	0.49	2457	138.4
1F-DBS-2	3370×1980	2	0.40	2002	127.6
1F-DBS-3	3370×1980	2	0.40	2002	123.8
1F-DBS-4	2820×1540	2	0.26	1303	79.8
1F-DBS-5	2820×1540	2	0.26	1303	76.7
1F-DBS-6	3320×1740	2	0.35	1733	108.5
1F-DBS-7	3320×1740	2	0.35	1733	112.3
1F-DBS-8	3370×1980	2	0.40	2002	127.6
1F-DBS-9	2820×1540	2	0.26	1303	76.7
合计		28		25673.6	1572.1

图 5-86　叠合板统计表

5.5 叠合板结果输出

叠合板设计完成后，需要将设计成果进行输出。设计成果主要包含叠合板底板布置平面图、叠合板详图、清单、计算书等内容。

5.5.1 平面图输出

在【叠合板施工图】菜单下单击【板底布置平面图】按钮即可完成平面图的绘制（见图 5-87）。

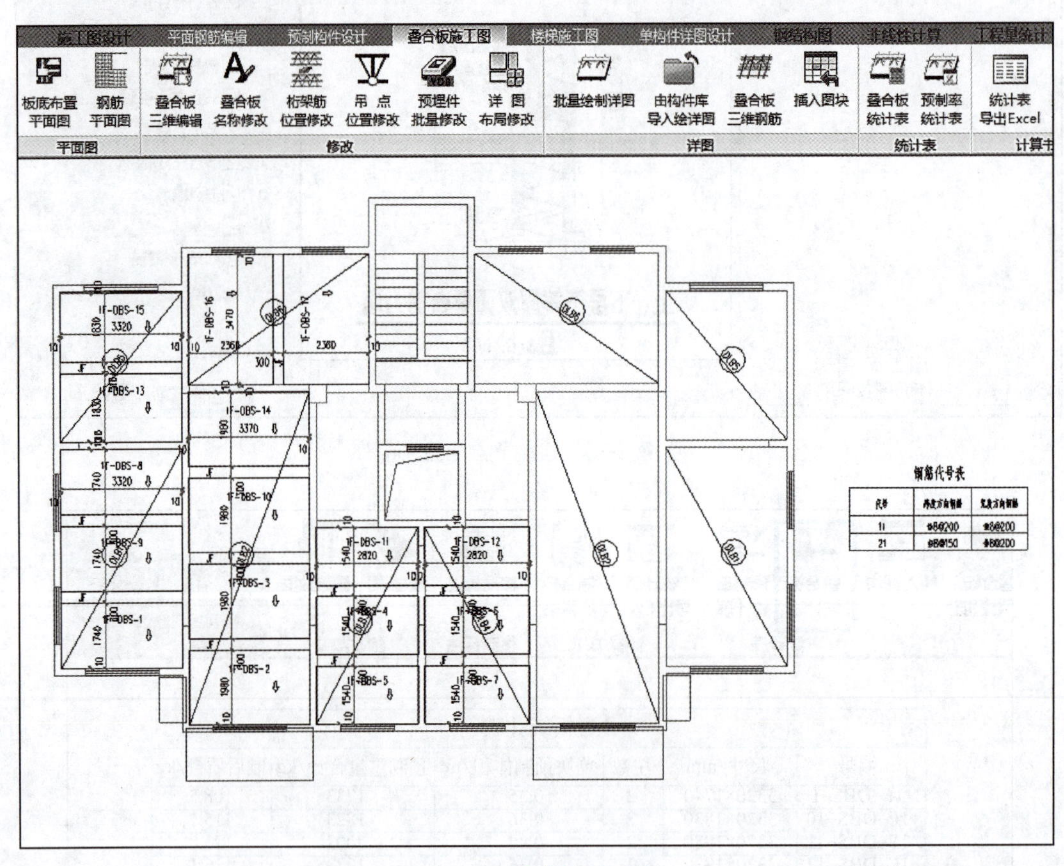

图 5-87 叠合板平面图

5.5.2 叠合板详图

设计软件提供了批量绘制叠合板详图的功能，在【预制构件设计】菜单下选择【叠合板详图】（见图 5-88），单击【叠合板详图】后，软件会弹出选择对话框，勾选需要进行批量施工图绘制的叠合板（见图 5-89）。

在屏幕合适位置进行框选，即可完成批量绘制施工图的工作（见图 5-90）。

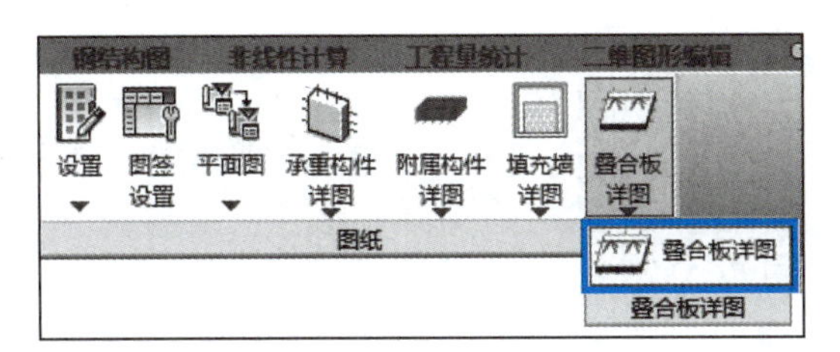

图 5-88　选择【叠合板详图】菜单

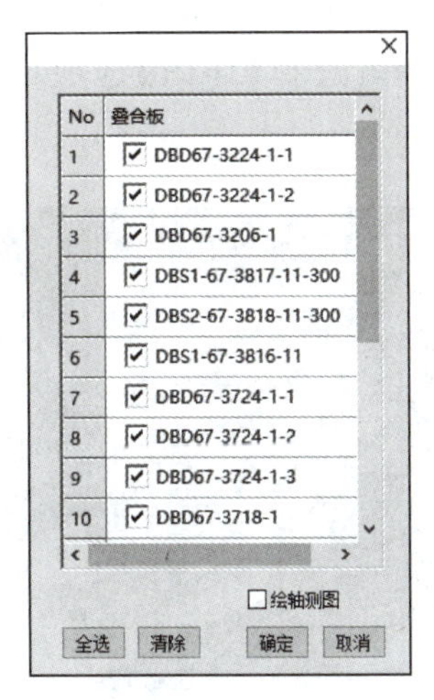

图 5-89　选择需要批量出图的叠合板

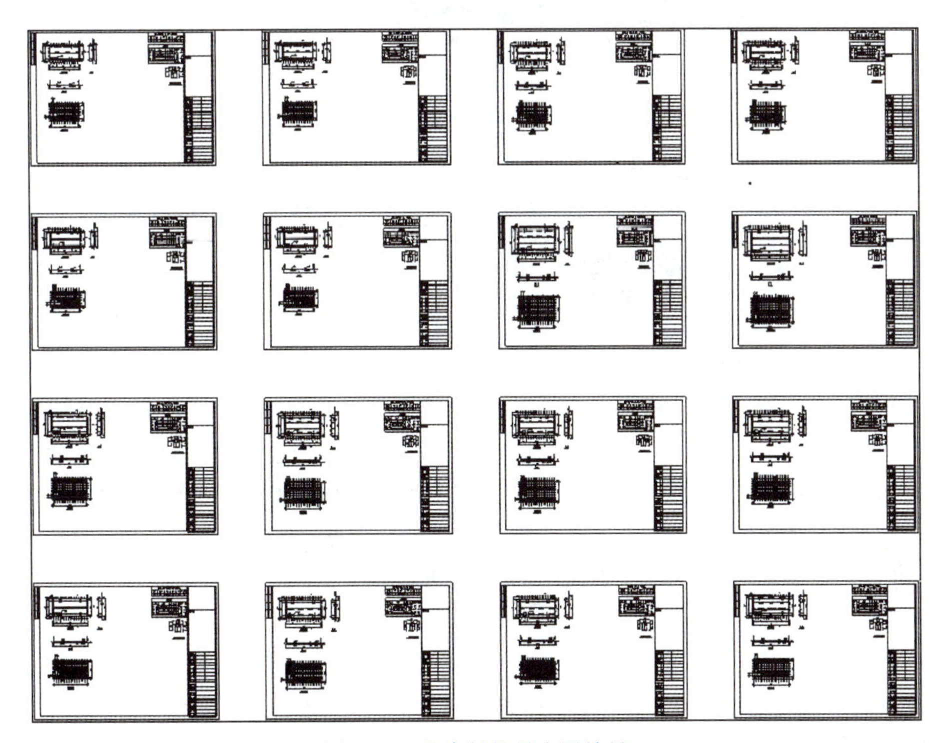

图 5-90　叠合板批量出图效果

扫码学习叠合板批量详图的操作流程

教学视频：叠合板批量详图

软件还提供了单块板出施工图的方式，在【预制构件设计】菜单下，右击所需出图的单块叠合板，在弹出的快捷菜单内选择【详图】选项(见图 5-91)，可一键生成叠合板详图。

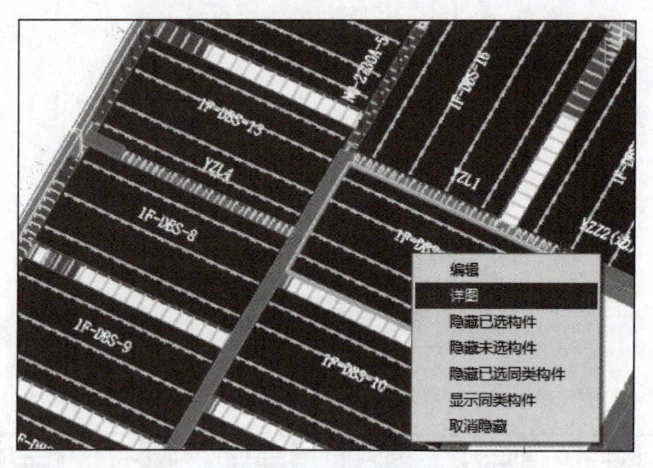

图 5-91　叠合板快捷菜单

扫码学习叠合板单构件详图的操作流程

教学视频：叠合板单构件详图

叠合板详图主要由叠合板模板图、剖面图、配筋图、钢筋表、构件位置示意图等组成。模板图包含平面主视图及两个方向的剖面图。模板图主要表达叠合板外轮廓尺寸、桁架钢筋位置、吊点布置、桁架钢筋距端头距离等信息；钢筋图主要表达横、竖两个方向的钢筋排布、间距等信息；钢筋表主要表达该叠合板所用钢筋的形状、直径、数量、长度、质量等信息；构件位置是示意该叠合板在整个平面中的位置(见图 5-92)。

5.5.3　叠合板清单统计

在【叠合板施工图】菜单下单击【统计表导出 Excel】按钮，即可导出全楼的叠合板清单统计结果(见图 5-93)。

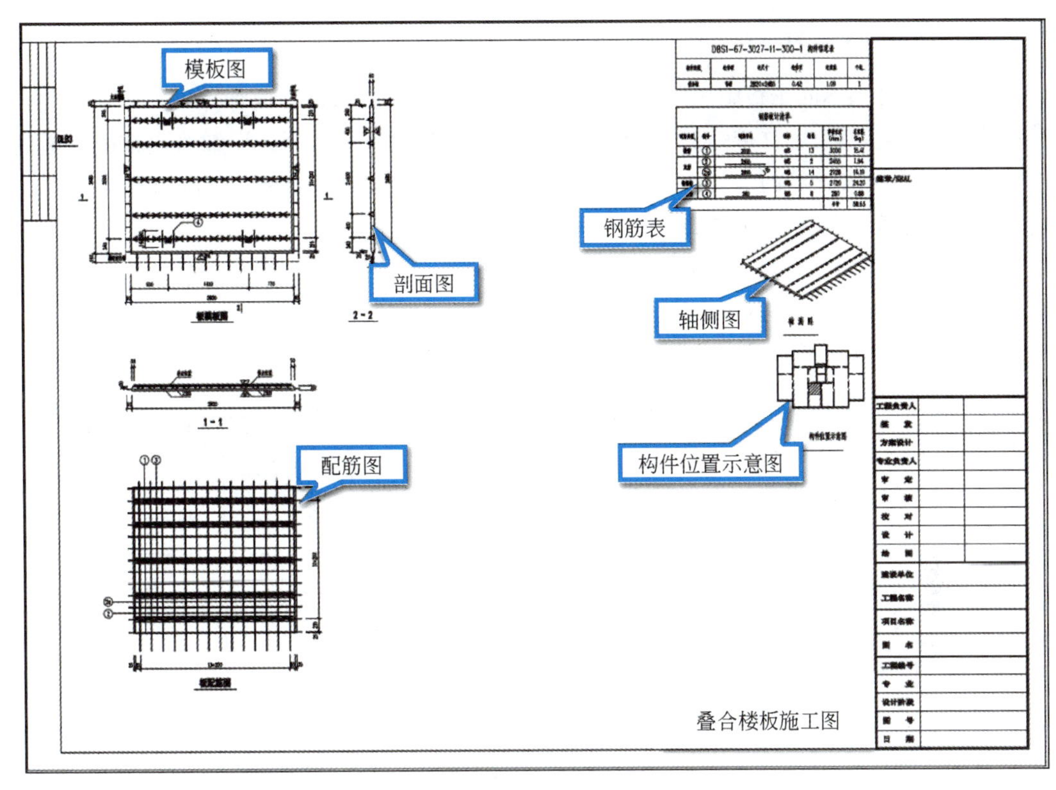

图 5-92　叠合板详图效果

叠合板施工图　楼梯施工图　单构件详图设计　钢结构图　非线性计算　工程量统计

预埋件批量修改　详图布局修改　批量绘制详图　由构件库导入绘详图　叠合板三维钢筋　插入图块　叠合板统计表　预制率统计表　统计表导出Excel　叠合板计算书

详图　统计表　计算书

汇总表

楼层	编号	尺寸	块数	预制体积(	A6长度(m)	A6重量(kg)	C8长度(m)	C8重量(kg)	C10长度(m	C10重量(kg
第 1 层	1F-DBS-1	3320×1740	2	0.35	118	26	423	167	39	24
	1F-DBS-10	3370×1980	2	0.40	158	35	476	188	52	32
	1F-DBS-11	2820×1540	1	0.26	26	6	83	33		
	1F-DBS-12	2820×1540	1	0.26	26	6	83	33		
	1F-DBS-13	3320×1830	2	0.36	158	35	414	163	52	32
	1F-DBS-14	3370×1980	2	0.40	158	35	457	180	52	32
	1F-DBS-15	3320×1830	2	0.36	158	35	414	163	52	32
	1F-DBS-16	3470×2360	2	0.49	167	37	523	206	54	33
	1F-DBS-17	3470×2360	2	0.49	167	37	523	206	54	33
	1F-DBS-2	3370×1980	2	0.40	158	35	457	180	52	32
	1F-DBS-3	3370×1980	2	0.40	158	35	476	188	52	32
	1F-DBS-4	2820×1540	1	0.26	26	6	86	34		
	1F-DBS-5	2820×1540	1	0.26	26	6	83	33		
	1F-DBS-6	2820×1540	1	0.26	26	6	86	34		
	1F-DBS-7	2820×1540	1	0.26	26	6	83	33		
	1F-DBS-8	3320×1740	2	0.35	118	26	423	167	39	24
	1F-DBS-9	3320×1740	2	0.35	118	26	442	174	39	24
	合计		28							

图 5-93　叠合板全楼统计表

5.5.4 叠合板计算书

叠合板计算书不同于板施工图中的叠合板配筋计算，此处的叠合板计算书主要是对叠合板的脱模和吊装验算、容许弯矩剪力验算、吊钩拉力验算。计算书中会详细给出该叠合板的各项参数，考虑桁架钢筋的等效组合梁截面参数及有效宽度、容许值计算、工况验算等。

叠合板计算书的操作步骤如下。

(1) 单击【叠合板计算书】按钮。

(2) 选择需出计算书的叠合板。

(3) 软件会自动弹出 Word 版计算书（见图 5-94）。

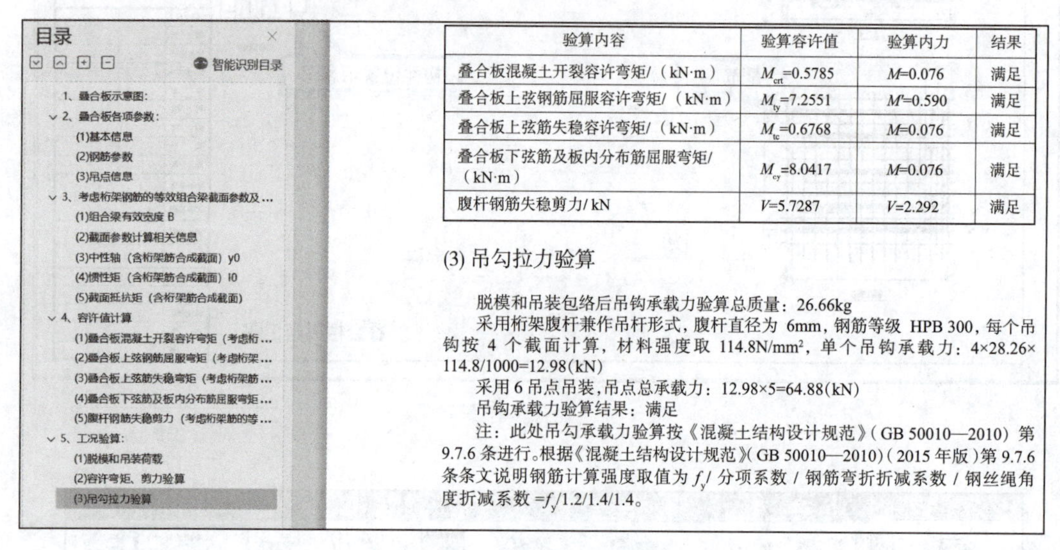

验算内容	验算容许值	验算内力	结果
叠合板混凝土开裂容许弯矩/（kN·m）	M_{crt}=0.5785	M=0.076	满足
叠合板上弦钢筋屈服容许弯矩/（kN·m）	M_{ty}=7.2551	M'=0.590	满足
叠合板上弦筋失稳容许弯矩/（kN·m）	M_{tc}=0.6768	M=0.076	满足
叠合板下弦筋及板内分布筋屈服弯矩/（kN·m）	M_{cy}=8.0417	M=0.076	满足
腹杆钢筋失稳剪力/ kN	V=5.7287	V=2.292	满足

(3) 吊勾拉力验算

脱模和吊装包络后吊钩承载力验算总质量：26.66kg

采用桁架腹杆兼作吊杆形式，腹杆直径为 6mm，钢筋等级 HPB 300，每个吊钩按 4 个截面计算，材料强度取 114.8N/mm²，单个吊钩承载力：4×28.26×114.8/1000=12.98(kN)

采用 6 吊点吊装，吊点总承载力：12.98×5=64.88(kN)

吊钩承载力验算结果：满足

注：此处吊勾承载力验算按《混凝土结构设计规范》(GB 50010—2010) 第 9.7.6 条进行。根据《混凝土结构设计规范》(GB 50010—2010)(2015 年版)第 9.7.6 条条文说明钢筋计算强度取值为 f_y/ 分项系数 / 钢筋弯折折减系数 / 钢丝绳角度折减系数 =f_y/1.2/1.4/1.4。

图 5-94 叠合板计算书(局部)

扫码学习叠合板计算书的操作流程

教学视频：叠合板计算书

【学习笔记】

复习思考题

一、多选题

1. 在装配式结构中，(　　)部位宜采用现浇楼盖。

A. 结构转换层　　B. 平面复杂的楼层

C. 开洞较大的楼层　　D. 作为上部结构嵌固部位的地下室楼层

E. 标准层

2. 叠合楼板类型主要有(　　)等。

A. 现浇整体式楼板　　B. 普通叠合楼板

C. 预应力叠合肋板　　D. 空心叠合楼板

E. 双 T 叠合板

3. 桁架钢筋叠合板的预制板由(　　)组成。

A. 混凝土底板　　B. 现浇混凝土层

C. 桁架钢筋　　D. 板底受力钢筋

E. 上部受力钢筋

4. 单向叠合板预制板块间一般采用(　　)。

A. 整体式接缝　　B. 密缝拼接

C. 分离式接缝拼接　　D. 无接缝设计

E. 企口缝拼接

5. 在叠合板上开洞后，洞口位置钢筋由于不能贯通洞口，此时可以采用(　　)方式进行补强。

A. 钢筋弯曲避让　　B. 洞口部位混凝土提高一个强度等级

C. 洞口截断补强　　D. 预埋钢板

E. 洞口部位钢筋提高一个强度等级

二、简答题

1. 桁架钢筋叠合楼板中的桁架筋的作用有哪些？

2. 叠合楼板的拆分原则是什么？

3. 简述桁架钢筋叠合板的深化设计流程。

三、工程实践

将二维码链接中的图纸，采用导入 DWG 生成叠合板的方式，完成叠合板的拆分。拆分后完成叠合板的深化设计，输出叠合板底板布置平面图、叠合板详图、计算结果和叠合板统计表，并进行脱模和吊装验算。

图纸：叠合板拆分详图

教学单元 6 其他预制混凝土构件深化设计

思维导图

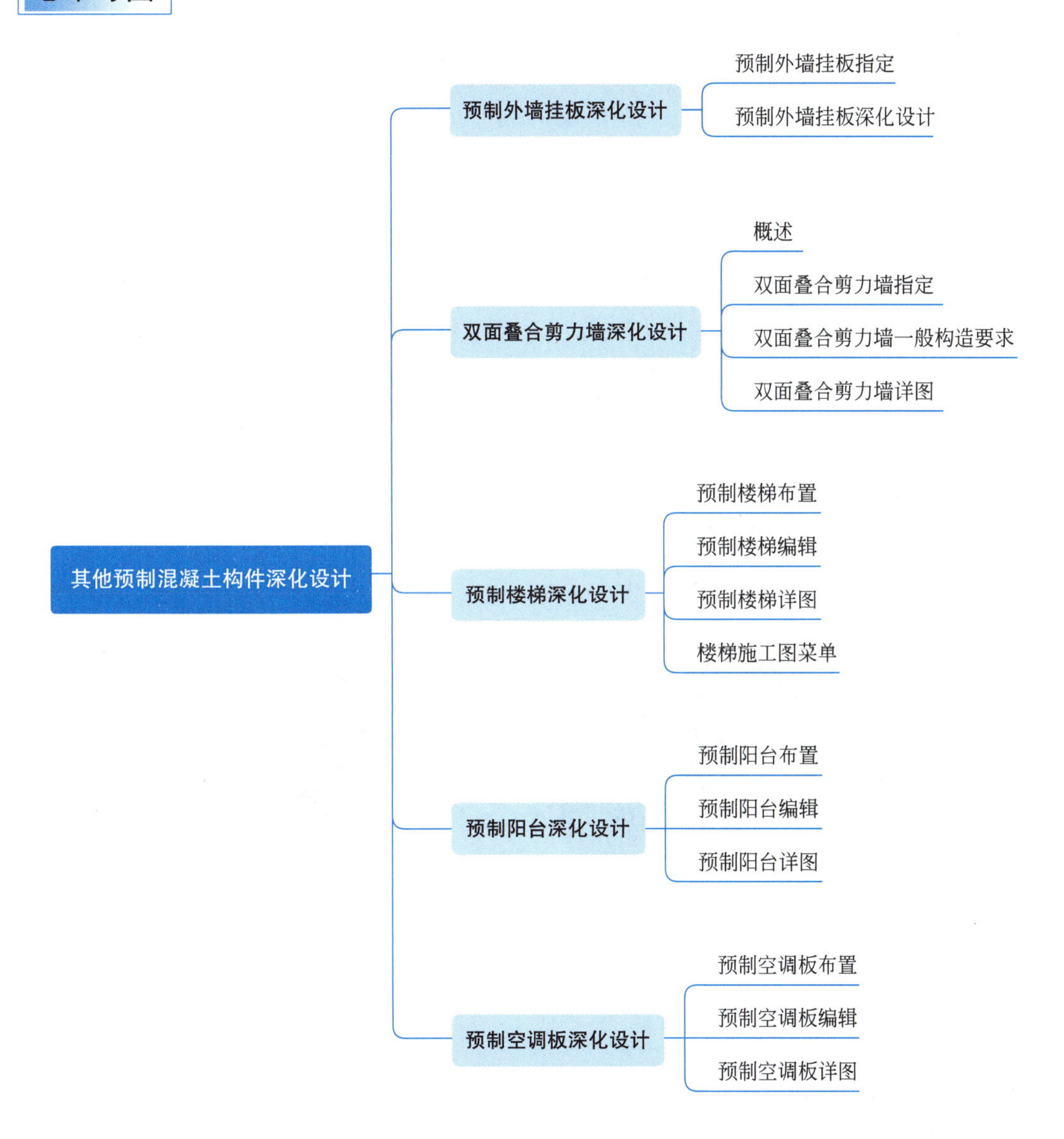

教学目标

1. 知识目标

(1) 掌握预制外墙挂板、双面叠合剪力墙、预制楼梯、预制阳台板、预制空调板深化设计流程;

(2) 掌握预制外墙挂板、双面叠合剪力墙、预制楼梯、预制阳台板、预制空调板深化设计要点。

2. 能力目标

(1) 能够进行双面叠合剪力墙、预制阳台、预制空调板、预制外墙挂板、预制楼梯深化设计及验算;

(2) 能够输出双面叠合剪力墙、预制阳台、预制空调板、预制外墙挂板、预制楼梯的施工详图。

3. 素质目标

(1) 培养学生优秀的个人品质;

(2) 培养学生严谨细致、精益求精的工匠精神;

(3) 增强学生低碳环保的行为意识。

6.1 预制外墙挂板深化设计

预制外墙挂板在装配式建筑中多用于框架结构、钢结构和内浇外挂体系,在装配式建筑中属于一个子系统,其结构连接种类繁多(见图 6-1 和图 6-2)。

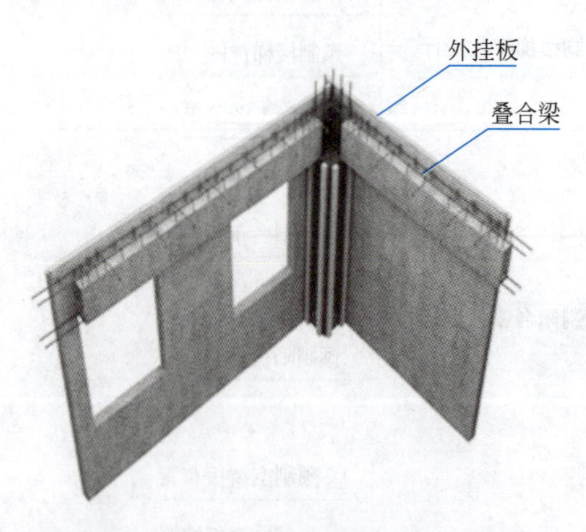

图 6-1 预制外墙挂板

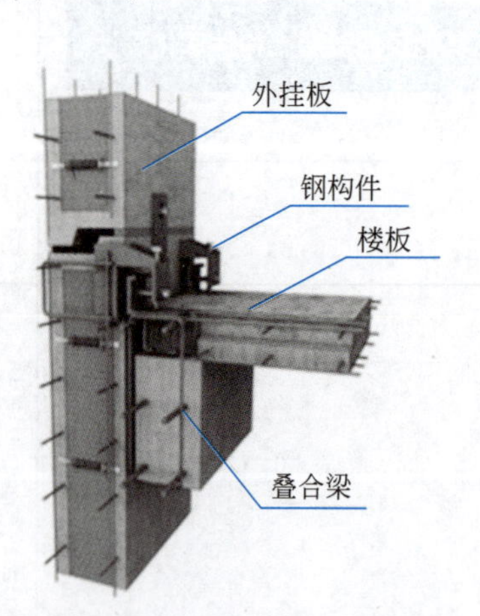

图 6-2 预制外墙挂板结构连接

预制外墙挂板是安装在主体结构(一般为钢筋混凝土框架结构、框-剪结构、钢结构)上起维护、装饰、保温作用的非承重预制混凝土外墙挂板,如图 6-3 所示。

预制外墙挂板具有施工速度快、质量好、维修费用低的优点,可设计成集外装饰、保温、墙体围护于一体的复合保温外墙板,也可设计成复合墙体的外装饰挂板。

图 6-3　预制外墙挂板实物图

预制外墙挂板与主体结构之间的连接形式主要有线支撑(见图 6-4 和图 6-5)和点支撑(见图 6-6 和图 6-7)。

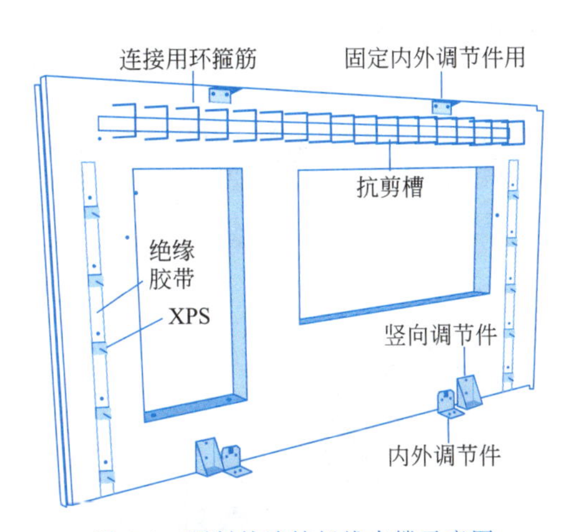

图 6-4　预制外墙挂板线支撑示意图

图 6-5　预制外墙挂板线支撑

图 6-6　预制外墙挂板点支撑(1)

图 6-7　预制外墙挂板点支撑(2)

6.1.1 预制外墙挂板指定

外墙挂板是装配式混凝土框架结构上的非承重外围护挂板。外墙挂板的几何尺寸要考虑到施工、运输条件等,当构件尺寸过长过高时,主体结构层间位移对其内力的影响也较大。

外墙挂板拆分的尺寸应根据建筑立面的特点,将墙板接缝位置与建筑立面相对应,既要满足墙板的尺寸控制要求,又将接缝构造与立面要求结合起来。开口墙板如设置窗户洞口,洞口边的有效宽度不宜小于 300mm。

6.1.2 预制外墙挂板深化设计

软件采用隔墙填充墙所在位置与建筑外轮廓的关系区分填充墙和外墙挂板,当填充墙在结构的外部并且具有一定的偏轴距离时才会被自动识别为外墙挂板。

外墙挂板得需要在【上部结构建模】模块中按填充墙建模,然后在【预制构件拆分】菜单中指定。

单击【构件布置】菜单【隔墙填充墙】子菜单下布置填充墙,【偏轴距离】为 150mm,填充墙与梁外部对齐(见图 6-8)。

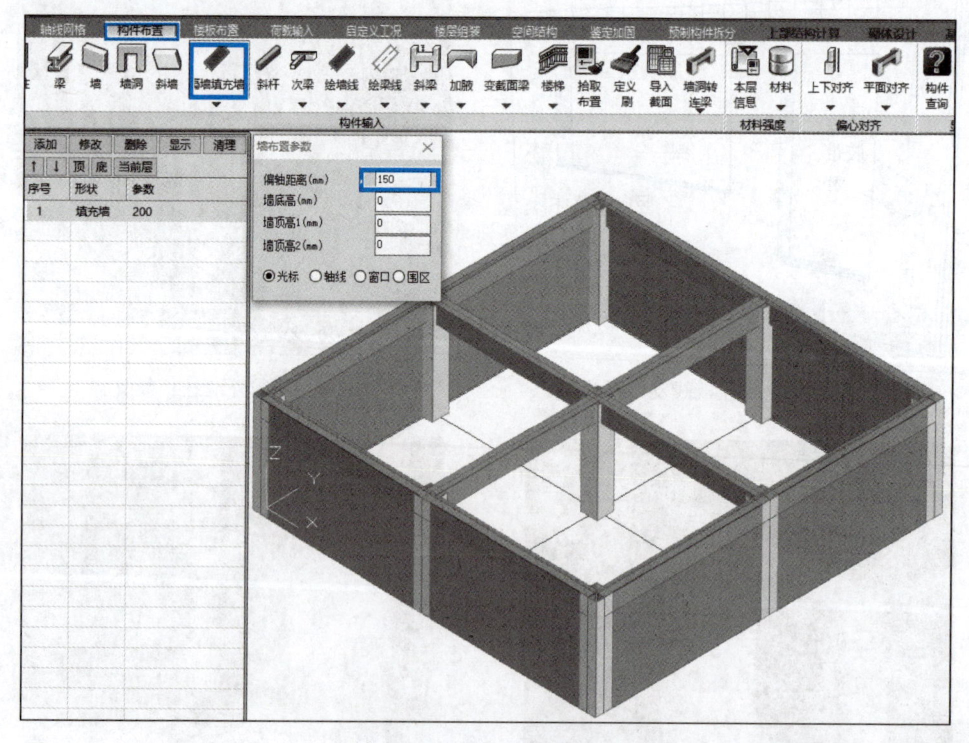

图 6-8 模型中布置填充墙

进入【预制构件拆分】菜单,单击【指定预制填充墙】菜单,可将预制填充墙指定为外墙挂板。指定时需在参数对话框中选择墙体类型为外挂墙板(见图 6-9、图 6-10)。

软件在【预制构件设计】菜单绘制外墙挂板详图;由于外墙挂板为非承重外围护构件,

所以配筋均为构造配筋。

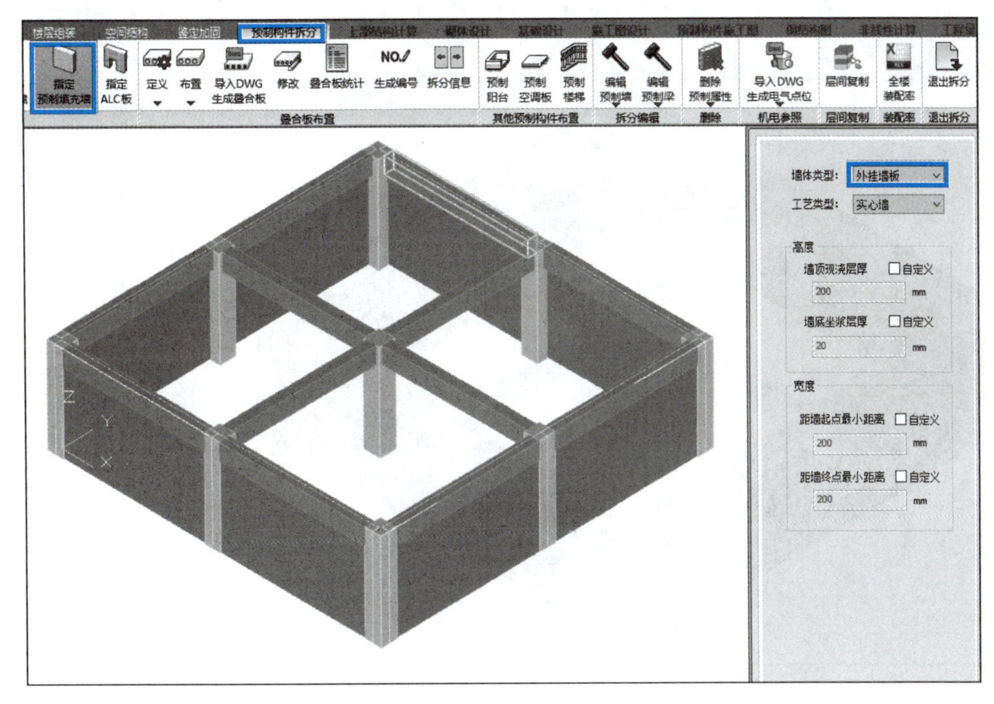

图 6-9　指定填充墙为装配式外墙挂板

图 6-10　外墙挂板指定完成效果图

单击【填充墙详图】菜单下的【预制外墙板详图】可生成预制外墙挂板详图(见图 6-11)。

预制外墙挂板详图包括模板图、配筋图、构件位置示意图。预制外墙挂板模板图和配筋图中包含对穿孔、吊件、套筒、内外叶板、保温板、钢筋网、连接钢筋等布置信息(见图 6-12～图 6-15)。

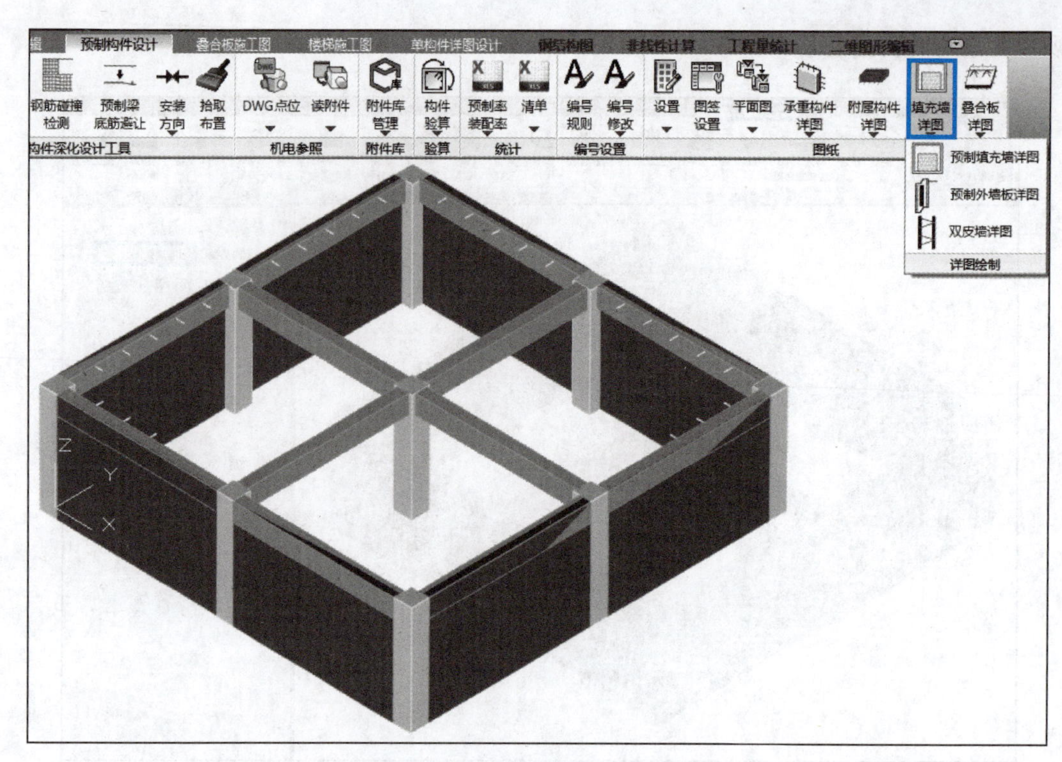

图 6-11　预制外墙挂板详图菜单

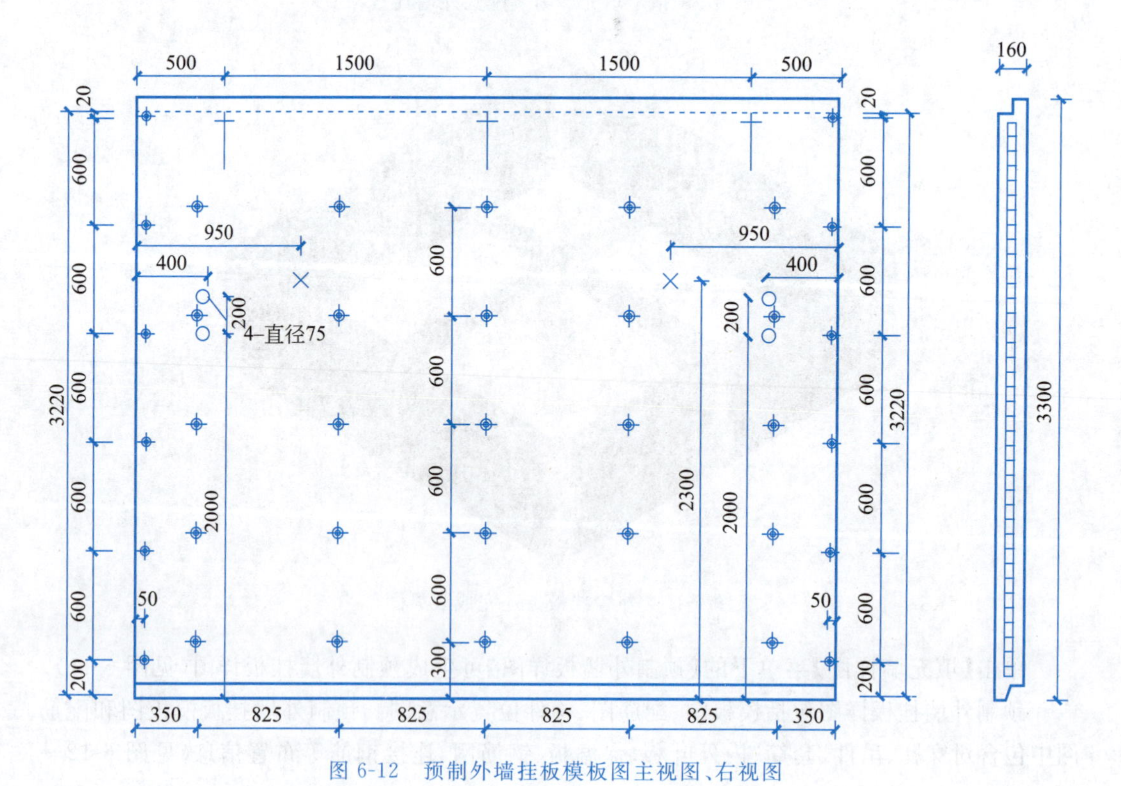

图 6-12　预制外墙挂板模板图主视图、右视图

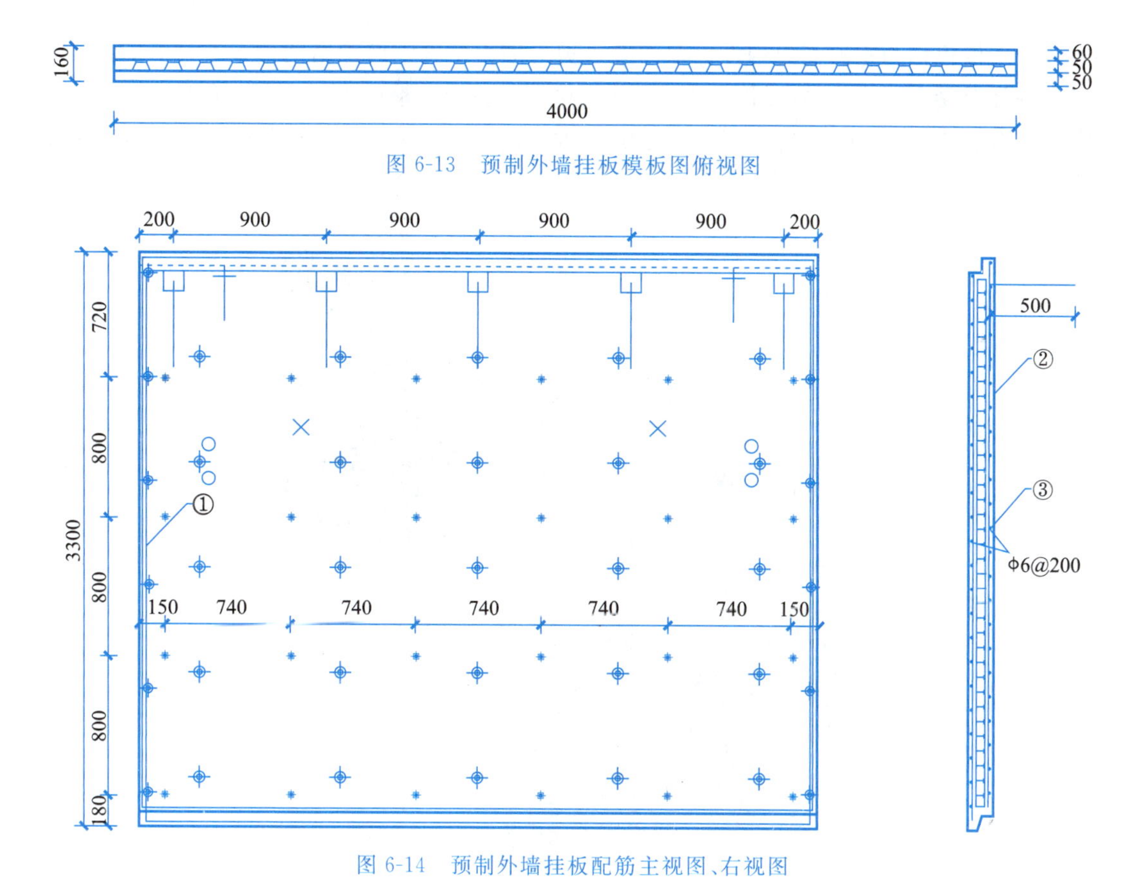

图 6-13 预制外墙挂板模板图俯视图

图 6-14 预制外墙挂板配筋主视图、右视图

PCWQB1				数量		单构件钢筋量/kg		总钢筋量/kg
				1		166.6		166.6
序号	钢筋形状	直径	间距	数量	单根长度/mm	总长度/m	单根质量/kg	总质量/kg
①	3200 3200 3900	10		3	7100	21.30	4.381	13.14
②	3200 3900	10		1	7100	7.10	4.381	4.38
③	3260	6		104	3260	339.04	0.724	75.27
④	3960	6		84	3960	332.64	0.879	73.85

图 6-15 预制外墙挂板钢筋表

6.2 双面叠合剪力墙深化设计

6.2.1 概述

1. 双面叠合剪力墙体系

双面叠合剪力墙(简称双皮墙)体系作为一种新型住宅结构体系,由叠合板式剪力墙和

叠合板式楼板作为主要受力构件。双面叠合剪力墙由格构钢筋拉结两侧预制墙片，然后空腔内现浇混凝土形成整体（见图6-16）。其格构钢筋包括3根截面呈等腰三角形的上、下弦钢筋和弯折成形的斜向腹筋。后浇混凝土和预制混凝土墙板整体受力，共同承担外部荷载。

图6-16 预制双面叠合剪力墙

2. 双面叠合剪力墙技术指标

双面叠合剪力墙结构采用与现浇剪力墙结构相同的方法进行结构分析与设计，其主要力学技术指标与现浇混凝土结构相同，但当同一层内既有预制又有现浇抗侧力构件时，地震设计状况下宜对现浇水平抗侧力构件在地震作用下的弯矩和剪力乘以不小于1.1的增大系数。

高层剪力墙结构采用双面叠合剪力墙时，其建筑高度、规则性、结构类型应满足现行国家标准《装配式混凝土建筑技术标准》(GB/T 51231—2016)等规范标准要求。

3. 双面叠合剪力墙体系适用范围

双面叠合剪力墙体系适用于抗震设防烈度为6～8度的多层、高层建筑，包含工业与民用建筑。除了地上结构以外，双面叠合剪力墙体系具有良好的整体性和防水性能，还适用于地下工程，包含地下室、地下车库、地下综合管廊等。

4. 双面叠合剪力墙特点

双面叠合剪力墙墙板由两片不小于50mm厚的钢筋混凝土预制板组成，两块墙板之间形成不小于100mm的空腔，内外墙板通过桁架钢筋连接为整体，中部空腔区域现场后浇混凝土填实。其内外预制板已根据结构计算配置相应的水平和竖向受力钢筋，预制墙板与后浇混凝土共同承受结构竖向和水平荷载。双面叠合板剪力墙结构是装配式混凝土结构体系的一种，注重设计一体化，生产自动化以及施工装配化。在钢筋混凝土双面叠合剪力墙结构技术推广应用的过程中，具有尺寸精准度高、质量稳定、防水性好、结构整体性好、施工快捷、节能环保、施工效率高、造价低等优点。

6.2.2　双面叠合剪力墙指定

双面叠合剪力墙的指定同普通预制剪力墙，结构建模完成后切换到【预制构件拆分】菜单完成双面叠合剪力墙的指定(见图 6-17)。

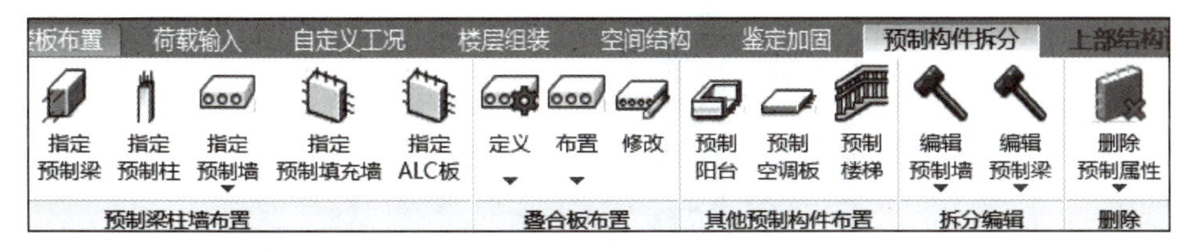

图 6-17　预制构件拆分菜单

单击【指定预制墙】菜单弹出预制墙【拆分参数】对话框(见图 6-18)，拆分参数中选择预制墙种类为【双皮墙】，然后在模型中选择需要指定预制属性的现浇墙体，即可将现浇剪力墙指定为双面叠合剪力墙(见图 6-19)。

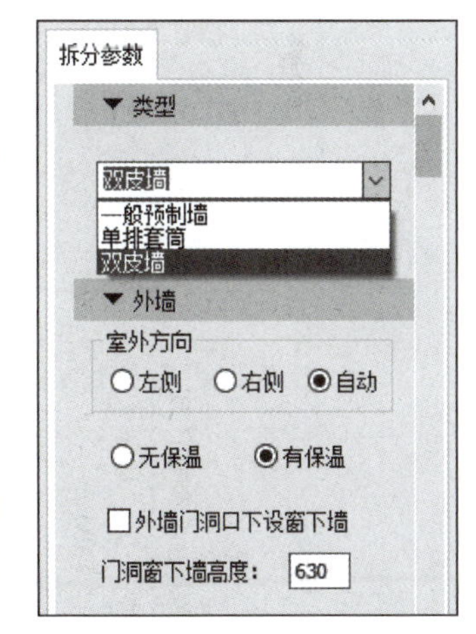

图 6-18　双面叠合剪力墙的指定

6.2.3　双面叠合剪力墙一般构造要求

(1) 双面叠合剪力墙的墙肢厚度不宜小于 200mm，单叶预制墙板厚度不宜小于 50mm，空腔净距不宜小于 100mm。

(2) 双面叠合剪力墙结构底部加强部位的剪力墙宜采用现浇混凝土。楼层内相邻双面叠合剪力墙之间应采用整体式接缝连接；后浇混凝土与预制墙板应通过水平连接钢筋连接，水平连接钢筋的间距宜与预制墙板中水平分布钢筋的间距相同，且不宜大于 200mm；水平连接钢筋的直径不应小于叠合剪力墙预制板中水平分布钢筋的直径。

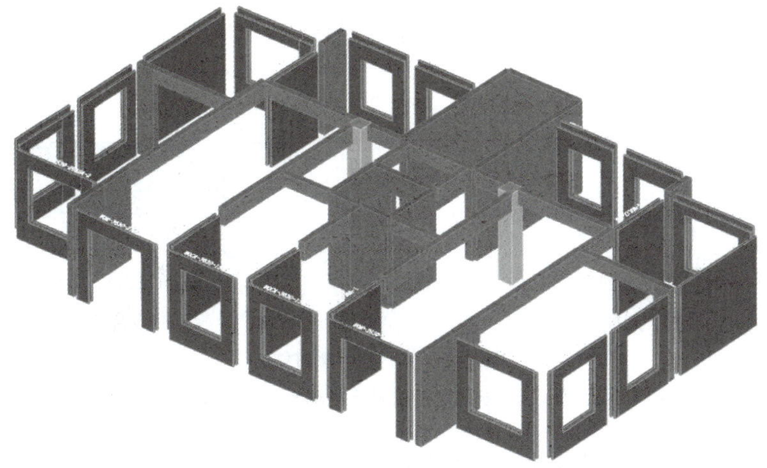

图 6-19　双面叠合剪力墙指定完成效果图

(3) 双面叠合剪力墙结构约束边缘构件内的配筋及构造要求应符合国家现行标准《建筑抗震设计规范》(GB 50011—2010)(2016 年版)和《高层建筑混凝土结构技术规程》(JGJ 3—2010)的有关规定，并应符合下列规定。

① 约束边缘构件(见图 6-20)阴影区域宜全部采用后浇混凝土，并在后浇段内设置封闭箍筋；其中暗柱阴影区域可采用叠合暗柱或现浇暗柱。

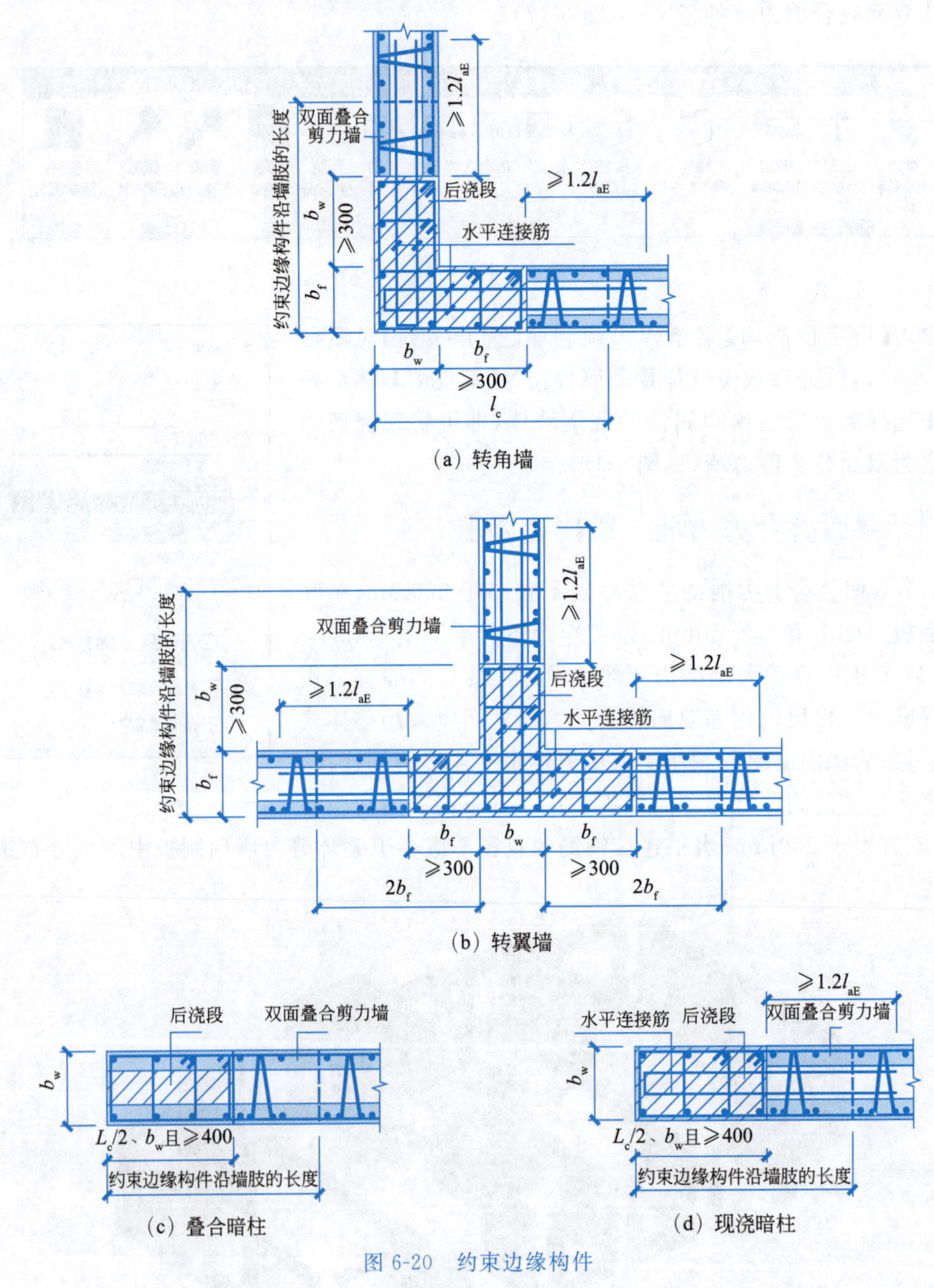

图 6-20 约束边缘构件

b_w、b_f—剪力墙的厚度；l_{aE}—抗震钢筋锚固长度；l_c—约束边缘构件沿墙肢的长度

② 约束边缘构件非阴影区的拉筋可由叠合墙板内的桁架钢筋代替，桁架钢筋的面积、

直径、间距应满足拉筋的相关规定。

(4) 预制双面叠合剪力墙构造边缘构件内的配筋及构造要求应符合国家现行标准《建筑抗震设计规范》(GB 50011—2010)(2016 年版)和《高层建筑混凝土结构技术规程》(JGJ 3—2010)的有关规定。构造边缘构件(见图 6-21)宜全部采用后浇混凝土,并在后浇段内设置封闭箍筋;其中暗柱可采用叠合暗柱或现浇暗柱。

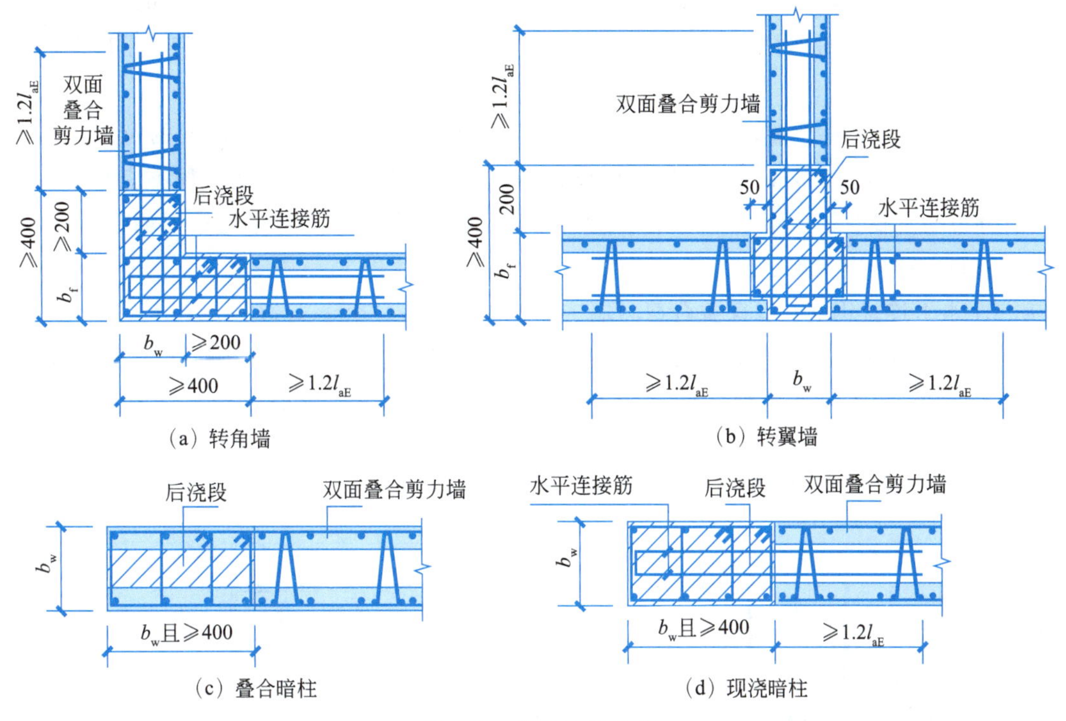

图 6-21 构造边缘构件

(5) 双面叠合剪力墙的钢筋桁架应满足运输、吊装和现浇混凝土施工的要求,并应符合下列规定。

① 钢筋桁架宜竖向设置,单片预制叠合剪力墙墙肢不应少于 2 榀。

② 钢筋桁架中心间距不宜大于 400mm,且不宜大于竖向分布筋间距的 2 倍;钢筋桁架距叠合剪力墙预制墙板边的水平距离不宜大于 150mm(见图 6-22)。

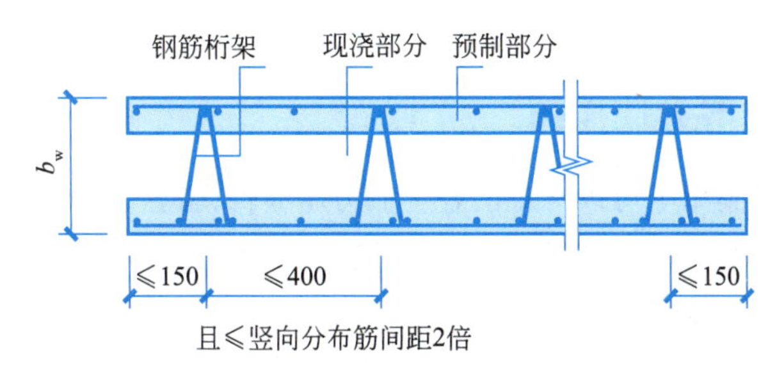

图 6-22 双面叠合剪力墙中钢筋桁架的预制布置要求

③ 钢筋桁架的上弦钢筋直径不宜小于 10mm,下弦钢筋及腹杆钢筋直径不宜小

于 6mm。

④ 钢筋桁架应与两层分布筋网片可靠连接，连接方式可采用焊接。

(6) 双面叠合剪力墙水平接缝高度不宜小于 50mm，接缝处现浇混凝土应浇筑密实。水平接缝处应设置竖向连接钢筋，连接钢筋应通过计算确定，并应符合下列规定。

① 连接钢筋在上下层墙板中的锚固长度不应小于 $1.2l_{aE}$(见图 6-23)。

② 竖向连接钢筋的间距不应大于叠合剪力墙预制墙板中竖向分布钢筋的间距，且不宜大于 200mm；竖向连接钢筋的直径不应小于叠合剪力墙预制墙板中竖向分布钢筋的直径。

(7) 非边缘构件位置，相邻双面叠合剪力墙之间应设置后浇段，后浇段的宽度不应小于墙厚且不宜小于 200mm，后浇段内应设置不少于 4 根竖向钢筋，钢筋直径不应小于墙体竖向分布筋直径且不应小于 8mm；两侧墙体与后浇段之间应采用水平连接钢筋连接，水平连接钢筋应符合下列规定。

① 水平连接钢筋在双面叠合剪力墙中的锚固长度不应小于 $1.2l_{aE}$(见图 6-24)。

② 水平连接钢筋的间距宜与叠合剪力墙预制墙板中水平分布钢筋的间距相同，且不宜大于 200mm；水平连接钢筋的直径不应小于叠合剪力墙预制墙板中水平分布钢筋的直径。

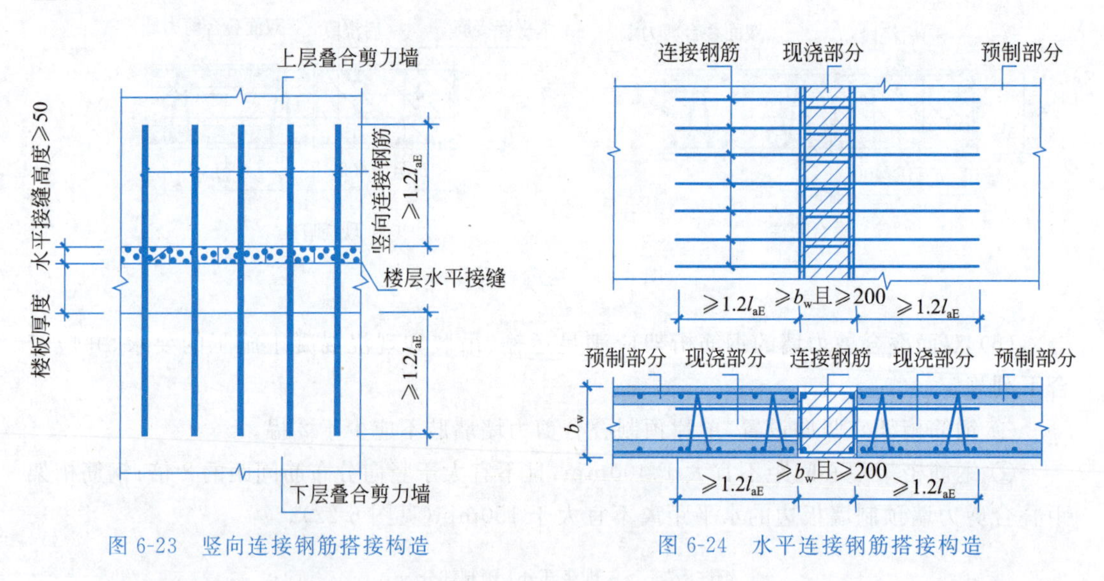

图 6-23 竖向连接钢筋搭接构造

图 6-24 水平连接钢筋搭接构造

6.2.4 双面叠合剪力墙详图

【预制构件设计】菜单下可以对双面叠合剪力墙编辑、验算、出图等操作。

软件提供了批量绘制预制墙详图的功能，通过【承重构件详图】菜单下的【预制墙详图】批量绘制双面叠合剪力墙详图(见图 6-25)。

单击【预制墙详图】软件弹出预制墙列表，勾选需要批量绘制的预制墙编号(见图 6-26)，单击【确定】按钮，软件会自动新建一个窗口，框选绘图范围，软件在绘图范围内将各类预制墙的大样详图依次画出。

软件还提供了单个预制墙绘制详图的方式，在【预制构件设计】菜单下，将光标放在预制墙上右击所需出图的预制墙，在弹出的快捷菜单内选择【详图】选项（见图 6-27），可一键绘制预制墙详图。

预制墙详图的内容包括模板图、配筋图、剖面图、三维示意图、埋件表、钢筋表、构件位置示意图等（见图 6-28）。

图 6-25 【预制墙详图】按钮

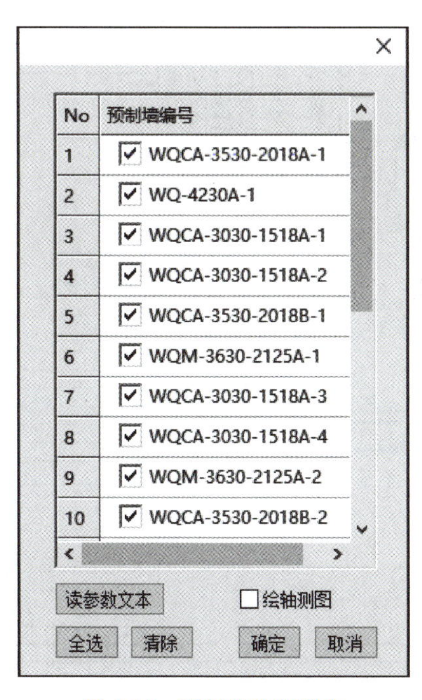

图 6-26 预制墙绘制列表

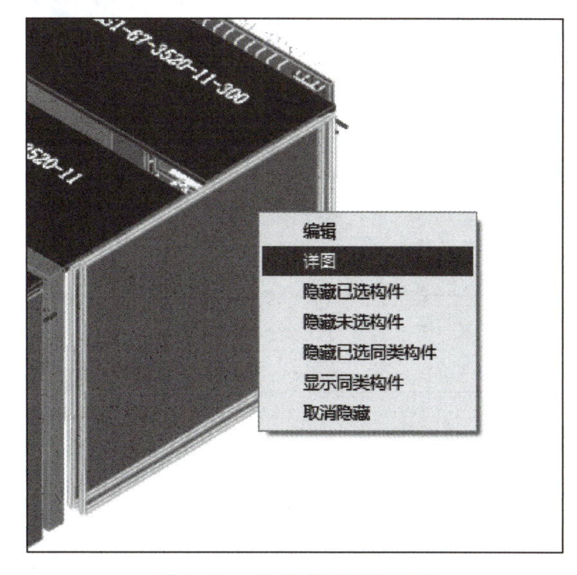

图 6-27 预制墙【详图】选项

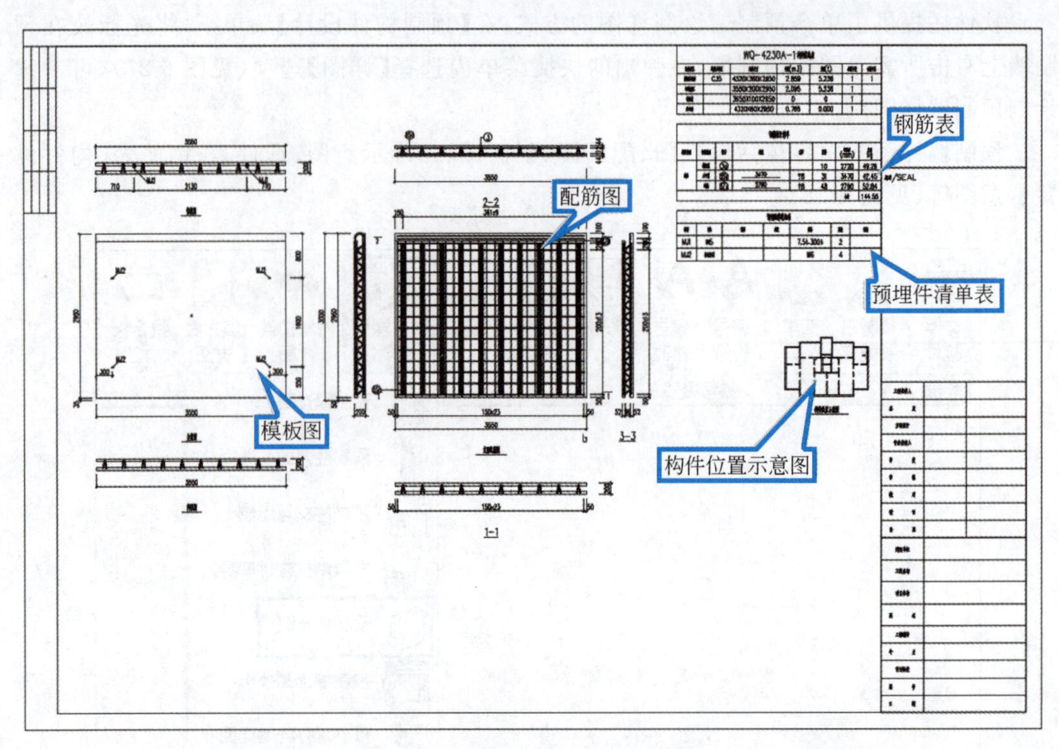

(a) 双面叠合剪力墙详图（不带洞口）

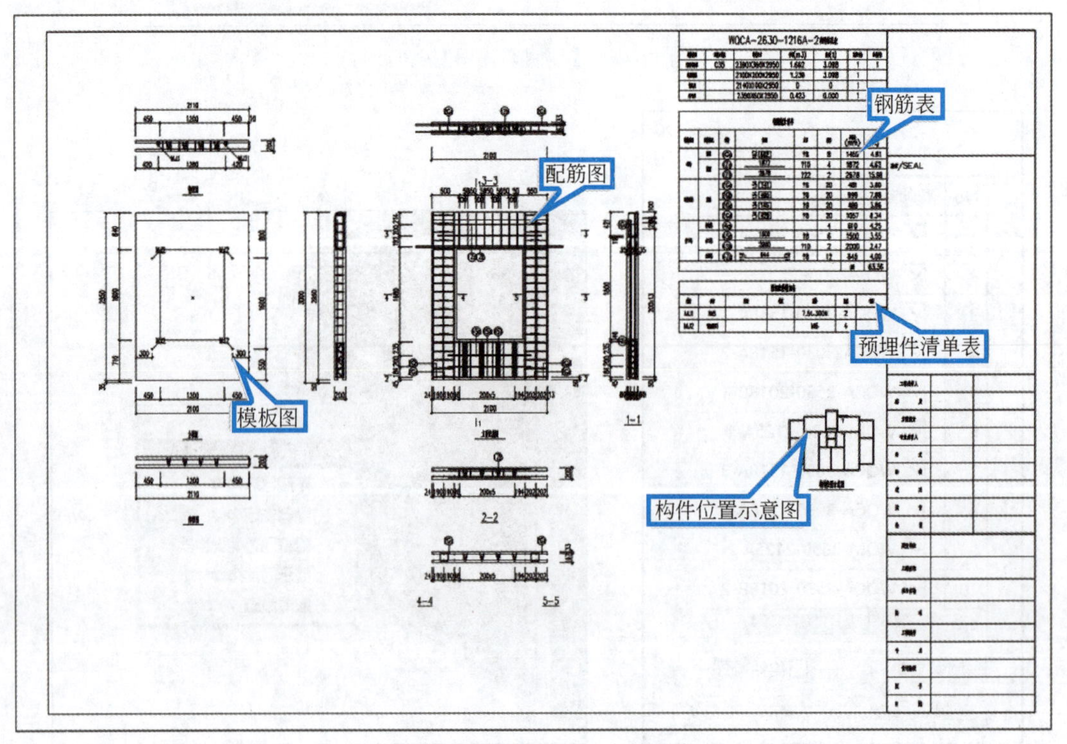

(b) 双面叠合剪力墙详图（带洞口）

图 6-28　双面叠合剪力墙详图

6.3　预制楼梯深化设计

6.3.1　预制楼梯布置

预制楼梯需要在【预制构件拆分】菜单下指定(见图 6-29)。单击【预制楼梯】按钮,选择需要布置楼梯的房间,弹出预制楼梯参数对话框(见图 6-30)。

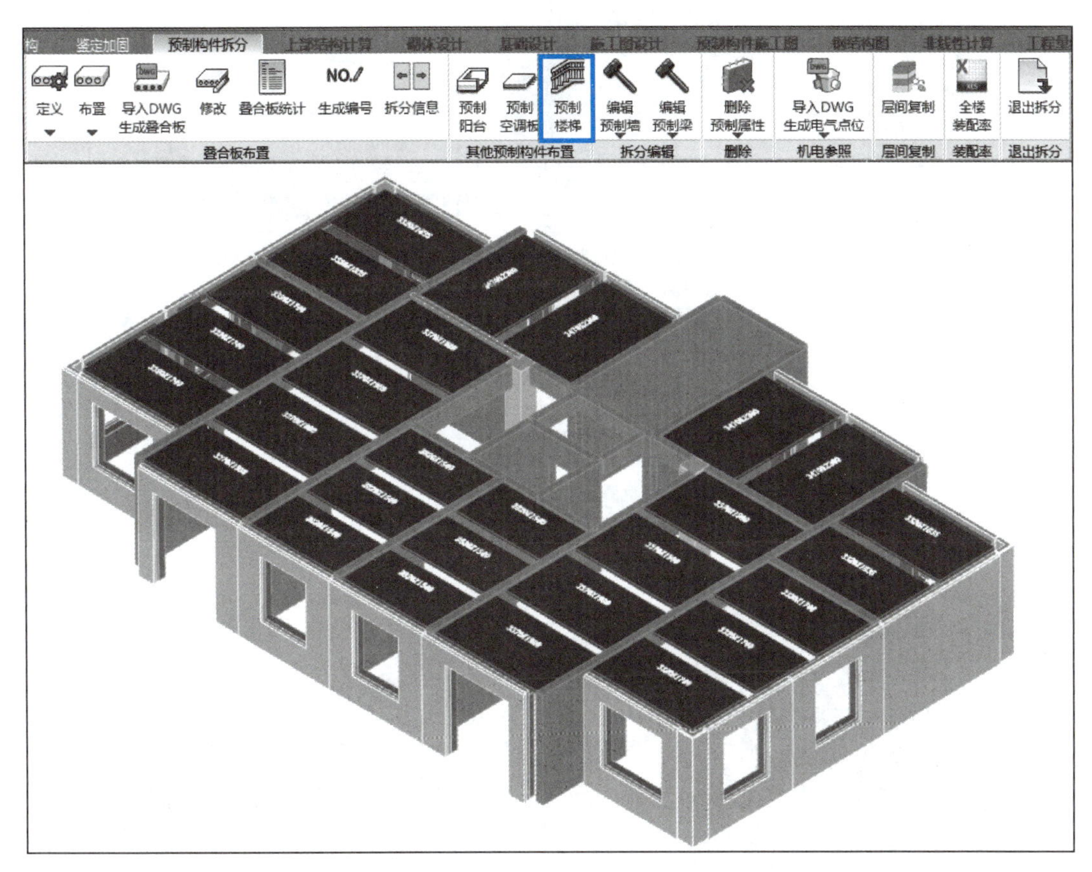

图 6-29　【预制楼梯】按钮

① 勾选【预制楼梯】,选择楼梯类型。

② 选择【第一跑(上)节点】。

③ 单击左下角位置,指定第一跑上节点。

④ 单击【确定】按钮,可完成预制楼梯的布置(见图 6-31)。

扫码学习预制楼梯布置的操作流程

教学视频:预制楼梯布置

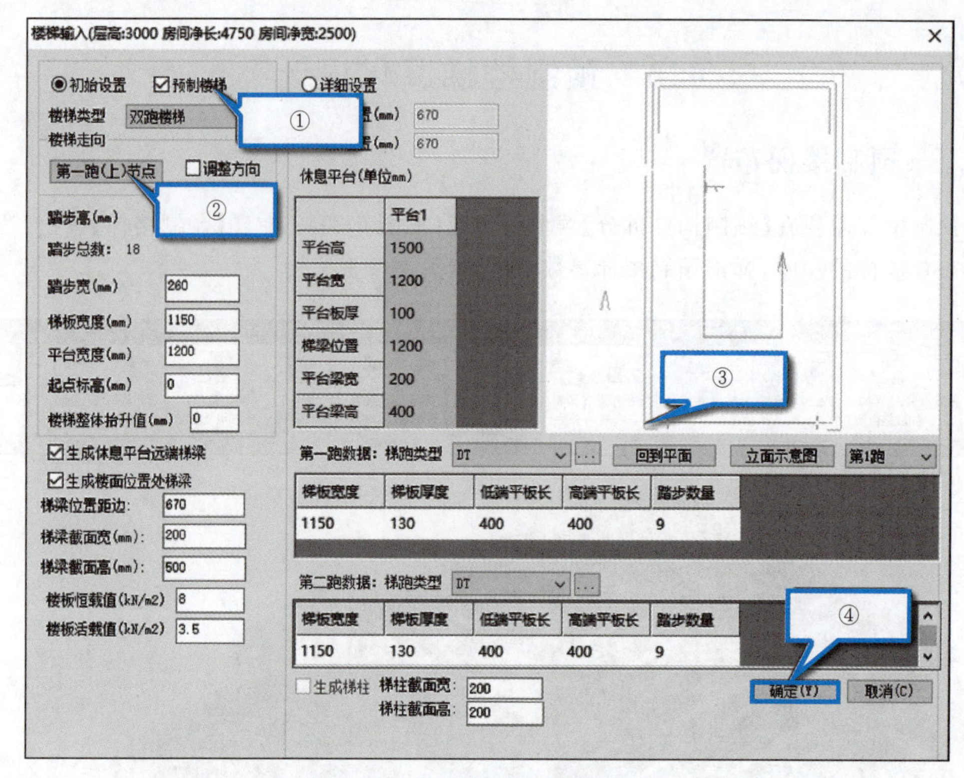

图 6-30 预制楼梯参数设置对话框

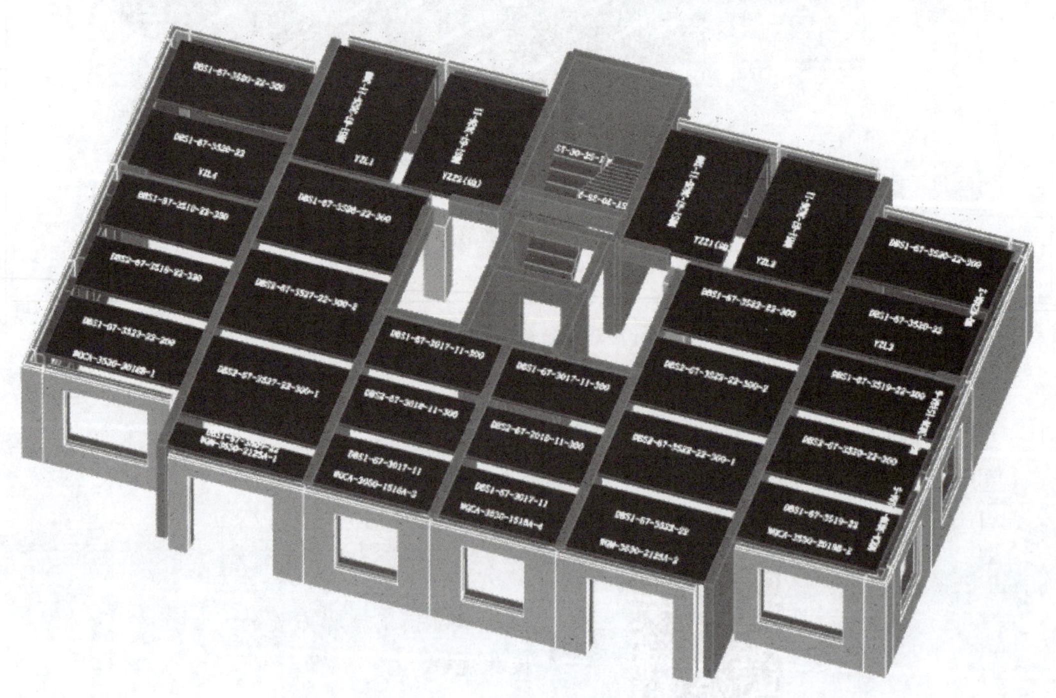

图 6-31 预制楼梯布置完成效果

6.3.2　预制楼梯编辑

预制楼梯建模完成后，在【预制构件设计】菜单下可对预制楼梯进行编辑及出图。

单击【深化细节批量编辑】菜单下的【预制楼梯】按钮对预制楼梯详细构造信息进行批量编辑，也可以将光标放在预制楼梯上，右击选择【编辑】，对预制构件进行单个构件修改。

1. 深化细节批量编辑

【批量编辑】对话框中分为【轮廓】、【配筋】、【附件】3 个深化参数页(见图 6-32)，3 个深化参数页深化细节单独控制，如在【轮廓】参数页面下设置好需要修改的参数后，单击【选构件】按钮，即可在三维模型中选择需要修改的预制楼梯，单击可将设置的相关参数赋值到所选的构件上(见图 6-33)。

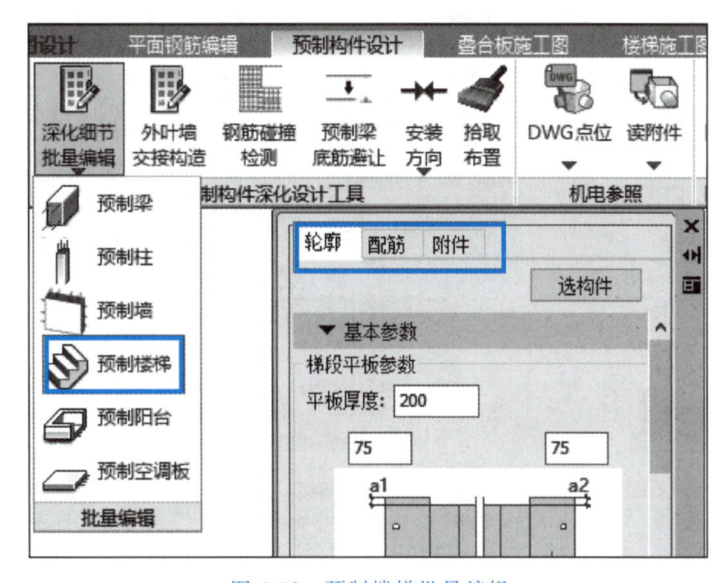

图 6-32　预制楼梯批量编辑

【轮廓】细节深化参数包括梯板【基本参数】、【销键孔参数】、【防滑槽及倒角】。

【配筋】细节深化参数包括【基本参数】、【梯板配筋剖面】、【梯板加强筋】。预制楼梯的钢筋包括梯段板上部纵筋、下部纵筋、上部分布筋、下部分布筋。上部平台包括边缘纵筋、边缘箍筋。下部平台边缘纵筋、边缘箍筋。

【附件】细节深化参数包括【吊装埋件参数】、【脱模埋件参数】、【栏杆埋件参数】。

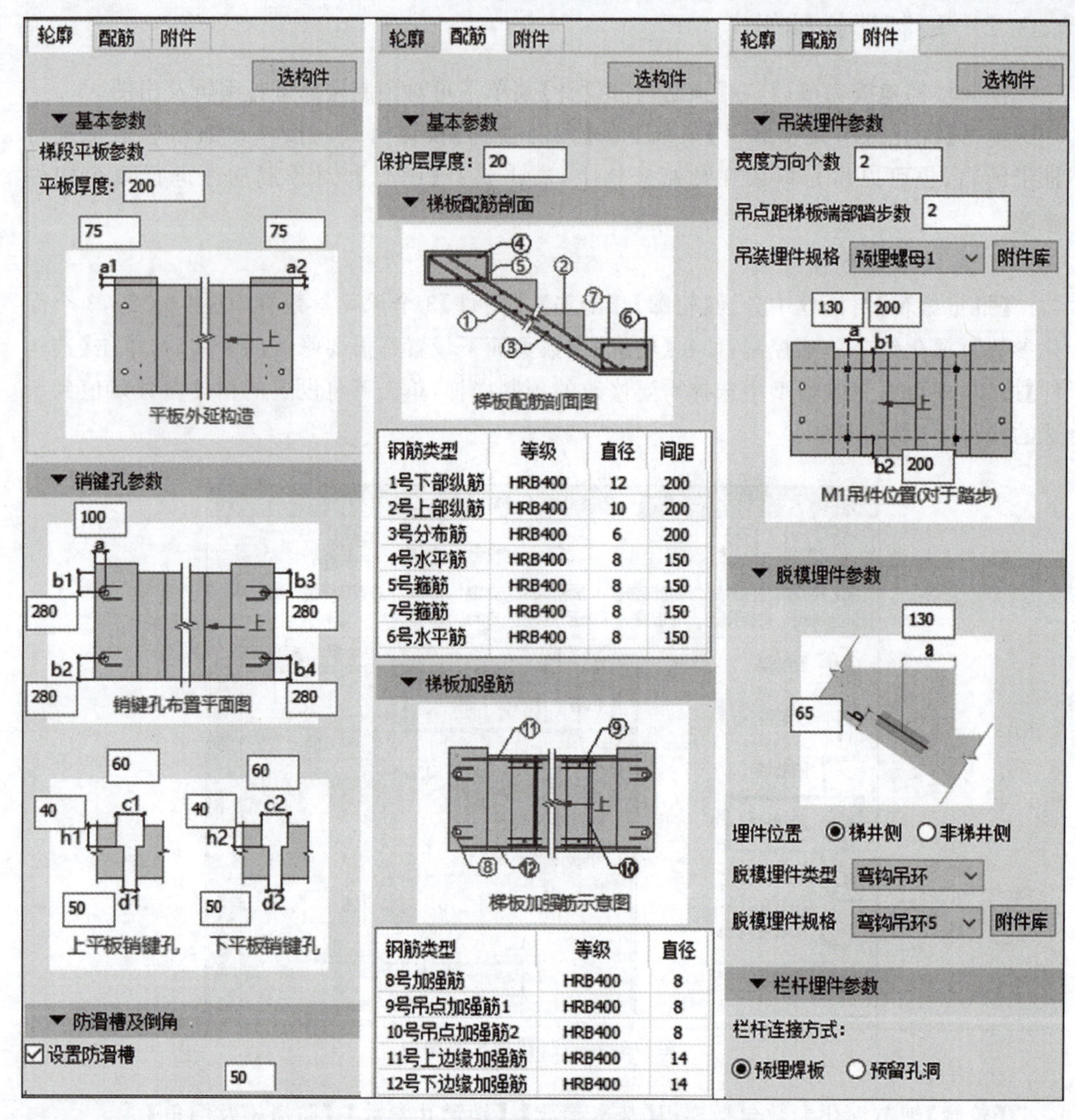

图 6-33　预制楼梯批量编辑参数设置

2. 预制楼梯三维编辑

将光标放在任意预制楼梯上右击选择【编辑】进入【预制楼梯三维编辑】菜单(见图 6-34),在【预制楼梯三维编辑】中可修改楼梯轮廓、配筋及埋件等(见图 6-35)。修改完成后单击【保存退出】按钮即可将设置的参数保存到预制构件中。

教学视频:预制楼梯三维编辑

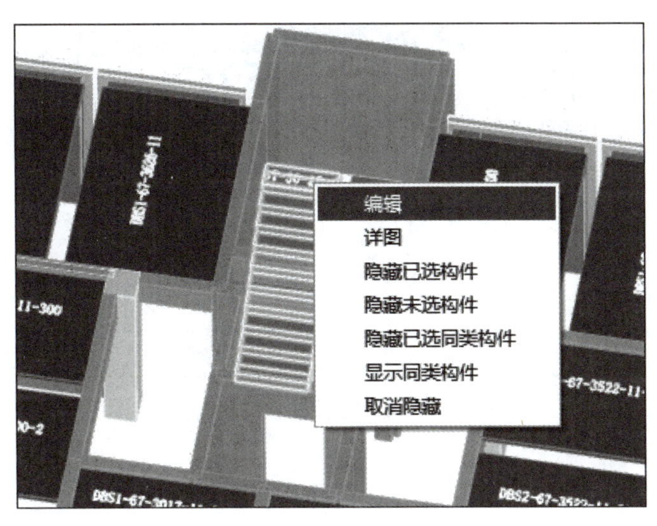

图 6-34　预制楼梯三维编辑

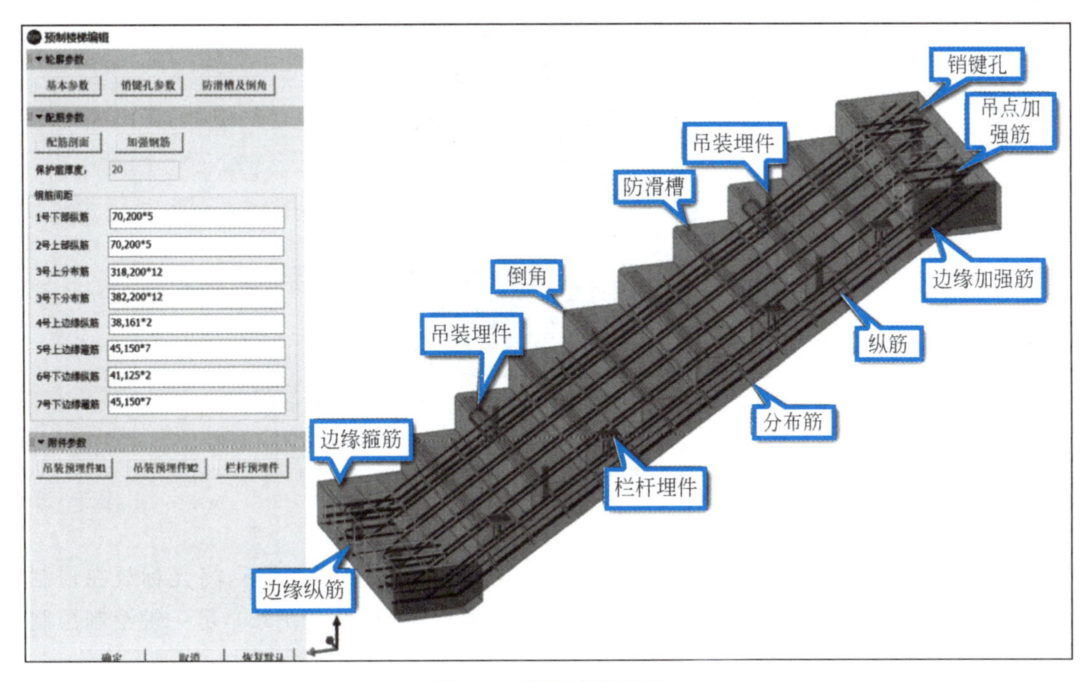

图 6-35　预制楼梯编辑

6.3.3　预制楼梯详图

软件提供了批量绘制预制楼梯详图的功能，单击【预制构件设计】菜单下的【附属件构件详图】按钮批量绘制预制楼梯详图（见图 6-36）。

单击【预制楼梯详图】按钮后软件弹出预制楼梯列表，勾选需要批量绘制的预制楼梯编号（见图 6-37）。单击【确定】按钮，软件会自动新建一个窗口，框选绘图范围，软件在绘图范围内将各类预制楼梯详图依次画出。

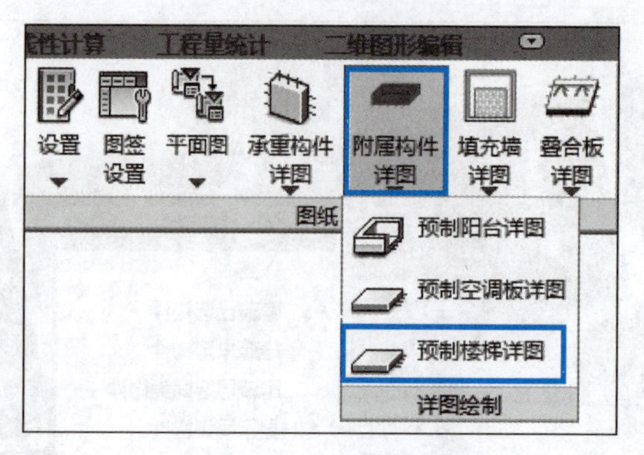

图 6-36 【预制楼梯详图】按钮

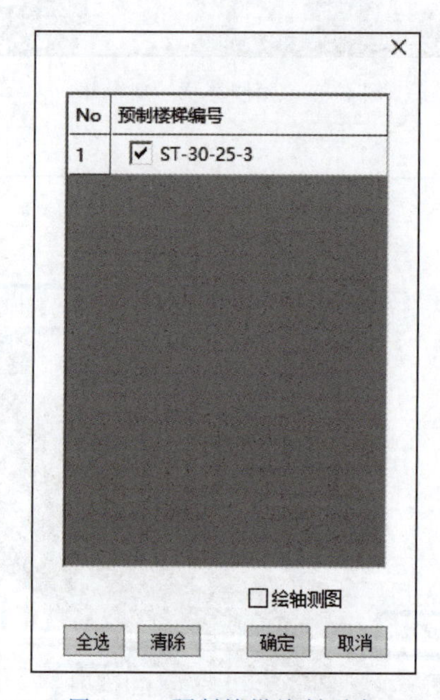

图 6-37 预制楼梯绘制列表

软件还提供了单个楼梯绘制详图的方式，在【预制构件设计】菜单下，将光标放在预制楼梯上，右击所需出图的预制楼梯，在右键菜单中选择【详图】(见图 6-38)，可一键绘制预制楼梯详图。

教学视频：预制楼梯详图

预制楼梯详图根据标准图集《预制钢筋混凝土板式楼梯》(15G365-1)绘制。预制楼梯详图的内容包括平面图、配筋图、剖面图、埋件表、钢筋表等(见图 6-39)。

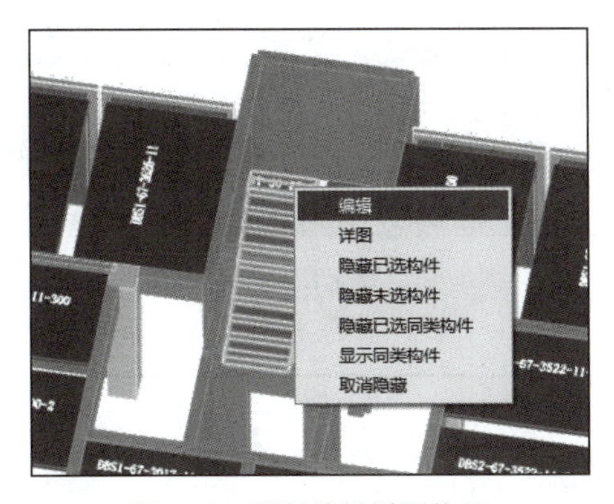

图 6-38　预制楼梯详图按钮

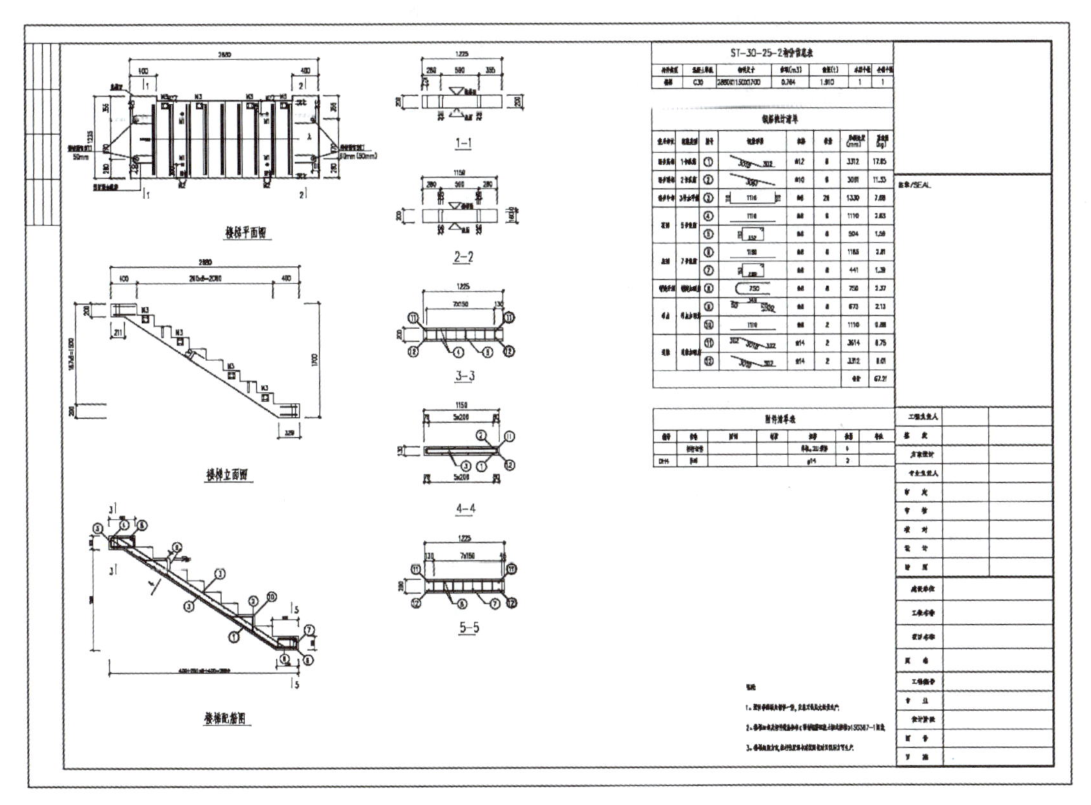

图 6-39　预制楼梯详图

6.3.4　楼梯施工图菜单

【预制构件设计】模块可进行预制楼梯梯板的深化设计与绘图。【楼梯施工图】菜单模块可进行平面图、剖面图、详图的绘制，也可输出楼梯计算书、吊装验算计算书(见图 6-40)。

1. 预制楼梯设计参数

【参数】菜单可设置预制楼梯相关的参数，包括混凝土等级、保护层厚度、荷载信息、支座类型、销键距离、钢筋直径、吊点参数、预埋件参数等信息(见图 6-41)。

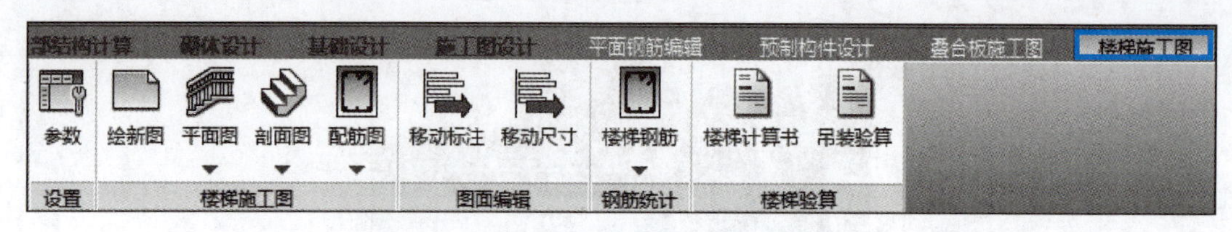

图 6-40　预制楼梯施工图菜单

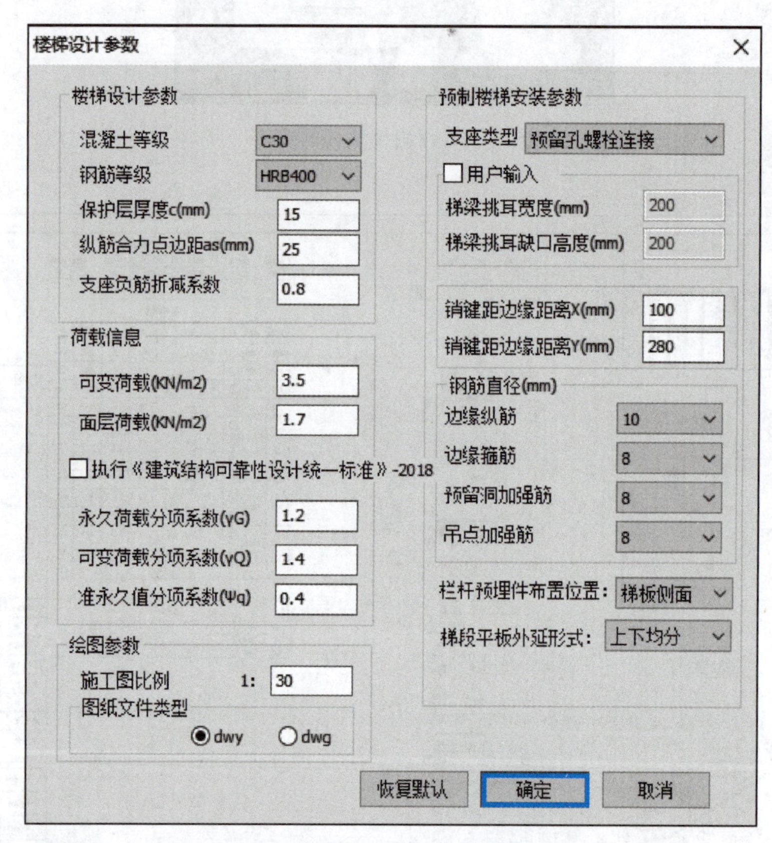

图 6-41　预制楼梯设计参数设置

2. 预制楼梯施工图

【楼梯施工图】可分别绘制预制楼梯平面图、剖面图及配筋图(见图 6-42)。

单击【平面图】选择需要绘制平面图的楼梯即可绘制预制楼梯平面图。

单击【剖面图】选择需要绘制剖面图的楼梯即可绘制预制楼梯剖面图。

单击【配筋】选择需要绘制详图的楼梯，即弹出【绘制选项】对话框(见图 6-43)，可调整对应楼梯的钢筋信息，单击【确定】按钮即可绘制楼梯详图。

3. 楼梯验算

单击【吊装验算】选择需要楼梯验算的楼梯，即可输出楼梯验算计算书(见图 6-44)。

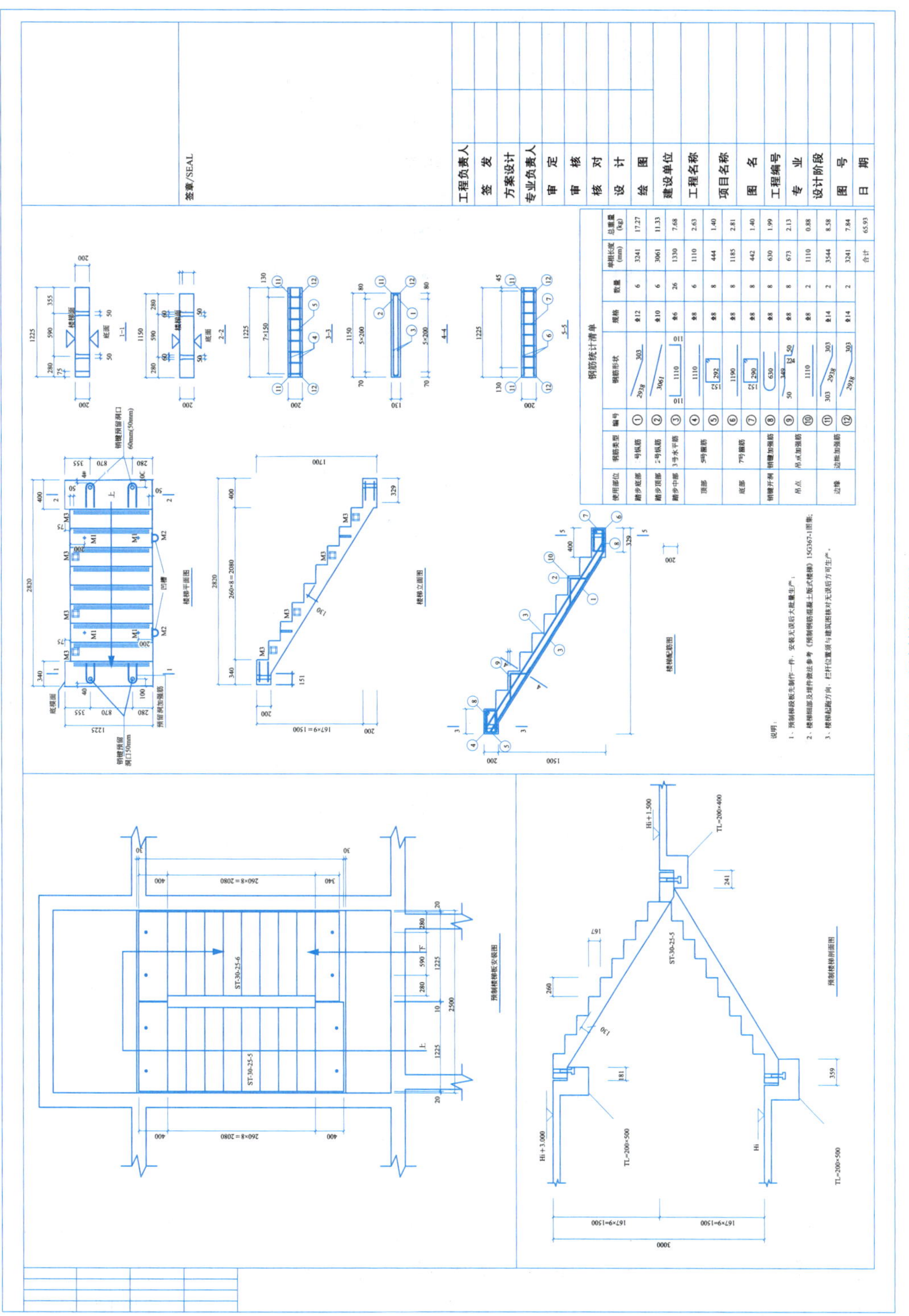
签章/SEAL
工程负责人
签 发
方案设计
专业负责人
审 定
审 核
核 对
设 计
绘 图
建设单位
工程名称
项目名称
图 名
工程编号
专 业
设计阶段
图 号
日 期
钢筋统计清单
楼梯平面图
楼梯立面图
楼梯配筋图
预制楼梯安装图
预制楼梯剖面图
ST-30-25-6
ST-30-25-5

图6-42 预制楼梯详图

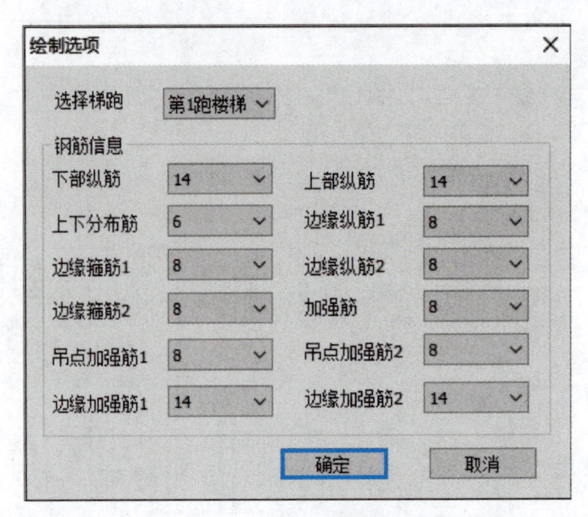

图 6-43 【绘制选项】对话框

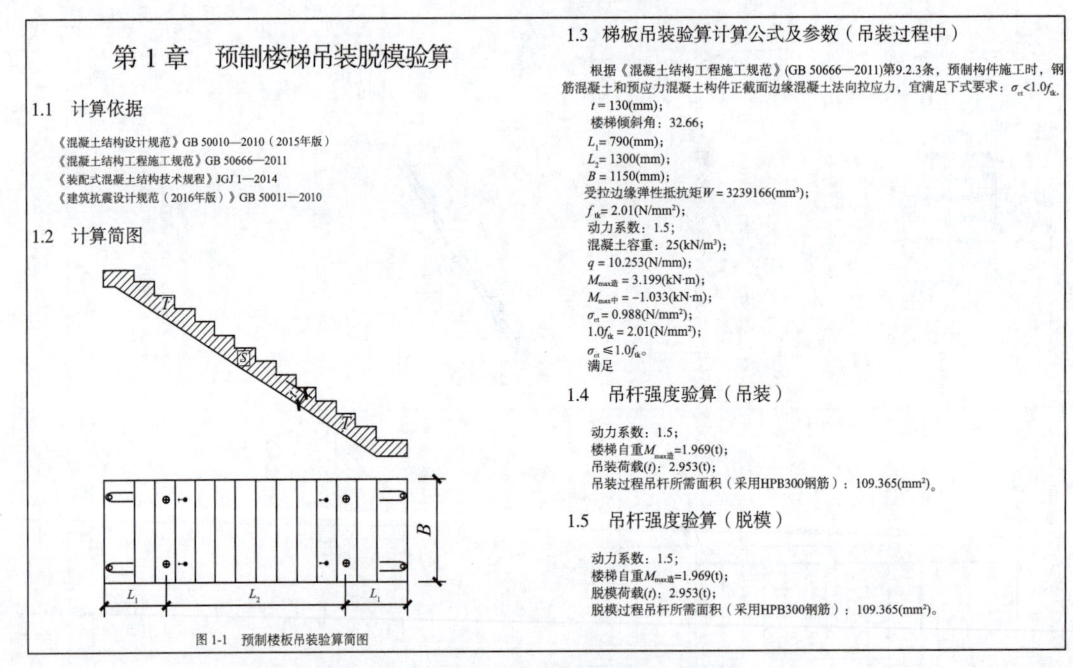

第1章 预制楼梯吊装脱模验算

1.1 计算依据

《混凝土结构设计规范》GB 50010—2010（2015年版）
《混凝土结构工程施工规范》GB 50666—2011
《装配式混凝土结构技术规程》JGJ 1—2014
《建筑抗震设计规范（2016年版）》GB 50011—2010

1.2 计算简图

图 1-1 预制楼板吊装验算简图

1.3 梯板吊装验算计算公式及参数（吊装过程中）

根据《混凝土结构工程施工规范》(GB 50666—2011)第9.2.3条，预制构件施工时，钢筋混凝土和预应力混凝土构件正截面边缘混凝土法向拉应力，宜满足下式要求：$\sigma_{ct}<1.0f_{tk}$.

$t=130$(mm)；
楼梯倾斜角：32.66；
$L_1=790$(mm)；
$L_2=1300$(mm)；
$B=1150$(mm)；
受拉边缘弹性抵抗矩$W=3239166(mm^3)$；
$f_{tk}=2.01(N/mm^2)$；
动力系数：1.5；
混凝土容重：$25(kN/m^3)$；
$q=10.253$(N/mm)；
$M_{max边}=3.199$(kN·m)；
$M_{max中}=-1.033$(kN·m)；
$\sigma_{ct}=0.988(N/mm^2)$；
$1.0f_{tk}=2.01(N/mm^2)$；
$\sigma_{ct}\leqslant 1.0f_{tk}$。
满足

1.4 吊杆强度验算（吊装）

动力系数：1.5；
楼梯自重$M_{max边}=1.969$(t)；
吊装荷载(t)：2.953(t)；
吊装过程吊杆所需面积（采用HPB300钢筋）：$109.365(mm^2)$。

1.5 吊杆强度验算（脱模）

动力系数：1.5；
楼梯自重$M_{max边}=1.969$(t)；
脱模荷载(t)：2.953(t)；
脱模过程吊杆所需面积（采用HPB300钢筋）：$109.365(mm^2)$。

图 6-44 预制楼梯吊装验算计算书(局部)

6.4 预制阳台深化设计

6.4.1 预制阳台布置

预制阳台在【预制构件拆分】菜单下布置，单击【预制阳台】按钮，弹出参数设置对话框(见图 6-45)；【拆分参数】对话框中，输入阳台外挑长度、预制板厚度、封边高度等尺寸信息完成截面定义，当预制阳台宽度输入为 0 时，软件会将阳台宽度定义为所在按照网格宽度；在需要布置预制阳台位置处单击，即可完成预制阳台的布置(见图 6-46)。阳台板形式分为两种，一种为叠合板式阳台，另一种为全预制板式阳台。当预制板厚等于预制板总厚时为

全预制阳台板;当预制板厚小于预制板总厚时为叠合板式阳台。

拆分参数

▼ 基本参数

宽度（mm）	0
外挑长度（mm）	1410
预制板总厚（mm）	130
预制板厚（mm）	60
封边宽度（mm）	150
封边总高度（mm）	800
封边上部高度（mm）	350

▼ 定位参数

顶部标高（下为正mm）	0
定位距离（mm）	0

○靠左　◉居中　○靠右

图 6-45　预制阳台【拆分参数】对话框

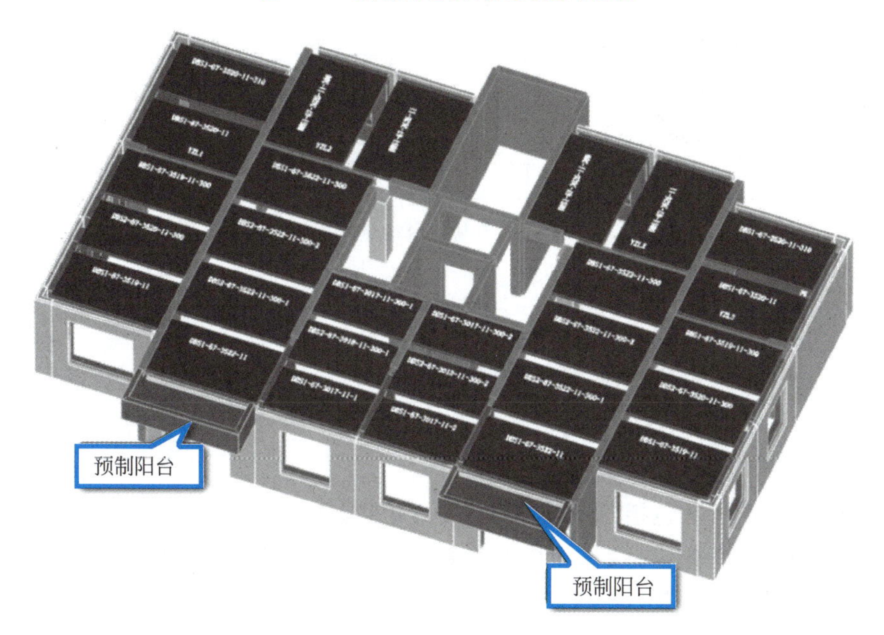

图 6-46　预制阳台布置完成效果

6.4.2　预制阳台编辑

预制阳台完成后,在【预制构件设计】菜单下可对预制阳台进行编辑及出图。

【深化细节批量编辑】菜单下的【预制阳台】按钮对预制阳台详细构造信息进行批量编

辑，也可将光标放在预制阳台上通过右击选择【编辑】，对预制构件进行单个构件修改。

1. 深化细节批量编辑

【批量编辑】对话框中分为【轮廓】、【配筋】、【附件】3 个深化参数页（见图 6-47），3 个深化参数页深化细节单独控制（见图 6-48），如在【轮廓】参数页面下设置好需要修改的参数后，单击【选构件】按钮，即可在三维模型中选择需要修改的预制阳台，单击可将设置的相关参数赋值到所选的构件上。

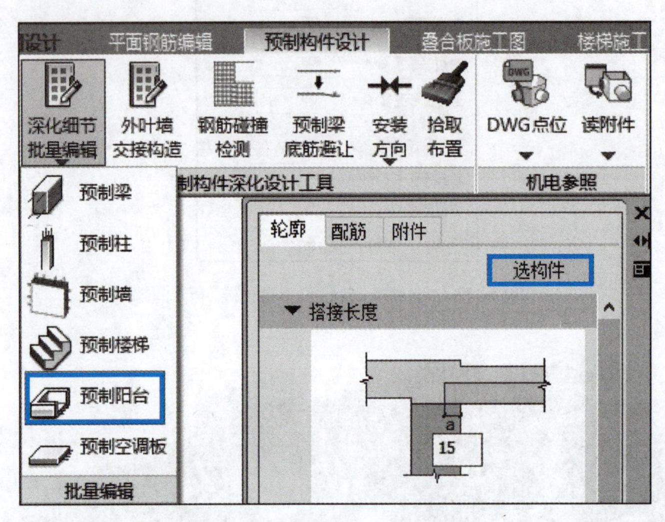

图 6-47　预制阳台批量编辑

【轮廓】细节深化参数包括【搭接长度】、【封边信息】、【滴水槽】参数。

【配筋】细节深化参数包括【保护层厚度】、【底板钢筋】、【桁架钢筋】、【外封板钢筋参数】、【侧封板钢筋】参数。参数中可以修改钢筋的等级、间距、位置、直径以及锚固形式等。

【附件】细节深化参数包括【栏杆预埋件参数】、【吊件参数】。

2. 预制阳台三维编辑

将光标放在任意预制阳台上右击选择【编辑】进入预制阳台编辑对话框（见图 6-49），预制阳台三维编辑中可修改预制阳台轮廓、配筋及埋件等（见图 6-50）。修改完成后单击【保存退出】按钮即可将设置的参数保存到预制构件中。

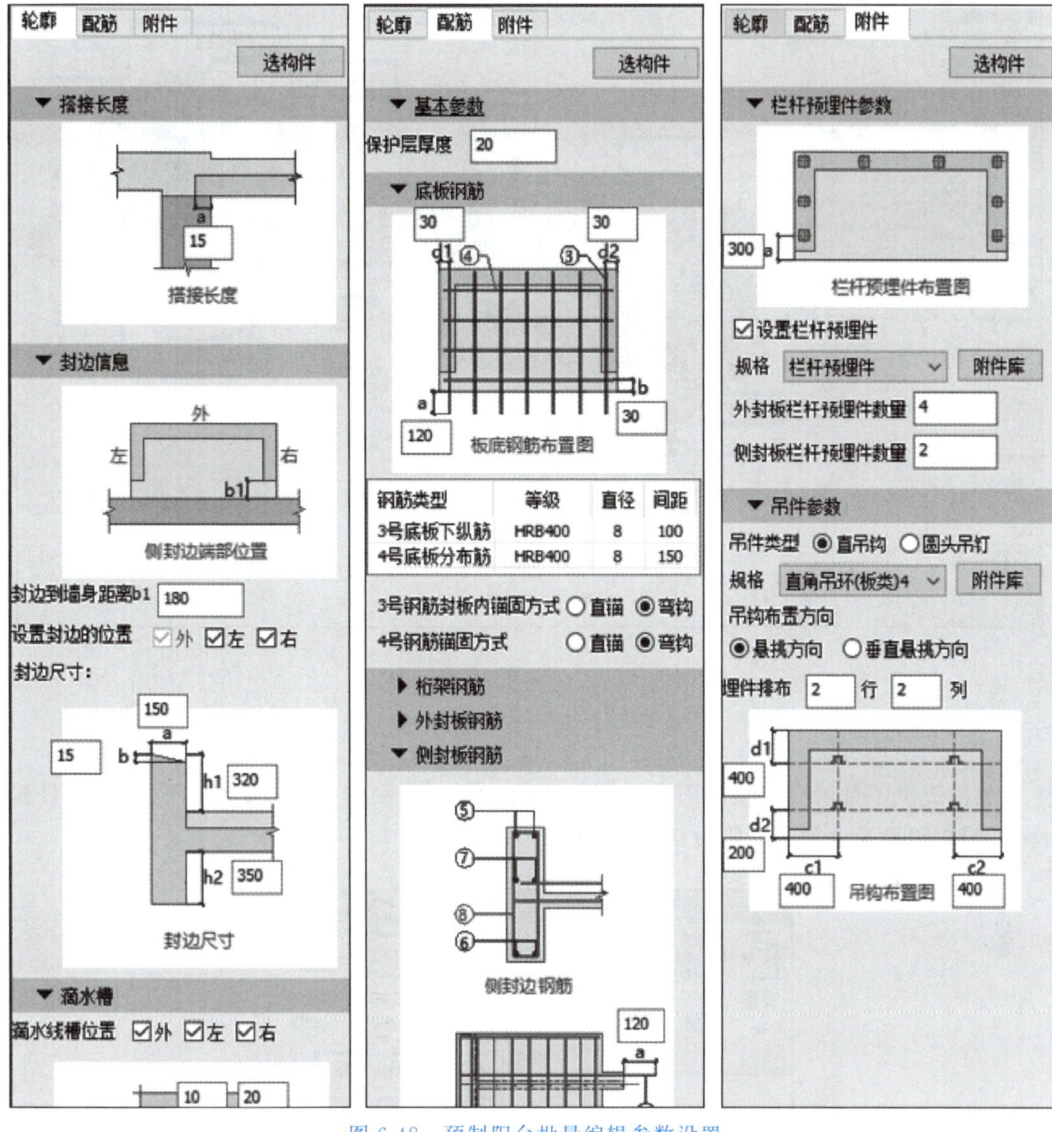

图 6-48　预制阳台批量编辑参数设置

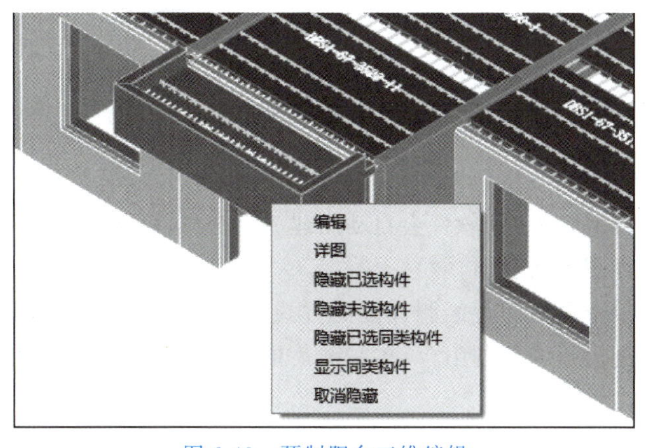

图 6-49　预制阳台三维编辑

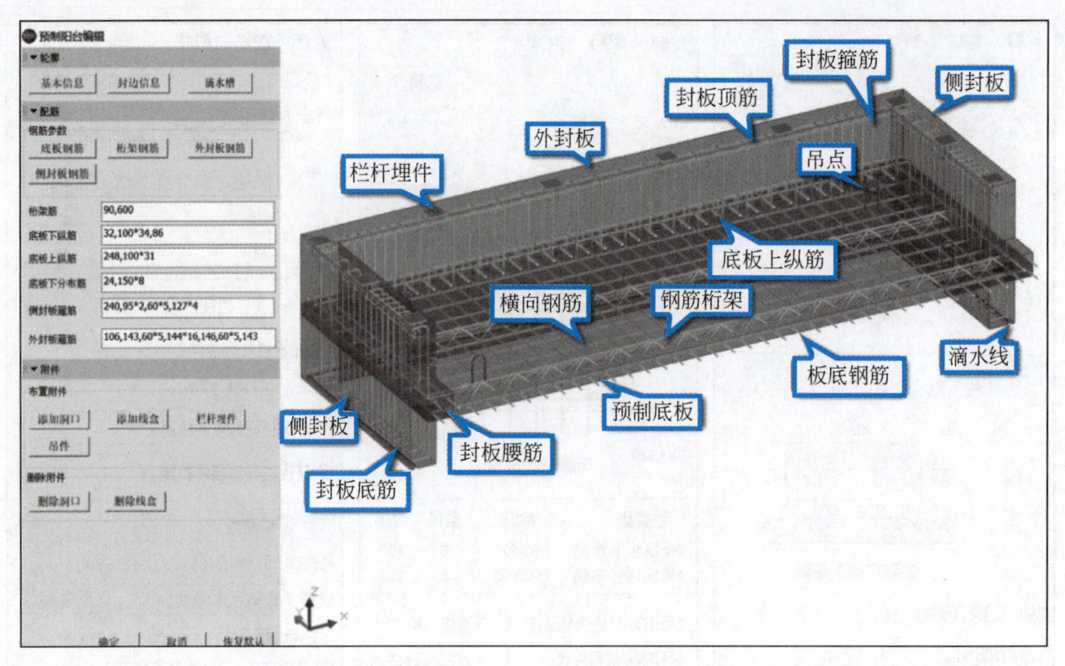

图 6-50　预制阳台编辑

6.4.3　预制阳台详图

软件提供了批量绘制预制阳台详图的功能，单击【预制构件设计】菜单下的【附属件构件详图】按钮批量绘制预制阳台详图（见图 6-51）。

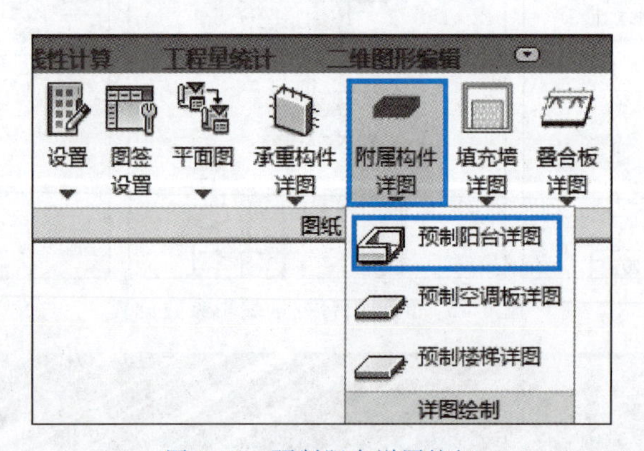

图 6-51　预制阳台详图按钮

单击【预制阳台详图】按钮后软件弹出预制阳台列表，勾选需要批量绘制的预制阳台编号（见图 6-52），单击【确定】按钮软件会自动新建一个窗口，框选绘图范围，软件在绘图范围内将各类预制阳台详图依次画出。

软件还提供了单个预制阳台绘制详图的方式，在【预制构件设计】菜单下，将光标放在预制阳台上右击所需出图的预制阳台，在右键菜单内选择【详图】（见图 6-53），可一键绘制预制阳台详图。

扫码学习预制阳台详图的操作流程

教学视频：预制阳台详图

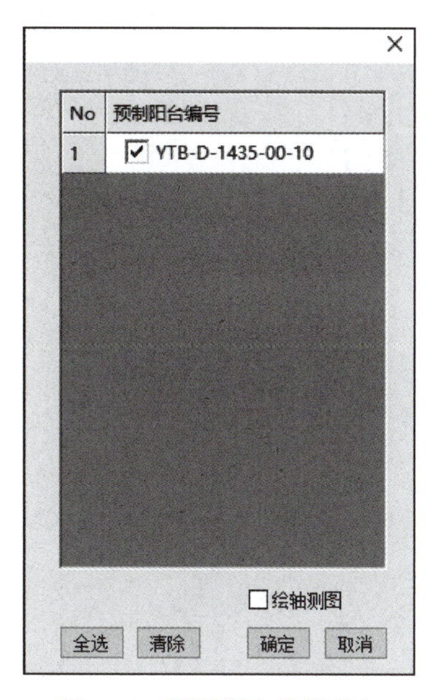

图 6-52　预制阳台绘制列表

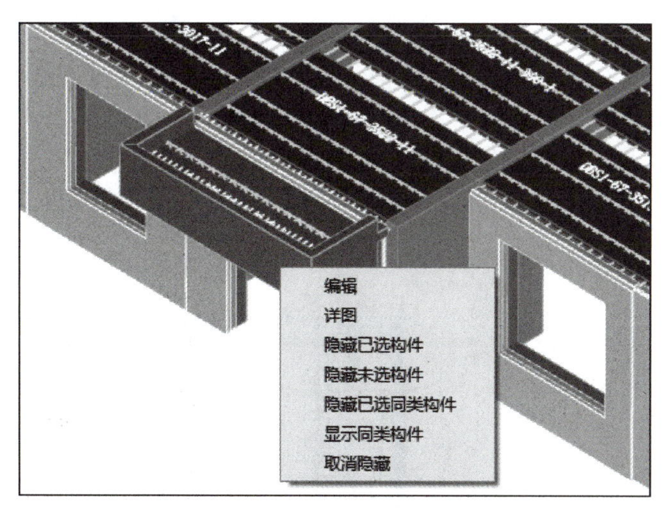

图 6-53　预制阳台详图按钮

预制阳台详图根据标准图集《预制钢筋混凝土阳台板、空调板及女儿墙》(15G368-1)绘制。预制阳台详图的内容包括平面图、配筋图、剖面图、埋件表、钢筋表等(见图 6-54)。

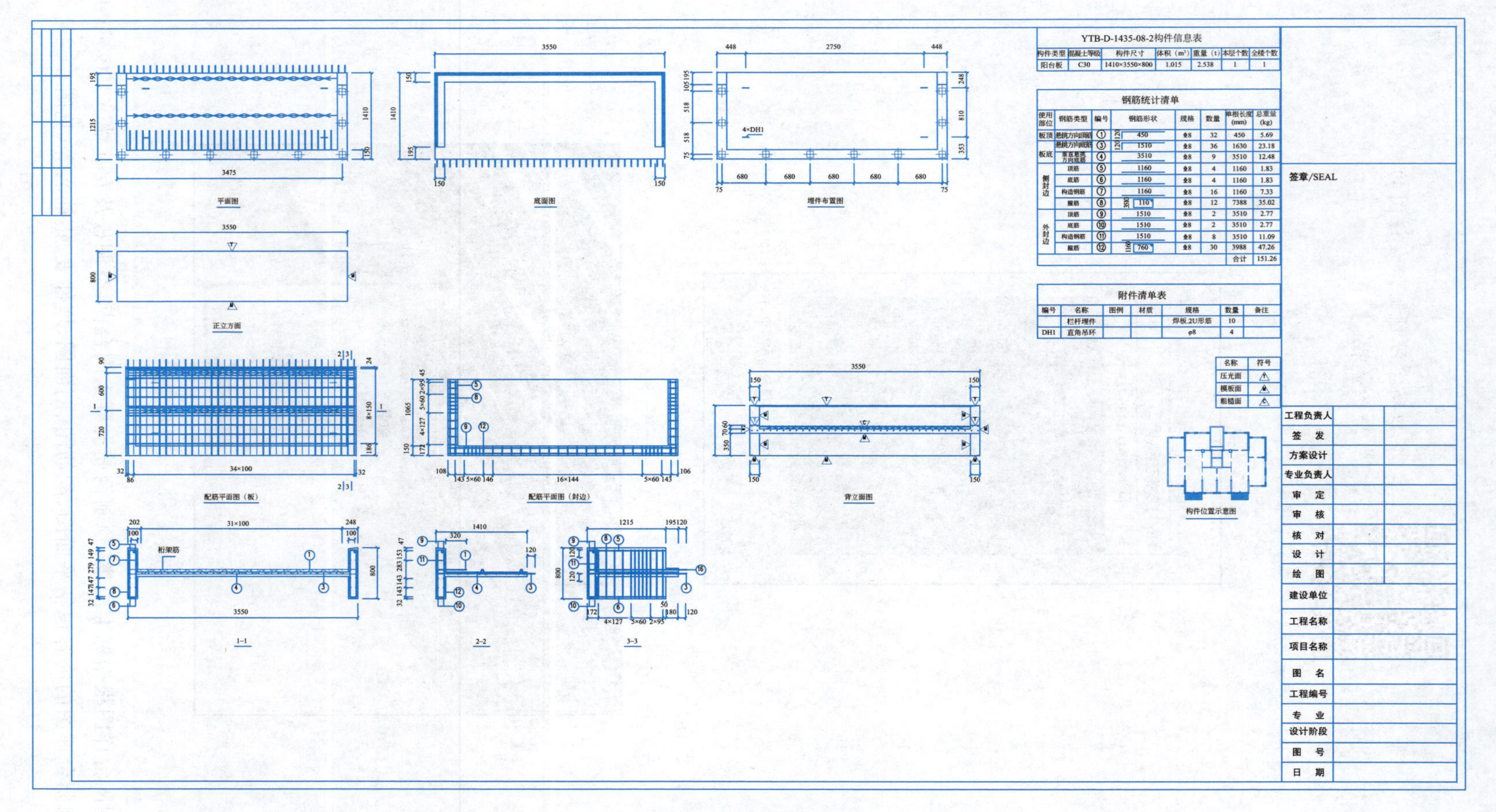

YTB-D-1435-08-2构件信息表

构件类型	混凝土等级	构件尺寸	体积（m³）	重量（t）	本层个数	全楼个数
阳台板	C30	1410×3550×800	1.015	2.538	1	1

钢筋统计清单

使用部位	钢筋类型	编号	钢筋形状	规格	数量	单根长度(mm)	总重量(kg)
板顶	悬挑方向顶筋	①	120 120 450	Φ8	32	450	5.69
板底	悬挑方向底筋	③	120 1510	Φ8	36	1630	23.18
	垂直悬挑方向底筋	④	3510	Φ8	9	3510	12.48
侧封边	顶筋	⑤	1160	Φ8	4	1160	1.83
	底筋	⑥	1160	Φ8	4	1160	1.83
	构造钢筋	⑦	1160	Φ8	16	1160	7.33
	箍筋	⑧	3510 110	Φ8	12	7388	35.02
外封边	顶筋	⑨	1510	Φ8	2	3510	2.77
	底筋	⑩	1510	Φ8	2	3510	2.77
	构造钢筋	⑪	1510	Φ8	8	3510	11.09
	箍筋	⑫	1160 760	Φ8	30	3988	47.26
						合计	151.26

附件清单表

编号	名称	图例	材质	规格	数量	备注
	栏杆埋件			焊板.2U形筋	10	
DH1	直角吊环			φ8	4	

名称	符号
压光面	
模板面	
粗糙面	

图6-54 预制阳台详图

6.5　预制空调板深化设计

6.5.1　预制空调板布置

预制空调板在【预制构件拆分】菜单下单击【预制空调板】按钮，弹出参数设置对话框（见图 6-55）；【拆分参数】对话框中，输入预制空调板【宽度】、【外挑长度】、【板厚】完成截面定义，在需要布置预制空调板位置处单击，即可完成预制空调板的布置（见图 6-56）。

拆分参数

▼ 基本参数

宽度（mm）	1200
外挑长度（mm）	740
板厚（mm）	80

▼ 定位参数

顶部标高（下为正mm）	0
定位距离（mm）	0

○靠左　◉居中　○靠右

图 6-55　预制阳台【拆分参数】对话框

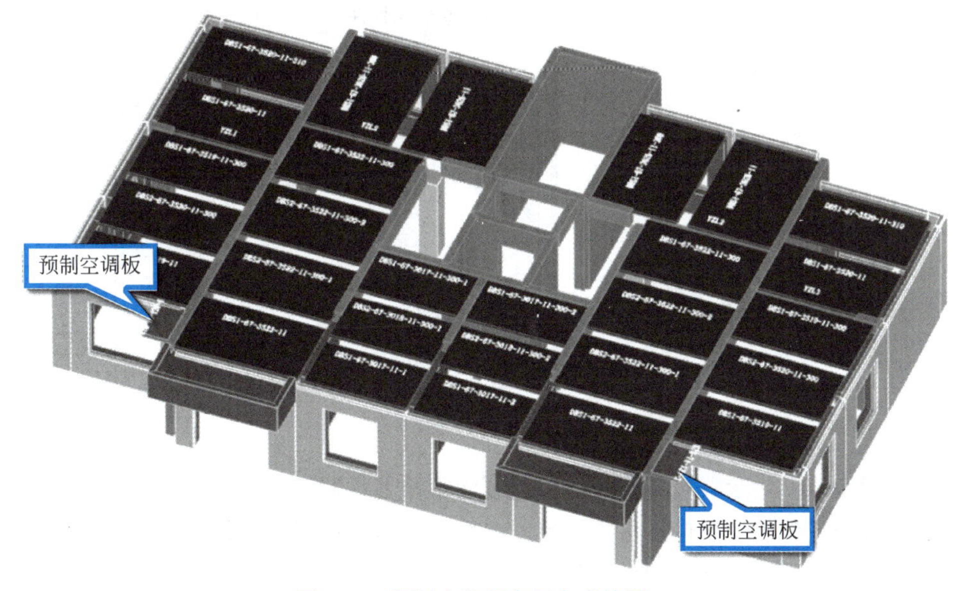

图 6-56　预制空调板布置完成效果

扫码学习预制空调板布置的操作流程

教学视频：预制空调板布置

6.5.2 预制空调板编辑

预制空调板完成后，在【预制构件设计】模块下可对预制空调板进行编辑及出图。

【深化细节批量编辑】菜单下的【预制空调板】按钮对预制空调板详细构造信息进行批量编辑，也可以将光标放在预制空调板上通过右击选择【编辑】，对预制构件进行单个构件修改。

1. 深化细节批量编辑

【批量编辑】对话框中分为【轮廓】、【配筋】、【附件】3个深化参数页（见图6-57），3个深化参数页深化细节单独控制（见图6-58），如在【轮廓】参数页面下设置好需要修改的参数后，单击【选构件】按钮，即可在三维模型中选择需要修改的预制阳台，单击将设置的相关参数赋值到所选的构件上。

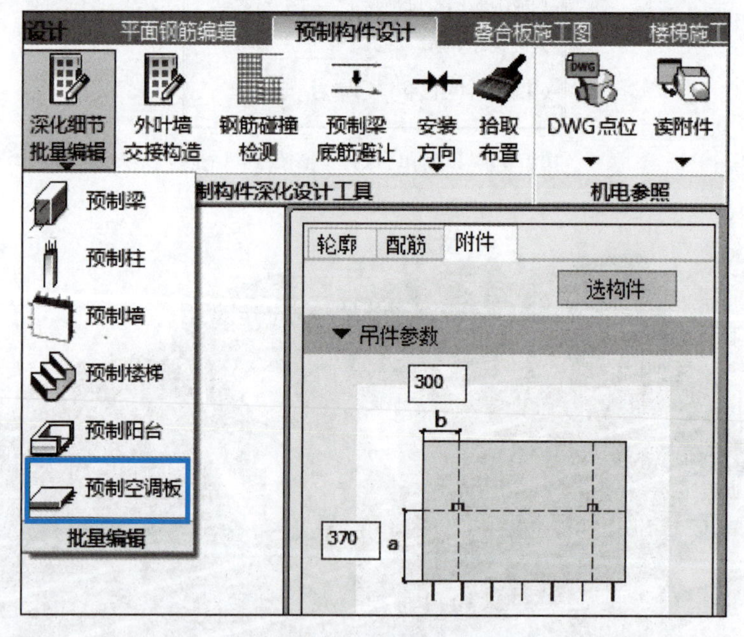

图6-57 预制空调板批量编辑

【轮廓】细节深化参数包括【基本参数】、【滴水槽参数】。

【配筋】细节深化参数包括保护层厚度参数、钢筋构造参数。【钢筋构造】中可以修改钢筋的等级、间距、位置、直径以及锚固形式等。

【附件】细节深化参数包括【吊件参数】、【预埋件参数】。

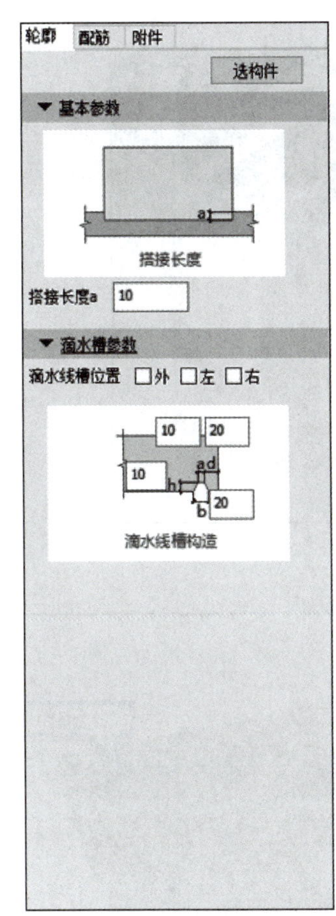

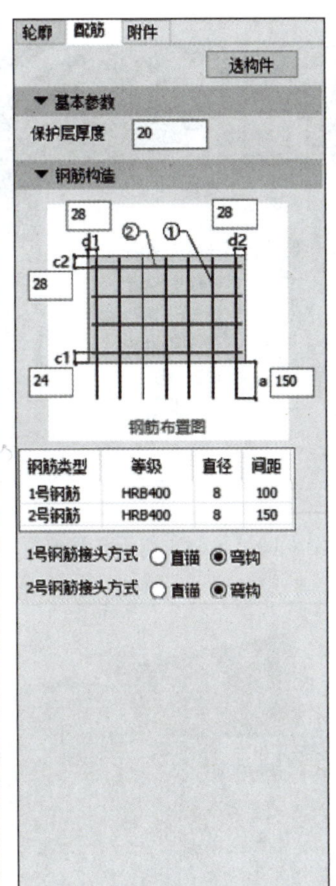

钢筋类型	等级	直径	间距
1号钢筋	HRB400	8	100
2号钢筋	HRB400	8	150

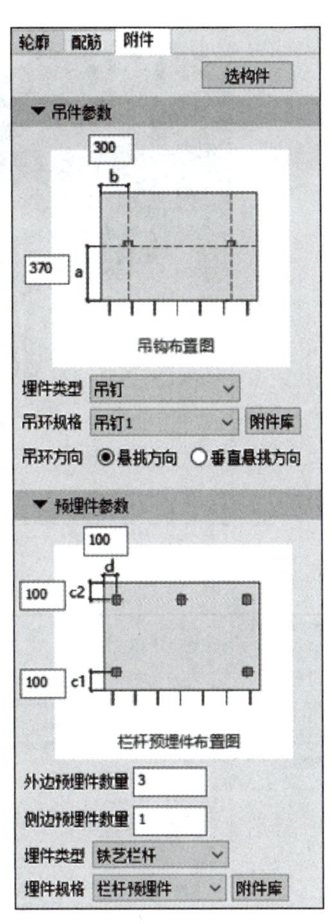

图 6-58　预制空调板批量编辑参数设置

2. 预制空调板三维编辑

将光标放在任意预制空调板上右击选择【编辑】进入预制空调板编辑对话框（见图 6-59），预制空调板三维编辑中可修改预制空调板轮廓、配筋及附件等（见图 6-60）。修改完成后单击【保存退出】按钮即可将设置的参数保存到预制构件中。

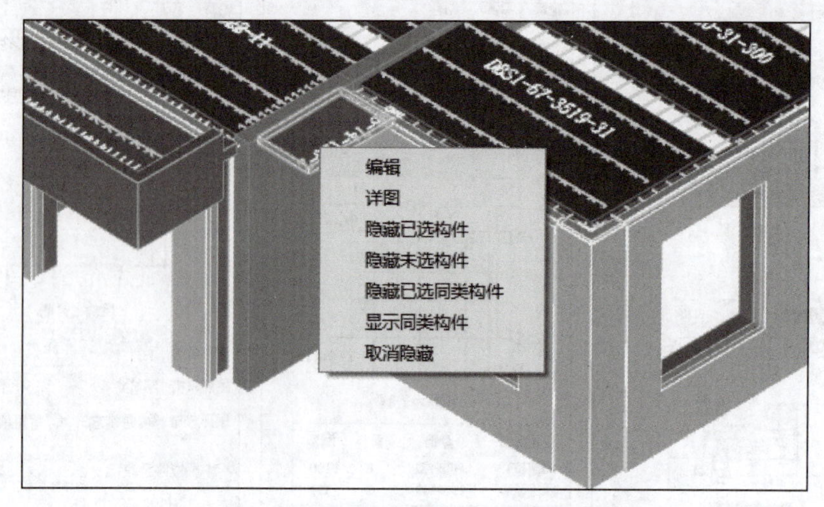

图 6-59　预制空调板三维编辑

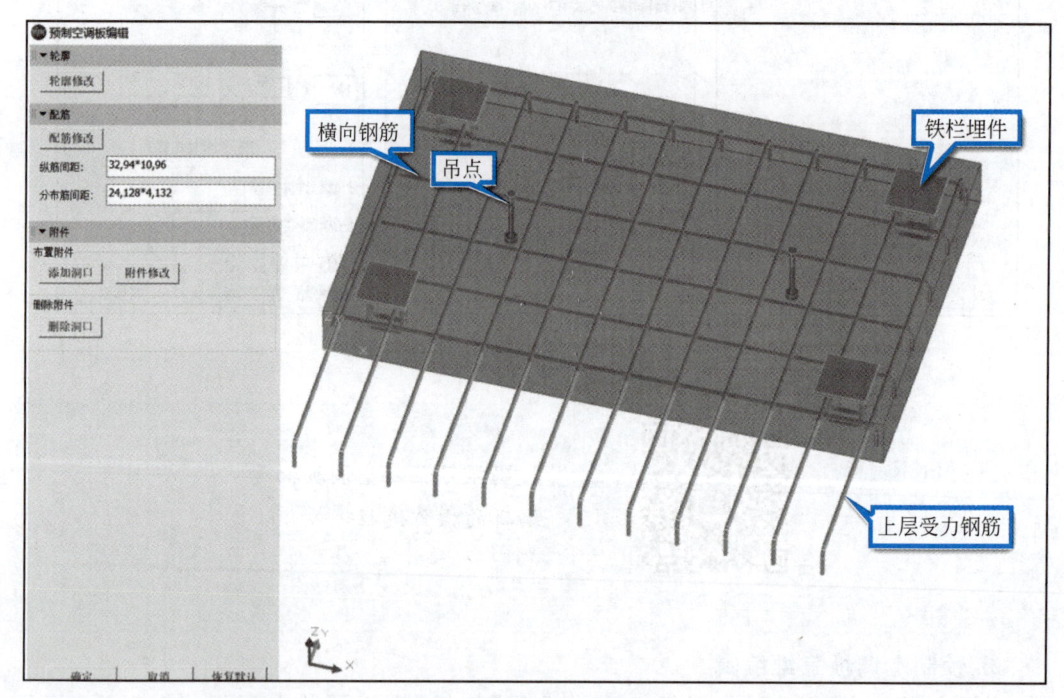

图 6-60　预制空调板编辑

6.5.3　预制空调板详图

软件提供了批量绘制预制空调板详图的功能，单击【预制构件设计】菜单下的【附属件构件详图】按钮批量绘制预制空调板详图(见图 6-61)。

单击【预制空调板详图】按钮后软件弹出预制空调板列表，勾选需要批量绘制的预制空调板编号(见图 6-62)，单击【确定】按钮软件会自动新建一个窗口，框选绘图范围，软件在绘图范围内将各类预制空调板详图依次画出。

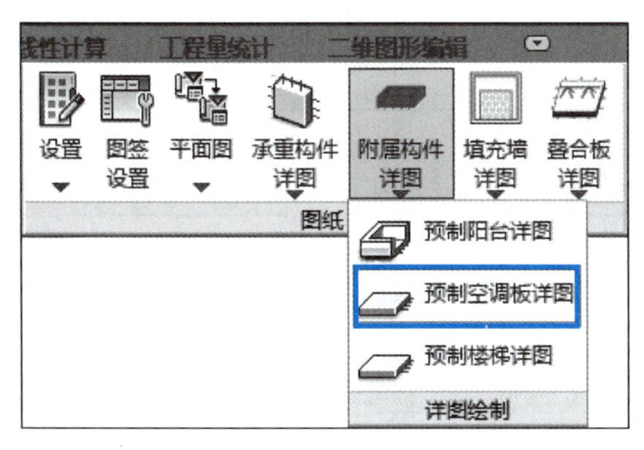

图 6-61　【预制空调板详图】按钮

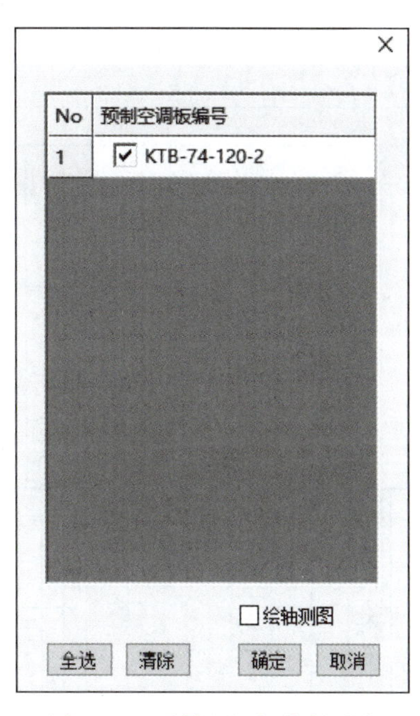

图 6-62　预制空调板绘制列表

软件还提供了单个预制空调板绘制详图的方式，在【预制构件设计】菜单下，将光标放在预制空调板上右击所需出图的预制空调板，在右键菜单内选择【详图】(见图 6-63)，可一键绘预制空调板详图。

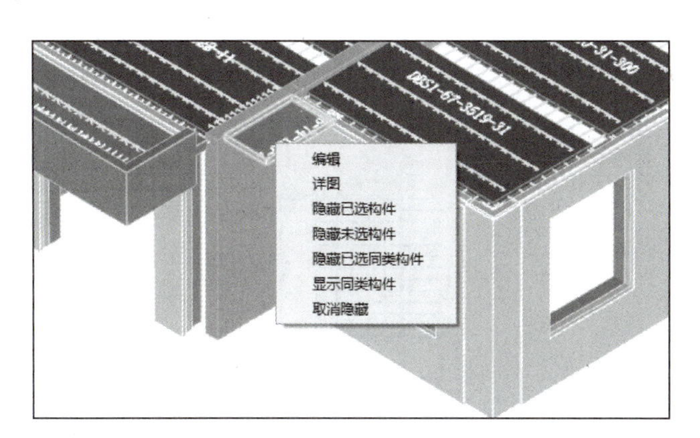

图 6-63　预制空调板详图按钮

预制空调板详图根据标准图集《预制钢筋混凝土阳台板、空调板及女儿墙》(15G368-1)绘制。预制阳台详图的内容包括平面图、配筋图、剖面图、埋件表、钢筋表等(见图 6-64)。

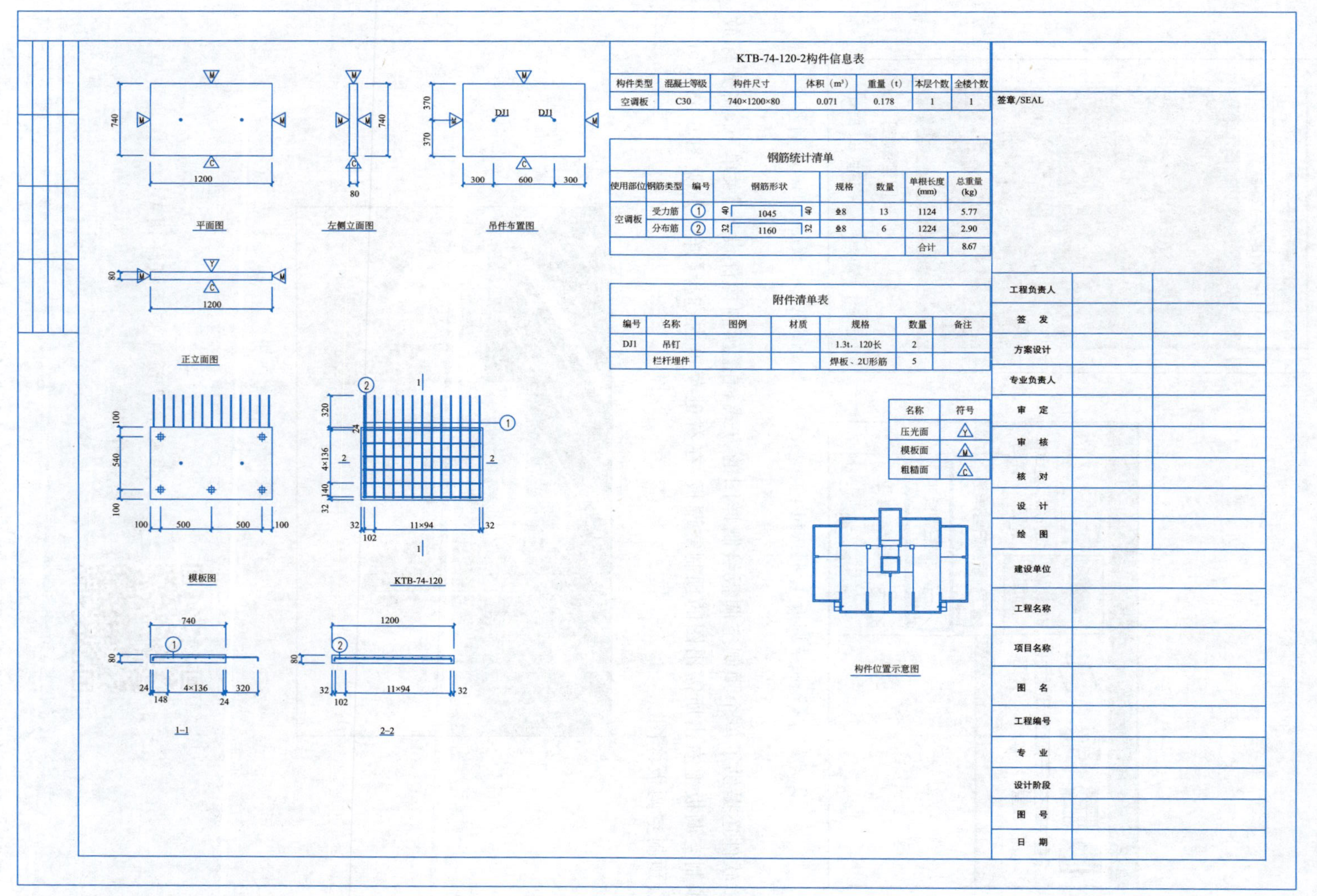

图6-64 预制空调板详图

【学习笔记】

复习思考题

一、单选题

1. 双面叠合剪力墙的墙肢厚度、单叶预制墙板厚度、空腔净距不宜小于(　　)mm。

A. 200、50、100　　B. 200、100、100

C. 250、50、100　　D. 250、100、100

2. 双面叠合剪力墙水平接缝高度不宜小于(　　)mm,接缝处现浇混凝土应浇筑密实。

A. 30　　B. 40　　C. 50　　D. 60

3. 预制构件在翻转、运输、吊运、安装等短暂设计状态下的施工验算,构件翻转及安装过程中就位、临时固定时,动力系数取(　　)。

A. 1.2 倍　　B. 1.5 倍　　C. 1.6 倍　　D. 1.8 倍

4. 下列不属于非承重预制外墙挂板作用的是(　　)。

A. 保温　　B. 装饰　　C. 维护　　D. 承重

5. 下列属于预制楼梯构造要求的是(　　)。

A. 销键孔　　B. 倒角　　C. 防滑槽　　D. 截水槽

二、简答题

1. 在预制外挂墙板的指定时,设计软件采用什么原则区分填充墙和外墙挂板?

2. 双面叠合剪力墙(双皮墙)的一般构造要求有哪些(至少 3 点)?

3. 简述一下预制楼梯的深化设计流程。

三、工程实践

完成二维码链接中模型的墙(使用双皮墙),预制阳台、预制空调板、预制楼梯的指定。

教学模型 3

教学单元 7 基于BIM的协同设计与生产

思维导图

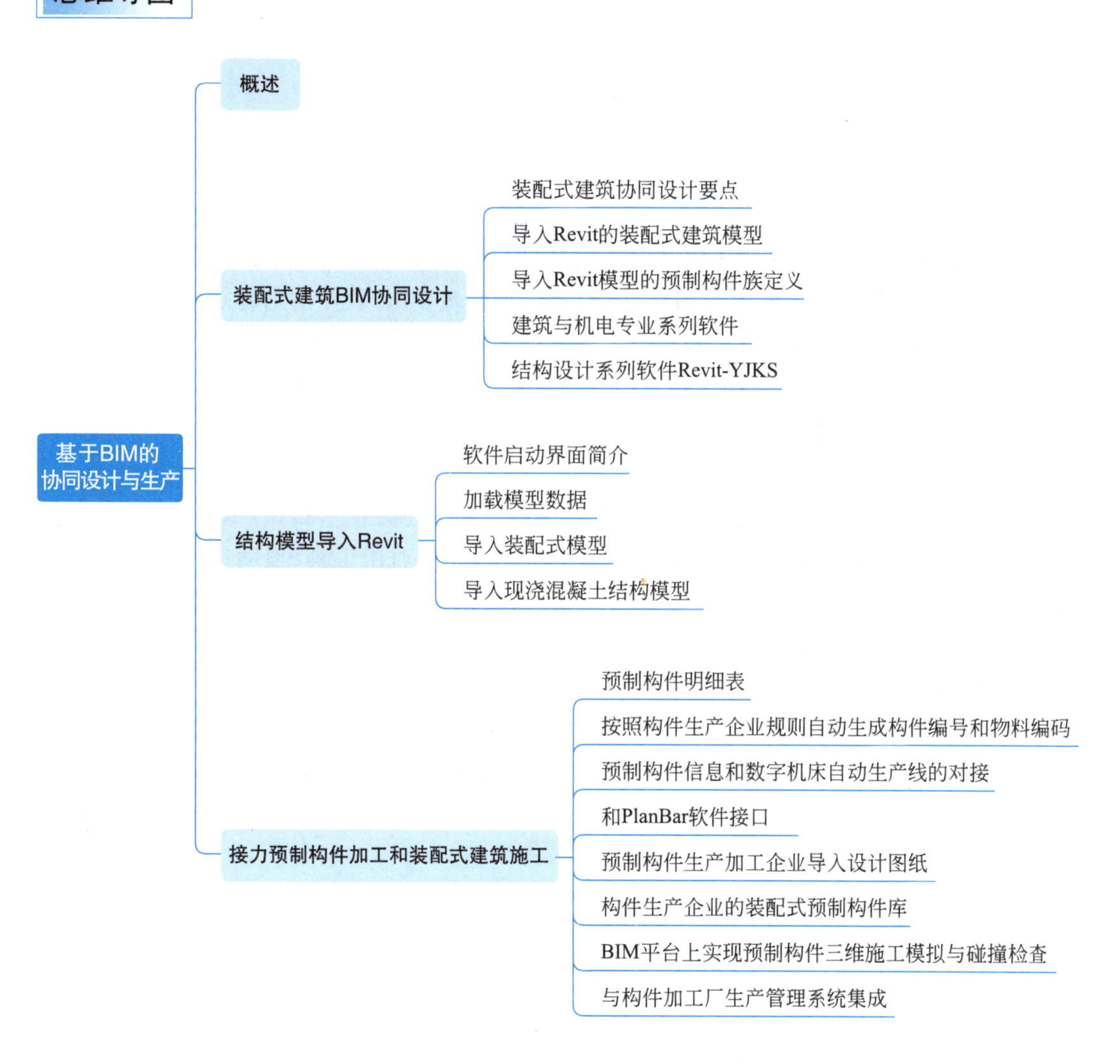

教学目标

1. 知识目标

(1) 了解基于 BIM 的设计协同流程；

(2) 熟悉三维模型与碰撞检查的方法；

(3) 掌握预制构件明细与 BOM 清单。

2. 能力目标

(1) 能够基于 BIM 设计协同;

(2) 能够导出 BIM 三维模型;

(3) 能够完成 BIM 碰撞检查;

(4) 能够导出预制构件明细与 BOM 清单。

3. 素质目标

(1) 培养学生严谨务实、勇于尝试的工作作风;

(2) 培养学生团结奋斗、互帮互助的团队精神;

(3) 培养学生坚持不懈、积极向上的生活态度。

7.1 概 述

目前,国内 BIM 技术应用于建筑设计领域的案例越来越多,建筑、机电专业已经基本可以摆脱原有的设计手段而转向 BIM 正向设计,但主流 BIM 软件的结构功能目前还并不能完全代替传统结构计算软件的地位。

盈建科软件是一款为多、高层建筑结构计算分析而研制的空间组合结构有限元分析与设计软件。如何实现结构模型信息和计算信息与各专业 BIM 模型互联互通成为我们重点考虑的一个问题。

为了解决结构设计信息在主流 BIM 软件 Revit 中传递的技术瓶颈,Revit-YJKS 是目前国内主流的基于 Revit 的三维结构设计软件之一,它从通用工具、辅助建模、结构模型、结构平面、施工图等方面给出了全套解决方案,有效地突破了 Revit 在结构专业应用的数据孤岛,最大限度地实现了结构模型信息和 Revit 模型信息的实时共享,可作为装配式建筑协同设计以及对接预制构件加工、施工建造过程的 BIM 协同平台。

多年来,Revit-YJKS 一直走在 BIM 应用的前沿,它不但有效实现了结构专业和建筑、机电专业的协同设计,还能在 Revit 下完成结构施工图绘制,在目前 BIM 正向设计的潮流中起到重要作用。Revit-YJKS 不但可在 Revit 下生成上部结构和基础的三维模型,还能按照结构施工图生成三维钢筋模型以及钢结构节点模型。

Revit-YJKS 还同时提供了 Revit 的建筑、机电专业设计模块,可在 Revit 平台配合各类应用软件进行协同设计,使设计人员更方便依托 Revit 平台直接地进行建筑、结构、机电各专业的协同设计。

7.2 装配式建筑 BIM 协同设计

7.2.1 装配式建筑协同设计要点

在装配式建筑设计过程中,应不断与建筑专业、机电专业进行协同配合,在盈建科软件的装配式建筑 BIM 协同设计整体解决方案中，主要功能包括以下几点。

(1) 建筑设计包含的外挂墙板、隔墙、填充墙可自动对接结构设计，形成结构相关荷载，同时与结构预制柱、预制梁、预制剪力墙一起完成预制外挂板、隔墙、填充墙的详细设计。

(2) 预制阳台、预制空调板的设计过程将与建筑专业密切协同。

(3) 装配率的统计不但包括结构的装配式构件，还同时包含建筑和机电相关构件的预制信息。

(4) 预制构件上的开洞信息将对接机电专业的管道设计，自动生成预留洞口。

(5) 预制构件上的接线盒埋件等，可读入电气专业的照明布置图，自动生成叠合板上的接线盒埋件。

(6) Revit-YJKS 软件中所有的预制构件排块、布置和每一个预制构件的详细信息都可自动导入 Revit 模型，这些预制柱、预制梁、预制墙、预制楼梯等各类预制构件都转化成 Revit 族的形式，每一类族对构造和钢筋统一协调管理，方便在 Revit 下的继续扩展应用。

7.2.2　导入 Revit 的装配式建筑模型

Revit-YJKS 的装配式设计可在 Revit 下实现同步进行。在软件中所有的预制构件排块、布置和每一个预制构件的详细信息都可自动导入 Revit 模型，预制柱、预制梁、预制墙、预制楼梯等各类预制构件都转化成 Revit 族的形式，每一类族对构造和钢筋统一协调管理，方便在 Revit 下的继续扩展应用。

图 7-1 为导入 Revit 的某工程一个楼层的模型，其中有预制叠合楼板、预制柱、预制梁和预制剪力墙，模型中预制构件的颜色取用和设计软件中三维模型相似的颜色。

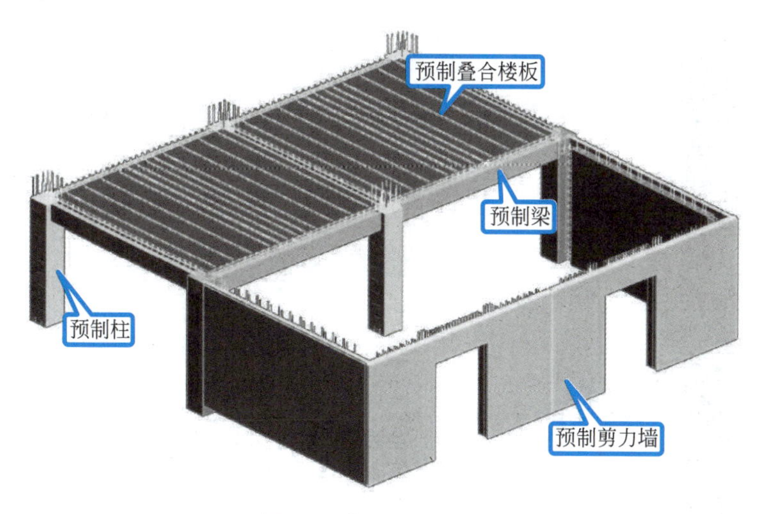

图 7-1　装配式三维模型

7.2.3　导入 Revit 模型的预制构件族定义

导入 Revit 的各种预制构件的族定义，采用和在原软件下相近的构件定义参数，并做了适当扩充。族定义中包含预制构件的造型、钢筋、灌浆孔、吊点、各类预埋件、开洞等内容。各类构件的族定义如下。

（1）预制叠合板和板的族定义如图 7-2 所示。

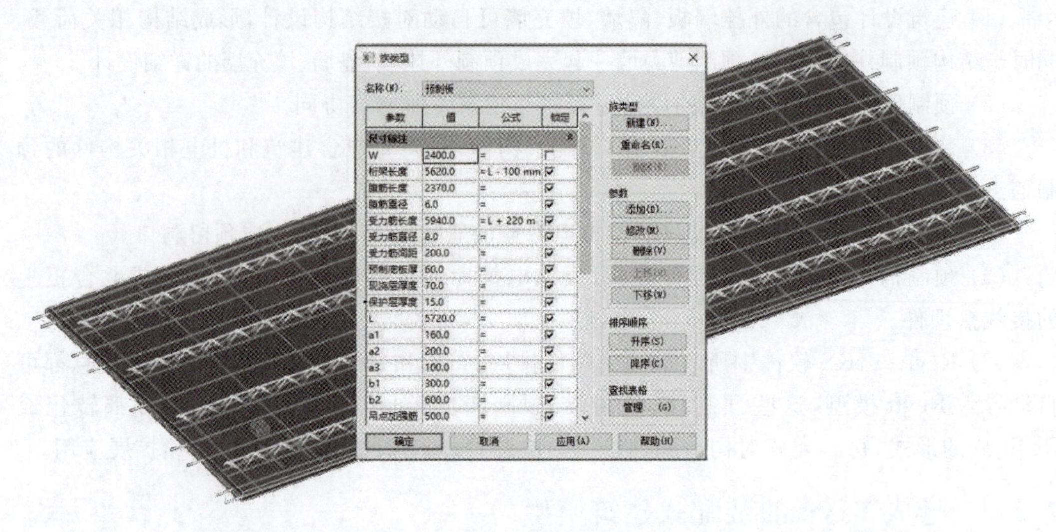

图 7-2 预制叠合板

（2）预制柱和柱的族定义如图 7-3 所示。

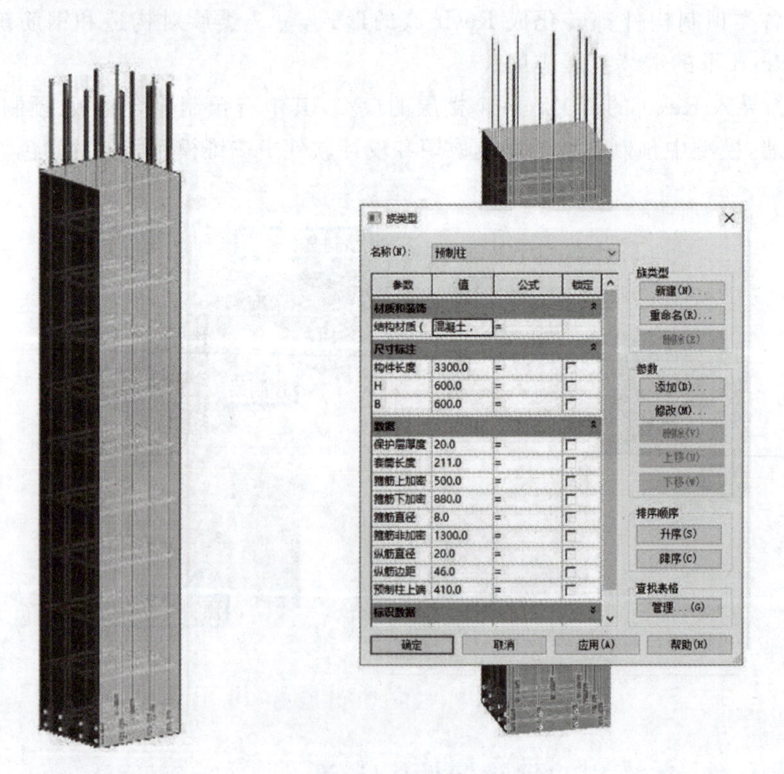

图 7-3 预制柱

（3）预制梁和梁的族定义如图 7-4 所示。

（4）预制剪力墙和剪力墙的族定义如图 7-5 所示。

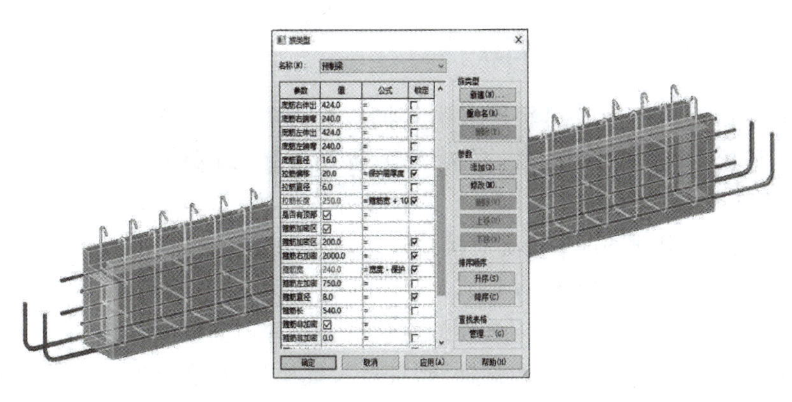

图 7-4　预制梁

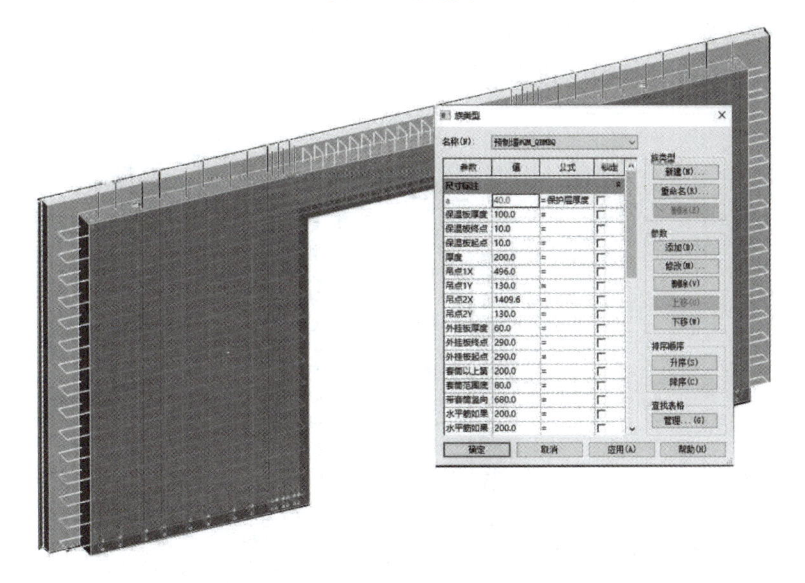

图 7-5　预制剪力墙

（5）预制楼梯和楼梯的族定义如图 7-6 所示。

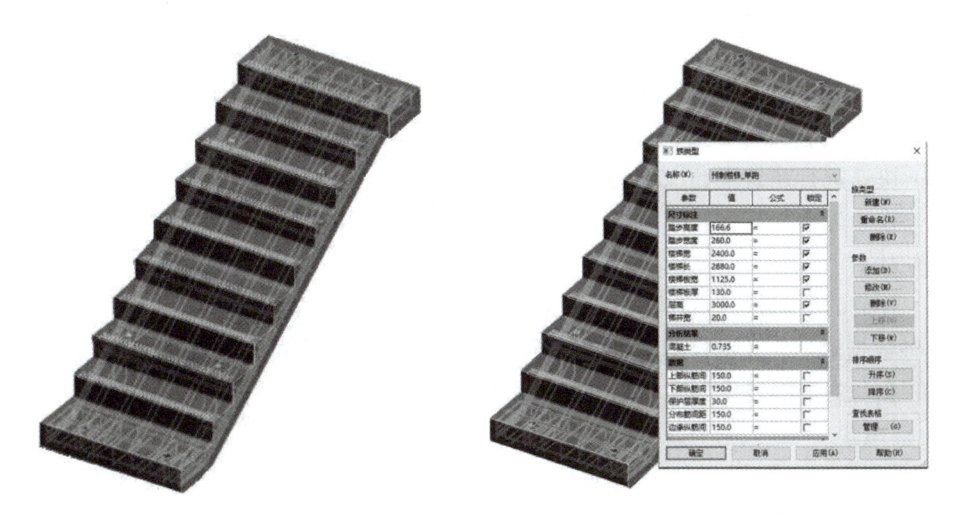

图 7-6　预制楼梯

7.2.4 建筑与机电专业系列软件

在 Revit 平台配合各类应用软件进行协同设计，同时提供 Revit 下的建筑设计软件 Revit-YJKA 和机电专业设计软件，包括采暖通风设计 YJK-V For Revit、给排水设计 YJK-W For Revit、电气专业设计 YJK-E For Revit。

方便设计人员依托 Revit 平台更直接地进行建筑、结构、机电各专业的协同设计。

1. 建筑设计软件 Revit-YJKA

Revit-YJKA 是在 Revit 平台下开发的建筑设计软件，它的特点包括以下几点。

(1) 建筑的建模助手将正交/圆弧轴网、批量布置构件、单参修改等建筑师熟悉的建模手段移植到 Revit 中，方便建筑师快速便捷地在 Revit 中实现建筑模型的搭建，并且提供了视图显示、构件位置关系调整等一系列的工具，方便设计人员对既有 Revit 模型进行批量调整修改，实现建筑专业的快速建模(见图 7-7)。

图 7-7　建筑模型

(2) 智能高效的布置手段通过精心设计的流程，在建筑幕墙、隔墙填充墙、楼梯、阳台、建筑装修做法的布置等方面的建模智能高效(见图 7-8)。

(3) 快速进行建筑平、立、剖面图标注(见图 7-9)。

(4) 族库管理。充分利用 Revit 下丰富的族、库资源，并进行智能分类管理，方便设计人员的使用。

(5) 开放的数据格式，接力其他建筑模型数据。丰富的软件接口，对流行应用的大量软件提供数据双向转化的接口，为生成、利用 BIM 数据提供底层数据支持。

(6) 业间的智能转换如建筑填充墙、隔墙、幕墙等非承重构件自动转为结构荷载。

2. 机电设计系列软件

机电设计系列软件包括采暖通风设计 YJK-V For Revit、给排水设计 YJK-W For Revit、电气专业设计 YJK-E For Revit(见图 7-10～图 7-14)。

图 7-8　建筑墙模型

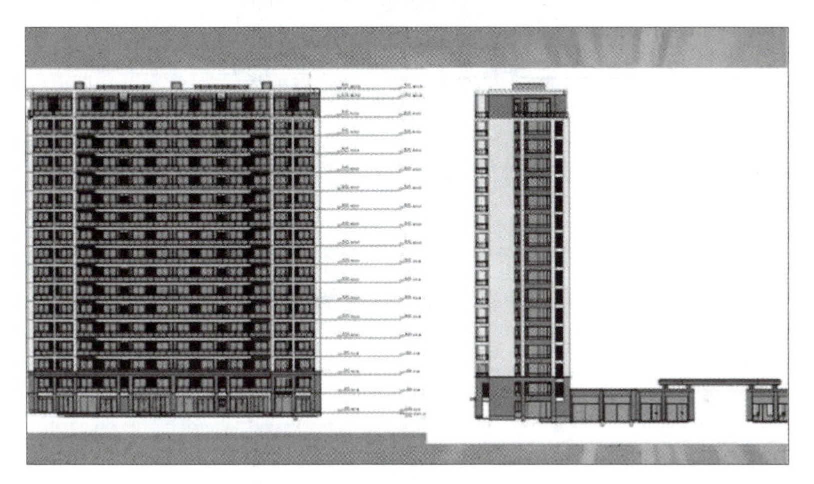

图 7-9　建筑平立面图

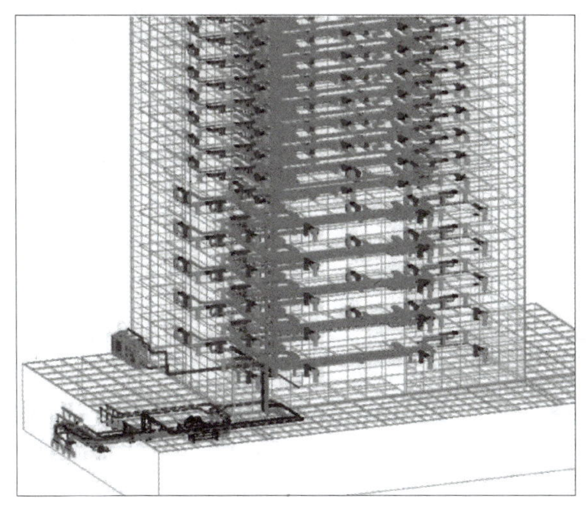

图 7-10　公共建筑空调全楼系统图(局部)

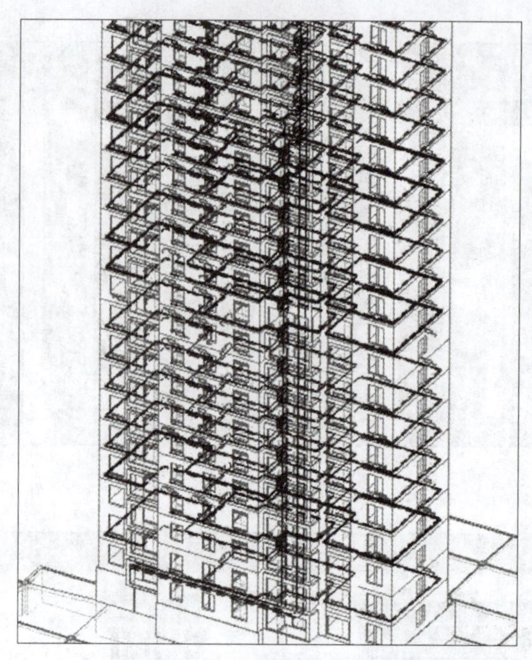

图 7-11　居住建筑采暖全楼系统图(局部)

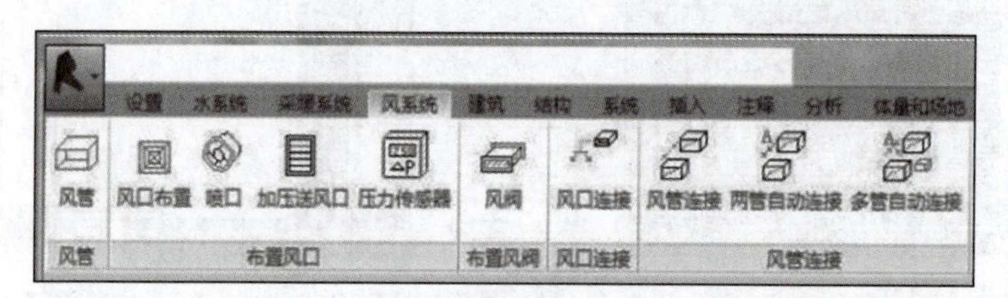

图 7-12　空调布置菜单

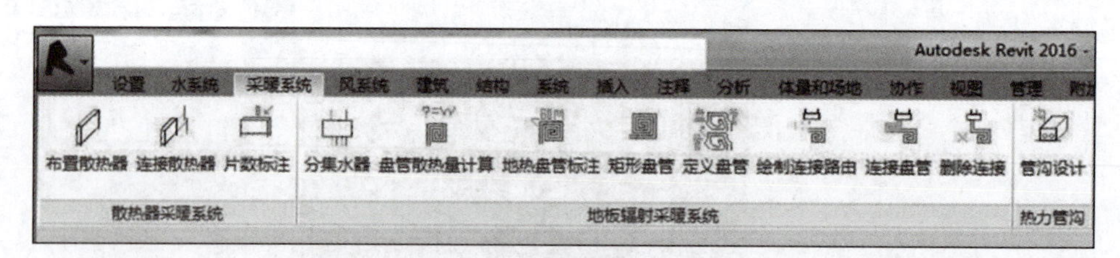

图 7-13　采暖布置菜单

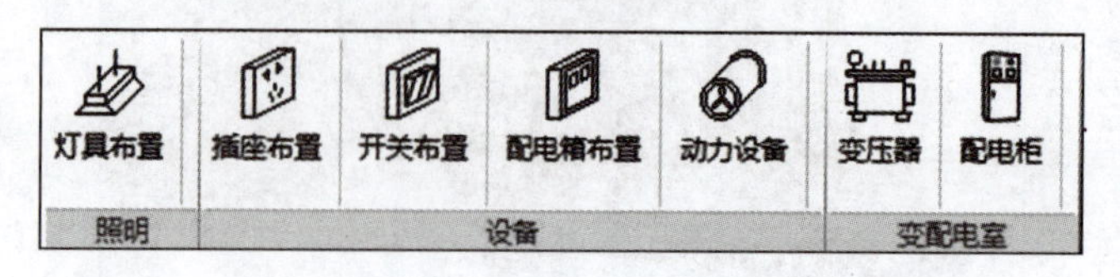

图 7-14　电气布置菜单

机电设计系列软件主要功能包括以下几点。

(1) 快速进行管道、设备输入和连接,方便查看布置情况(见图 7-15～图 7-19)。

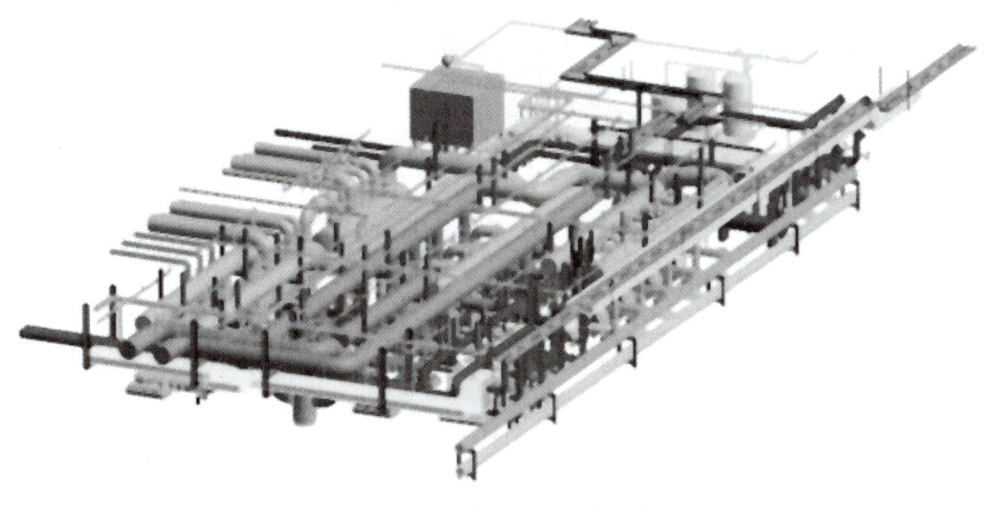

图 7-15 公共建筑空调机房系统图

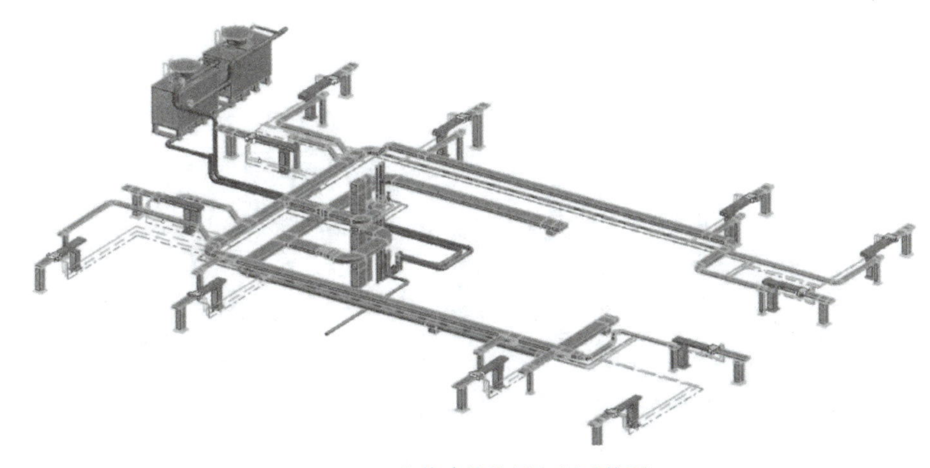

图 7-16 公共建筑楼层空调系统图

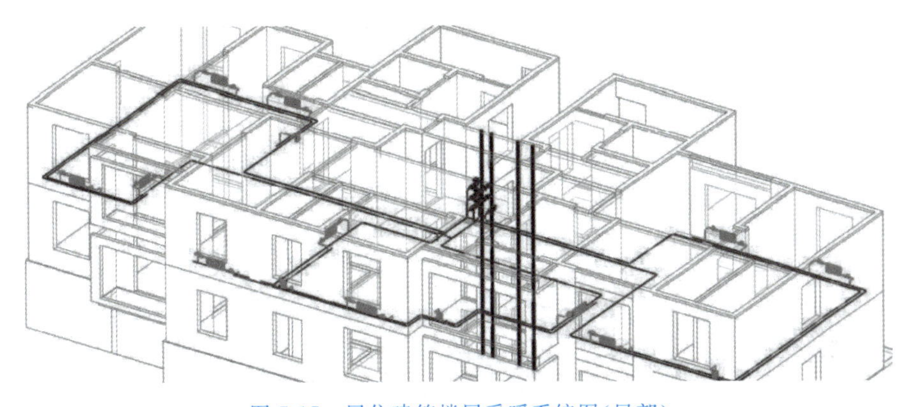

图 7-17 居住建筑楼层采暖系统图(局部)

(2) 适应各种建筑形式和采暖空调系统、给排水管道种类、强弱电系统平面、空间输入结合(见图 7-20)。

(3) 具有完备的族库。如暖通的风口、阀门、空调机、制冷机等,给排水的阀门、卫生器具、换热器等,电气的开关、灯具、插座、桥架等族齐全,设计人员可根据样本数据制作自己的族(见图 7-21)。

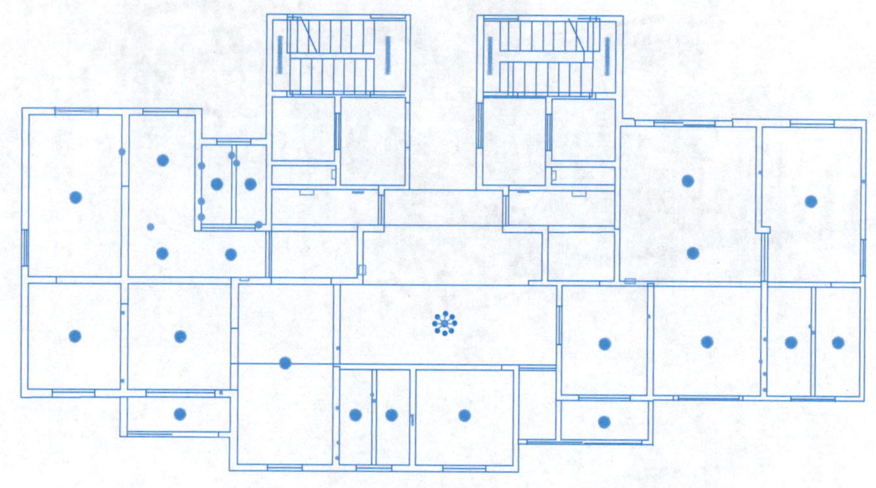

图 7-18 居住建筑楼层电气平面图

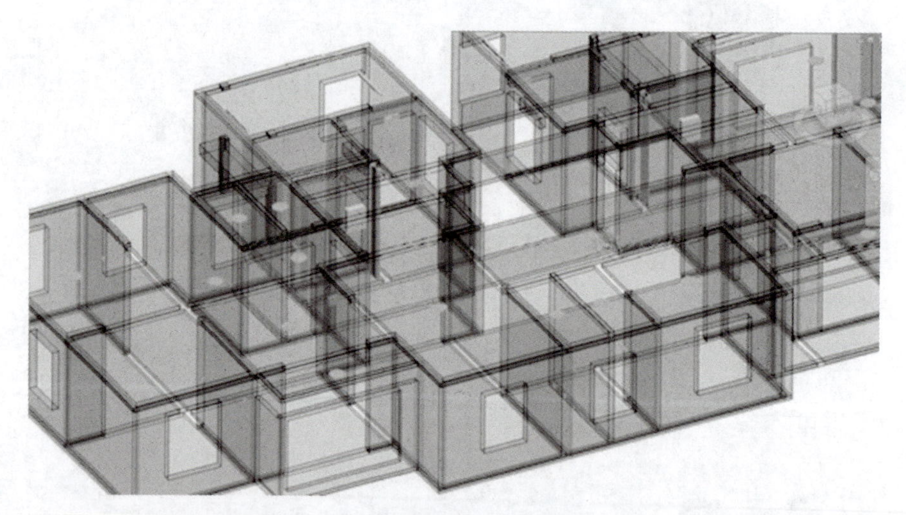

图 7-19 居住建筑楼层电气系统图(局部)

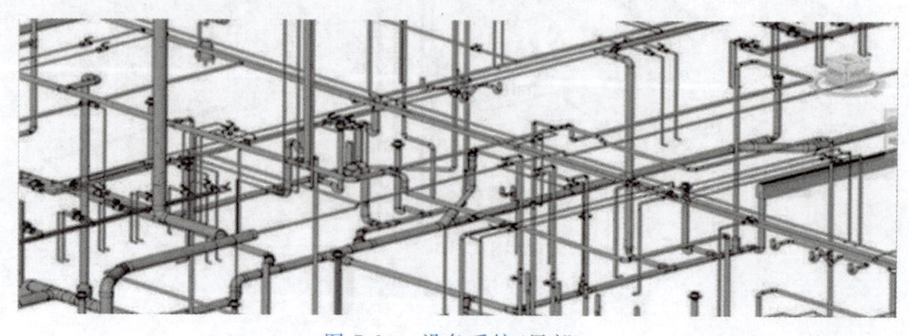

图 7-20 设备系统(局部)

(4) 可进行各项专业计算。包括暖通专业的防排烟计算、风水系统的水力计算、房间负荷计算和能耗计算，给排水专业的水力计算、消防计算和房间负荷计算，电气专业的线径选择、管道直径计算、照度计算、防雷接地计算和负荷计算；调用绿色建筑设计模块进行节能、节水、节电设计。

(5) 管道设备和材料统计，进行详细的管道、仪表、设备材料统计，为管道加工创造条件(见图 7-22)。

图 7-21　设备族库

合计	族	族与类型	标记	类型
1	ATFC-风机盘管-四管制	ATFC-风机盘管-四管制: FCU-005	1365	FCU-005
1	ATFC-风机盘管-四管制	ATFC-风机盘管-四管制: FCU-003	1366	FCU-003
1	ATFC-风机盘管-四管制	ATFC-风机盘管-四管制: FCU-003	1367	FCU-003
1	ATFC-风机盘管-四管制	ATFC-风机盘管-四管制: FCU-005	1369	FCU-005
1	ATPC-空调静压箱	ATPC-空调静压箱: 1400×250×250(H)	1370	1400×250×250(H)
1	ATPC-空调静压箱	ATPC-空调静压箱: 1550×250×250(H)	1371	1550×250×250(H)
1	ATPC-空调静压箱	ATPC-空调静压箱: 1100×250×250(H)	1383	1100×250×250(H)
1	ATPC-空调静压箱	ATPC-空调静压箱: 1100×250×250(H)	1384	1100×250×250(H)
1	ATPC-空调静压箱	ATPC-空调静压箱: 1200×250×250(H)	1385	1200×250×250(H)
1	ATPC-空调静压箱	ATPC-空调静压箱: 1050×250×350(H)	1386	1050×250×350(H)
1	ATPC-空调静压箱	ATPC-空调静压箱: 1100×250×250(H)	1402	1100×250×250(H)
1	ATPC-空调静压箱	ATPC-空调静压箱: 1100×250×250(H)	1403	1100×250×250(H)
1	ATFC-风机盘管-两管制	ATFC-风机盘管-两管制: FCU-002	1336	FCU-002
1	ATFC-风机盘管-四管制	ATFC-风机盘管-四管制: FCU-004	1337	FCU-004
1	ATFC-风机盘管-四管制	ATFC-风机盘管-四管制: FCU-004	1338	FCU-004
1	ATFC-风机盘管-四管制	ATFC-风机盘管-四管制: FCU-004	1339	FCU-004
1	ATFC-风机盘管-四管制	ATFC-风机盘管-四管制: FCU-004	1266	FCU-004
1	ATFC-风机盘管-四管制	ATFC-风机盘管-四管制: FCU-004	1267	FCU-004
1	ATFC-风机盘管-四管制	ATFC-风机盘管-四管制: FCU-004	1268	FCU-004
1	ATFC-风机盘管-四管制	ATFC-风机盘管-四管制: FCU-004	1269	FCU-004
1	ATFC-风机盘管-四管制	ATFC-风机盘管-四管制: FCU-004	1270	FCU-004
1	ATFC-风机盘管-四管制	ATFC-风机盘管-四管制: FCU-004	1271	FCU-004
1	ATFC-风机盘管-四管制	ATFC-风机盘管-四管制: FCU-004	1340	FCU-004
1	ATPC-空调静压箱	ATPC-空调静压箱: 700×250×450H	1273	700×250×450H
1	ATPC-空调静压箱	ATPC-空调静压箱: 700×250×450H	1274	700×250×450H
1	ATFC-风机盘管-两管制	ATFC-风机盘管-两管制: FCU-002	1275	FCU-002
1	ATFC-风机盘管-四管制	ATFC-风机盘管-四管制: FCU-004	1276	FCU-004
1	ATFC-风机盘管-两管制	ATFC-风机盘管-两管制: FCU-002	1341	FCU-002
1	ATFC-风机盘管-两管制	ATFC-风机盘管-两管制: FCU-002	1342	FCU-002
1	VTSF-管道式排气扇	VTSF-管道式排气扇: PQS-90	1279	PQS-90
1	VTSF-管道式排气扇	VTSF-管道式排气扇: PQS-140	1280	PQS-140
1	VTSF-管道式排气扇	VTSF-管道式排气扇: PQS-140	1343	PQS-140
1	ATPC-空调静压箱	ATPC-空调静压箱: 920×200×680H	1344	920×200×680H

图 7-22　设备材料表

（6）可进行其他专业与机电各专业的碰撞检查，检查管道设备之间、设备和设备维修空间之间的距离，检查机电专业与结构专业、机电专业与建筑专业的协同性，进行虚拟施工、减少浪费。

在【协作】菜单下，单击【碰撞检查】菜单中的【运行碰撞检查】按钮，可进行各专业模型的碰撞检查（见图 7-23～图 7-25）。

使用碰撞检查工具可以在一定程度上防止设计冲突，进而降低设计变更增加的成本，在实际工程项目中应用较广泛。

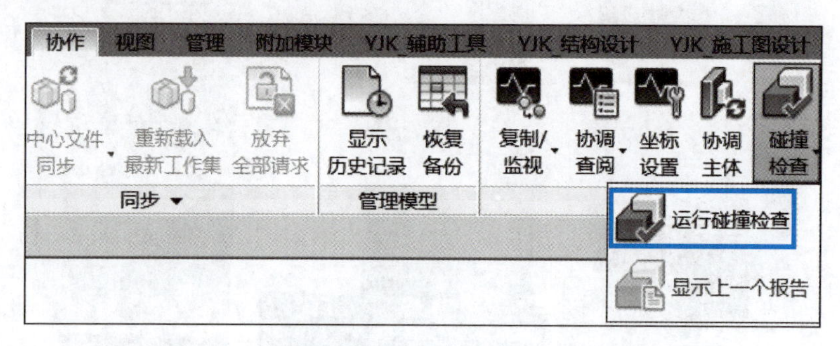

图 7-23　碰撞检查菜单

图 7-24　碰撞检查

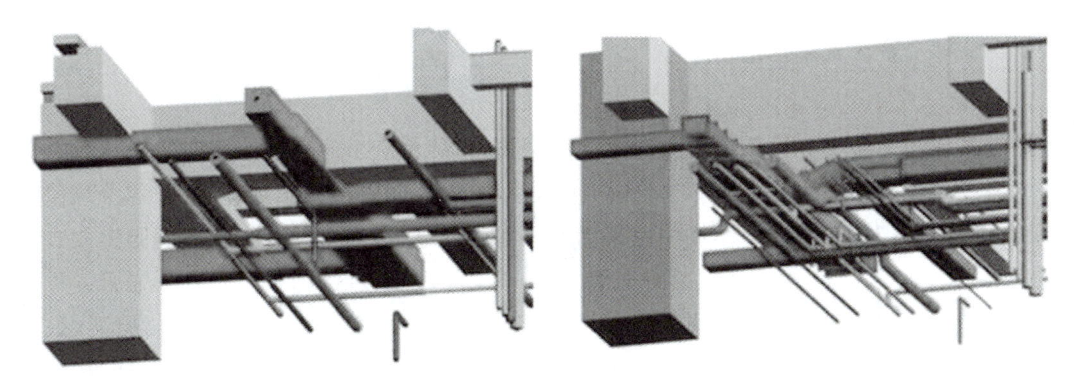

图 7-25 三维碰撞模型

7.2.5 结构设计系列软件 Revit-YJKS

Revit-YJKS 是一款结构设计软件，是目前结构设计进行协同设计的主要应用模块。

Revit-YJKS 主要分为建模助手、结构模型、平法施工图 3 个部分的内容，实现了在 Revit 中的快速建模，以及模型几何定位、结构计算信息、平法施工图信息以及三维实体钢筋的数据共享功能。

1. 建模助手

Revit-YJKS 将正交/圆弧轴网、批量布置构件、单参修改等结构工程师熟悉的建模手段移植到 Revit 中，结构工程师可以快速便捷地在 Revit 中实现结构模型的搭建，并且提供了视图显示、构件位置关系调整等一系列的工具方法，方便对既有 Revit 模型进行批量调整修改(见图 7-26)。

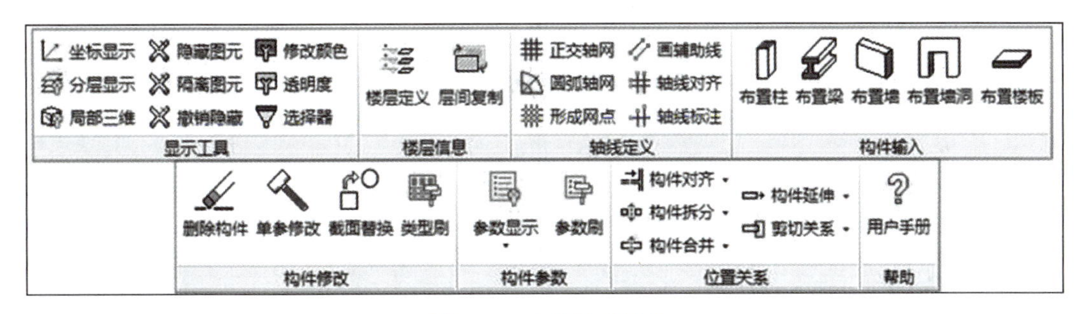

图 7-26 建模助手菜单

【建模助手】主要包括以下几类功能。

(1) 显示工具：实现了对模型中视图显示范围以及视图标注内容的控制调整。通过显示工具，用户还可以方便地选择、隔离出需要单独处理的构件(见图 7-27)。

(2) 模型建立：提供了结构工程师熟悉的建模手段，便于结构工程师快速便捷地在 Revit 中实现结构模型的搭建(见图 7-28)。

(3) 模型调整：提供了对构件的相对位置、剪切关系、构件端部距离等几何位置关系进行调整的功能(见图 7-29)。

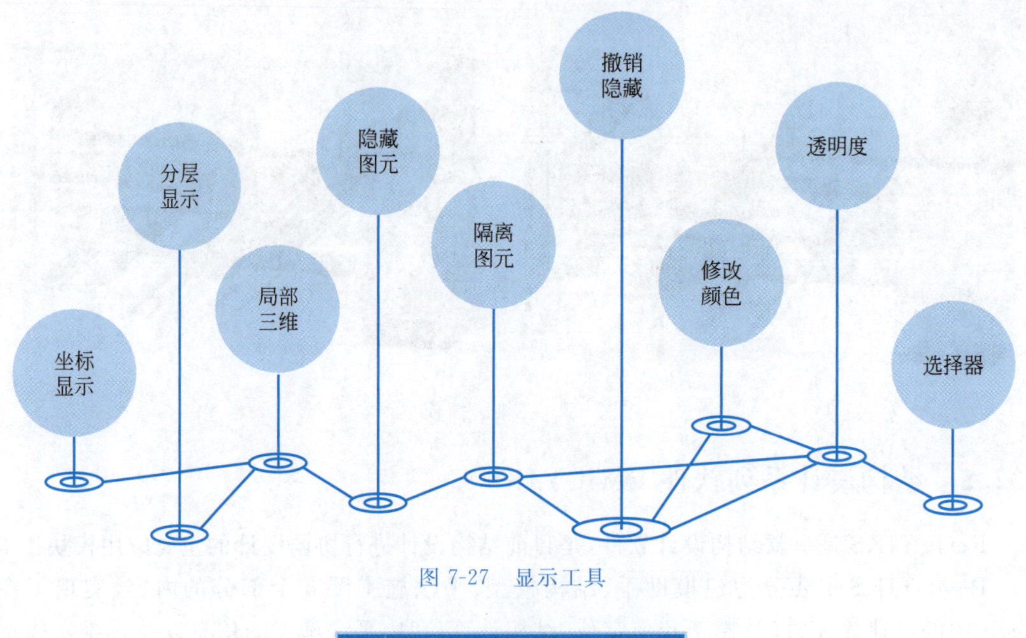

图 7-27 显示工具

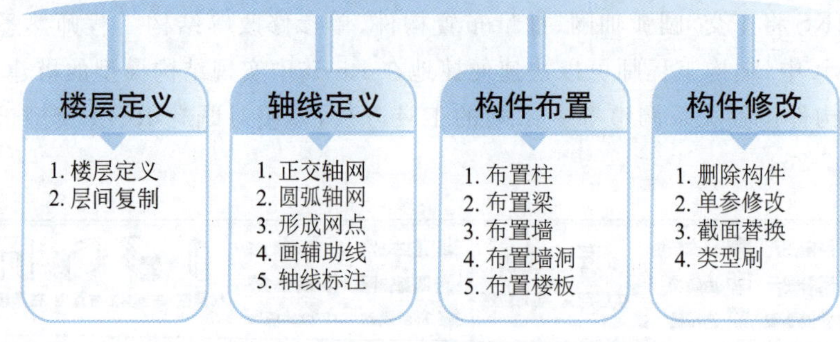

图 7-28 模型建立

图 7-29 模型调整

2. 结构模型

【结构模型】部分实现了软件模型（上部结构、基础结构、装配式模型、钢结构模型）和 Revit 三维模型的信息互导，并且提供了绘制模板图、导入上部荷载、绘制楼层表、创建衬图、设定视图样式等功能。

【结构模型】主要包括以下几类功能。

(1) 上部结构:实现了软件上部模型的几何信息和 Revit 模型的互导,同时当建筑、结构方案发生变化后软件仍可自动适应改动信息的互通(见图 7-30)。

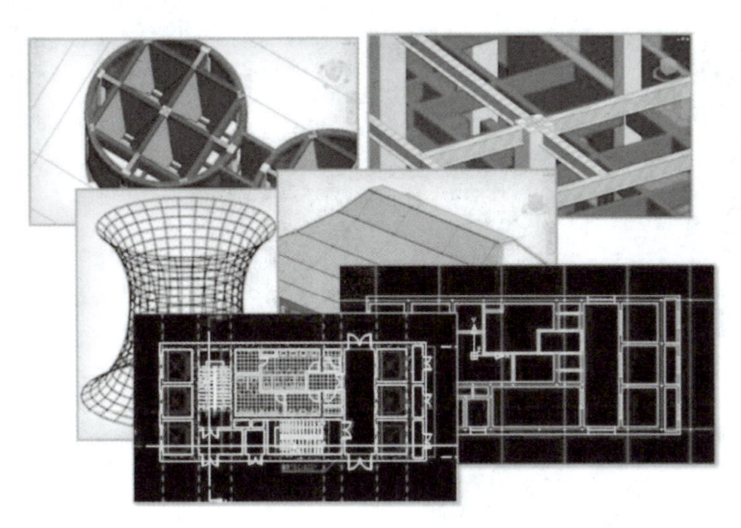

图 7-30 上部结构

(2) 基础结构:实现了将软件基础设计部分的几何模型导入 Revit 中,并且提供了模型更新的功能,可以更新既有的 Revit 模型(见图 7-31)。

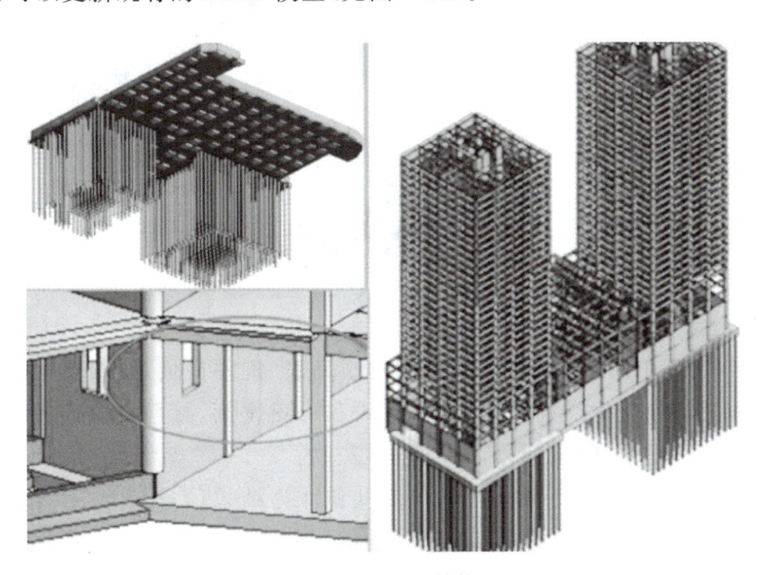

图 7-31 基础结构

(3) 装配式结构:实现了装配式模型的导入、三维钢筋的生成、装配顺序的指定、装配动画的显示等功能(见图 7-32)。

(4) 钢结构:实现了钢结构全楼三维节点模型以族的方式自动导入 Revit 中,导入的模型类型包括钢梁、钢柱、钢撑、节点板、高强螺栓以及梁柱墙斜杆等混凝土构件(见图 7-33)。

图 7-32　装配式结构

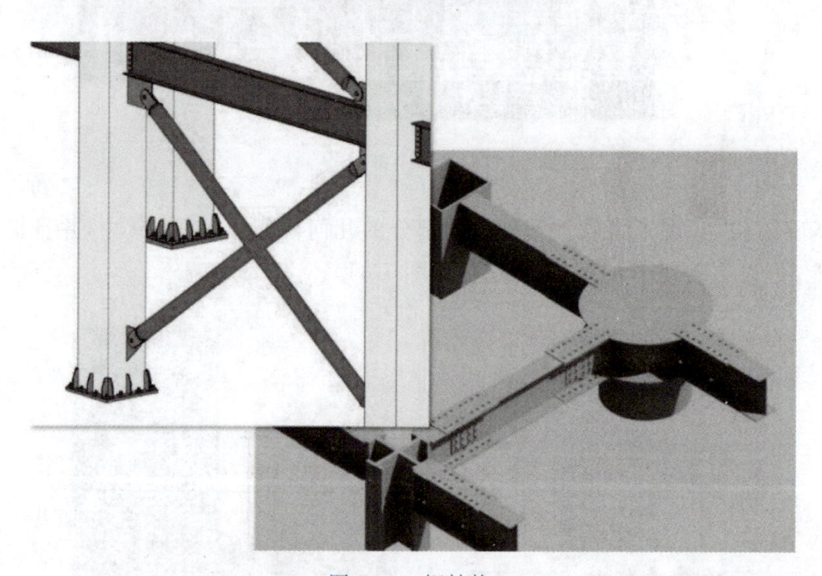

图 7-33　钢结构

(5) 模板图:实现了对 Revit 平面视图中的层高表、构件截面、楼板错层等几何信息的标注。程序可以灵活设定标注的字体大小、样式和绘图比例,并且提供批量和单点两种方式生成构件的模板标注(见图 7-34)。

(6) 计算信息:实现了将特殊构件定义信息和计算结果信息转入 Revit 模型当中(见图 7-35)。

3. 平法施工图

【平法施工图】部分可以实现梁、板、柱、墙施工图的绘制,施工图的绘制完全采用 Revit 族的机制,可以实现参数化出图、改图,并且可以实现钢筋信息的注入。同时 Revit 施工图与结构设计施工图共享施工图数据,可以联动实现施工图改钢筋和钢筋统计、钢筋面积校核、规范校核以及三维钢筋的生成等功能(见图 7-36)。

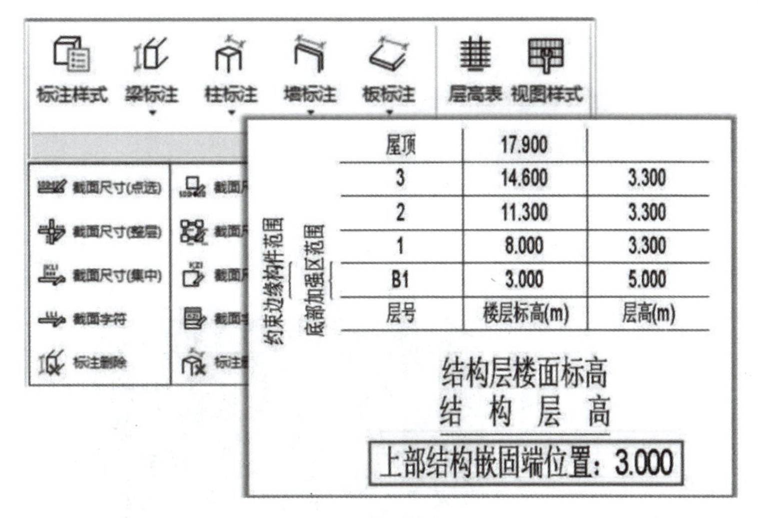

图 7-34　模板图

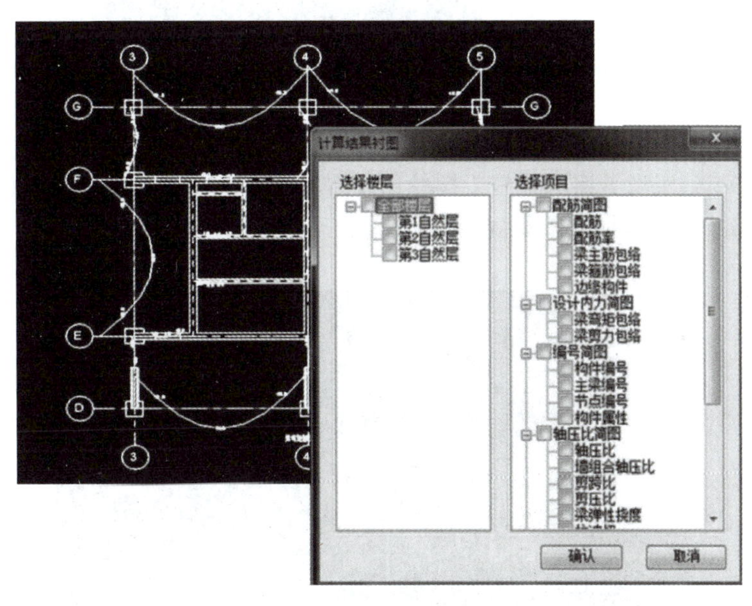

图 7-35　计算信息

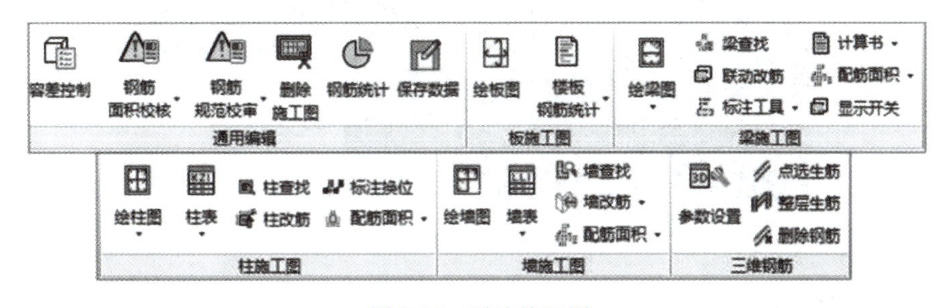

图 7-36　平法施工图

【平法施工图】主要包括以下几类功能。

（1）通用工具：主要包括实现容差控制、施工图面积校核、施工图规范校核、删除施工图、钢筋统计、保存数据等几个方面的内容(见图 7-37)。

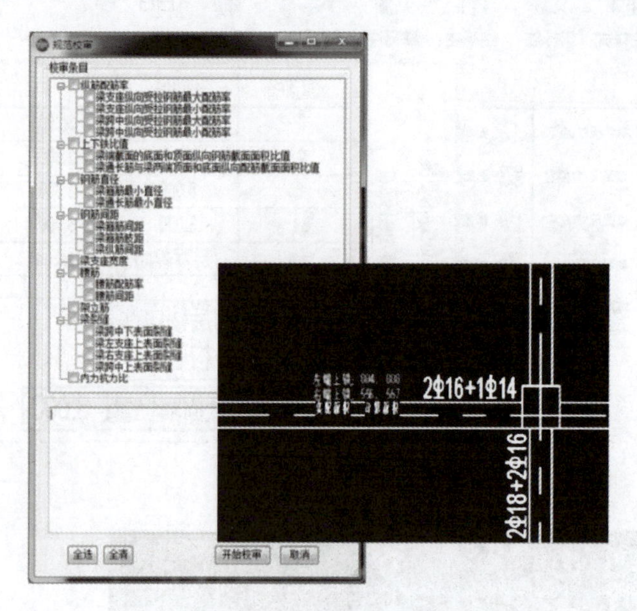

图 7-37　施工图规范校核

(2) 梁施工图:实现了读取梁施工图绘图结果在 Revit 中生成梁的配筋设计与施工图绘制,程序严格按照国家标准图集规则进行出图(见图 7-38)。

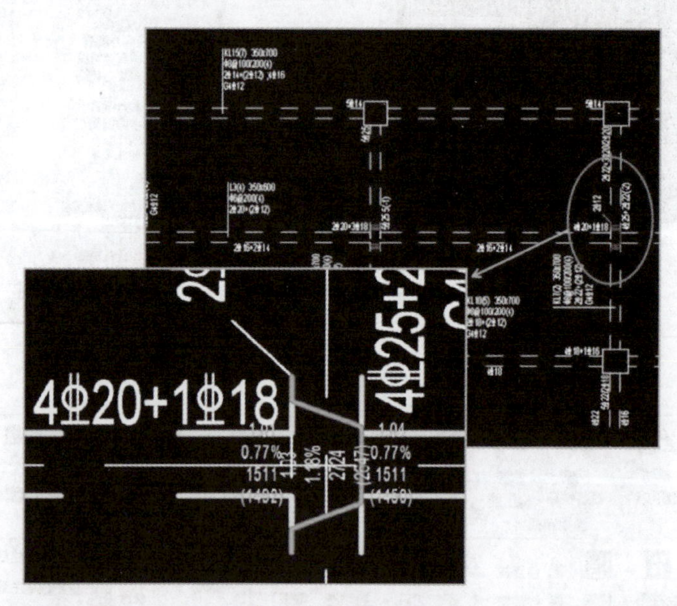

图 7-38　梁施工图

(3) 柱施工图:其主要功能是读取施工图绘制结果,完成钢筋混凝土柱的平法施工图绘制,主要功能包括绘柱图、柱查找、生成柱表等(见图 7-39)。

(4) 板施工图:提供了在 Revit 中一键式的生成楼板平法施工图的功能(见图 7-40)。

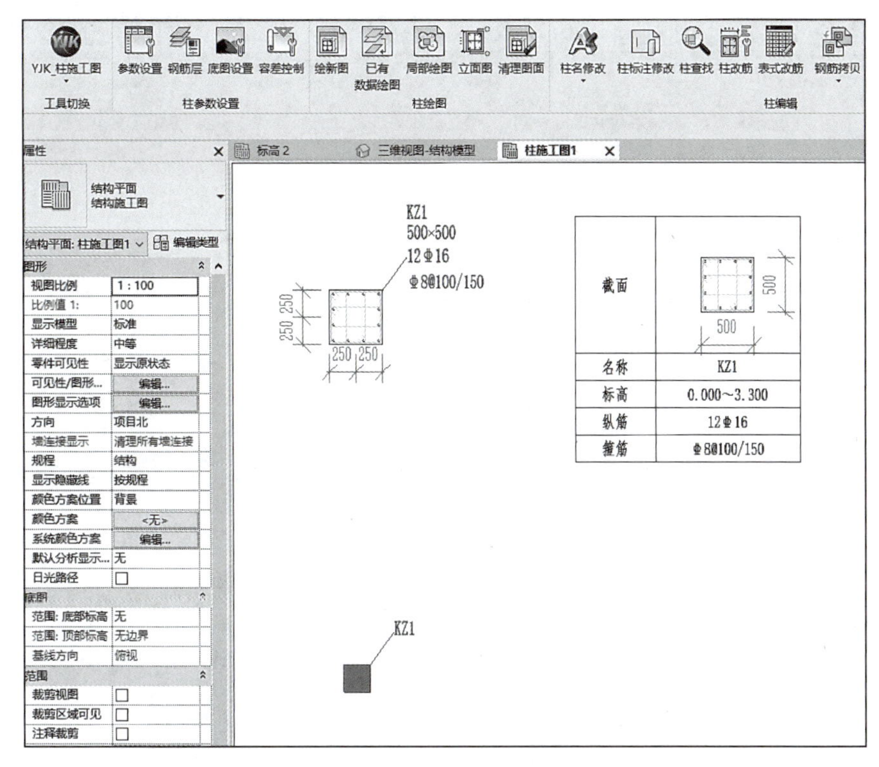

图 7-39 柱施工图

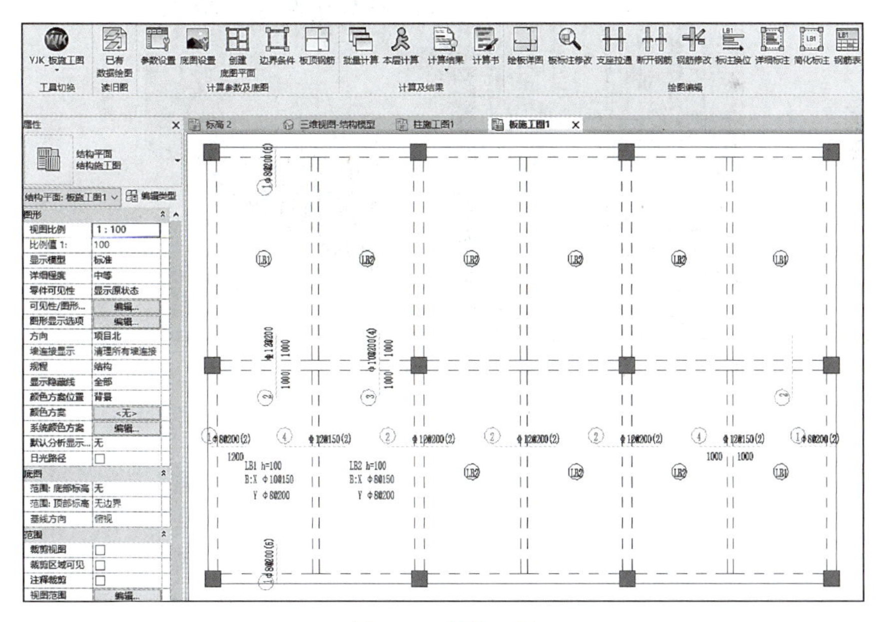

图 7-40 板施工图

(5) 墙施工图:实现了读取施工图结果完成钢筋混凝土剪力墙的施工图绘制功能,具体内容包括绘墙图,绘墙表、修改墙钢筋等(见图 7-41)。

(6) 钢筋:可以根据需求点选或者全层批量生成三维钢筋,三维钢筋可以联动对平法施工图的修改内容。程序生成的三维钢筋全部采用 Revit 自带钢筋族的方式进行生成(见图 7-42)。

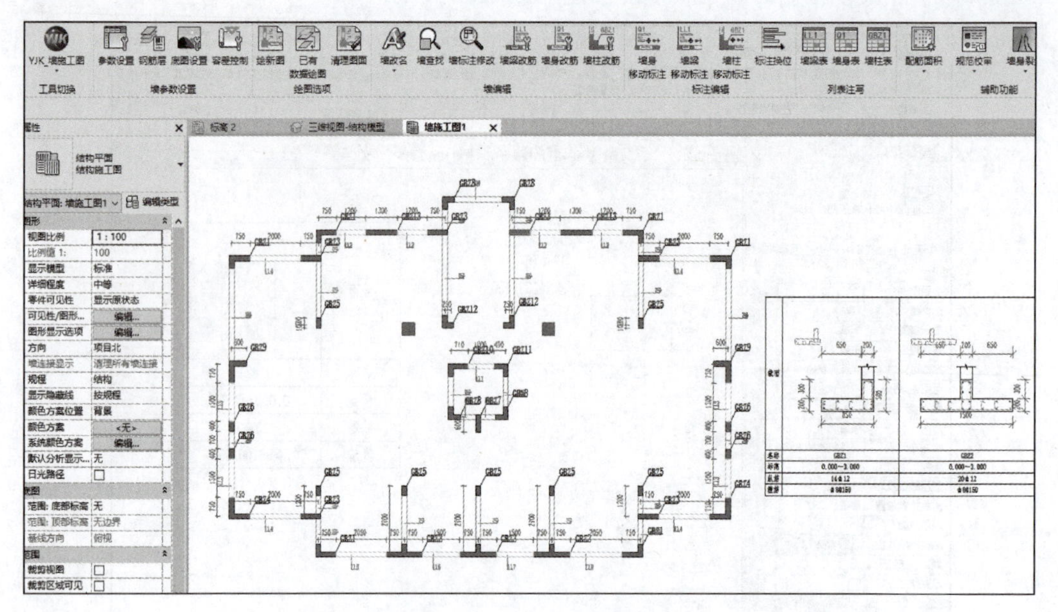

图 7-41　墙施工图(局部)

图 7-42　三维钢筋

7.3　结构模型导入 Revit

7.3.1　软件启动界面简介

Revit-YJKS 的启动界面主要控制菜单的显示内容和停驻状态，启动界面中包含了 Revit-YJKS 的 4 个功能模块复选框，通过勾选可以控制哪几个菜单最终加载后会显示在 Revit 界面当中(见图 7-43)。

【菜单状态】的选项用来控制 Revit-YJKS 的停驻卸载状态，如选择退出卸载，当 Revit 正常关闭后，Revit-YJKS 的软件将自动从 Revit 的菜单项中卸载，直接启动 Revit 软件时将不会看到 Revit-YJKS 软件相关的菜单。如选择常驻，则 Revit-YJKS 将常驻在 Revit 当中(见图 7-44)。

图 7-43 Revit-YJKS 启动界面

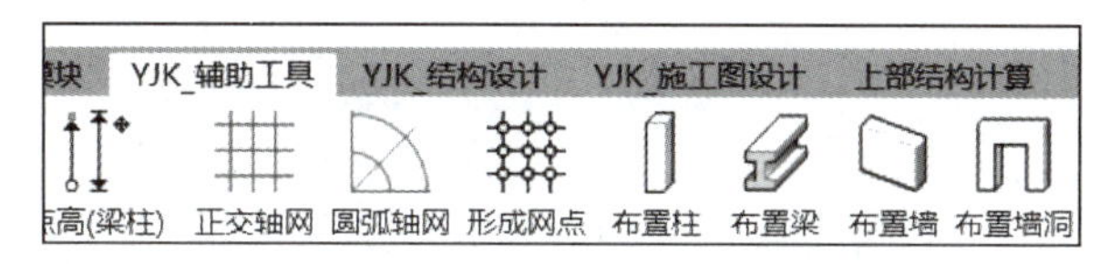

图 7-44 Revit-YJKS 菜单项

7.3.2 加载模型数据

在【YJK_结构设计】菜单中，使用【工具切换】功能切换【YJK_结构模型】作为当前工具集(见图 7-45)，并单击【保存】按钮将模型保存到本地文件中。

单击【数据加载】按钮，弹出【设置数据源】对话框，选择数据来源为 YJK 软件，单击【加载】按钮，选择需要导入的模型数据文件即可完成数据加载(见图 7-46)。

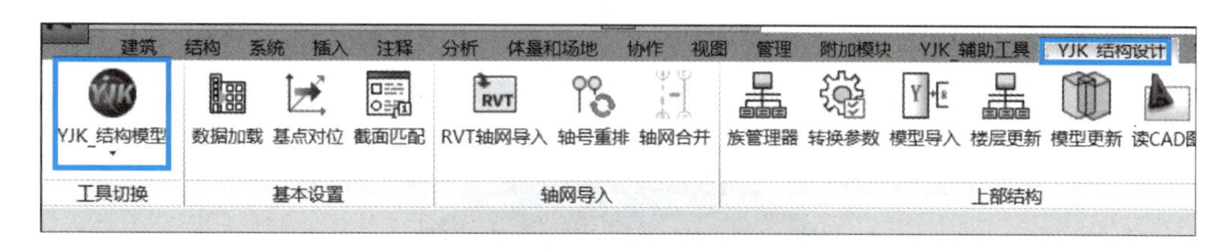

图 7-45 YJK_结构模型菜单

图 7-46 设置数据源

7.3.3 导入装配式模型

在【装配式模型】菜单中，单击【模型导入】按钮弹出【楼层选择】对话框(见图 7-47)。在【楼层选择】对话框中可以选择要导入的楼层以及构件类型(见图 7-48)。单击【确定】按钮，软件自动开始进行装配式混凝土构件导入(见图 7-49)。

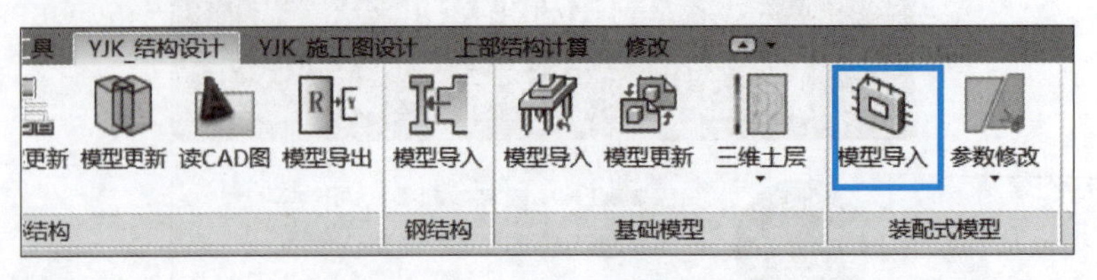

图 7-47 装配式模型导入

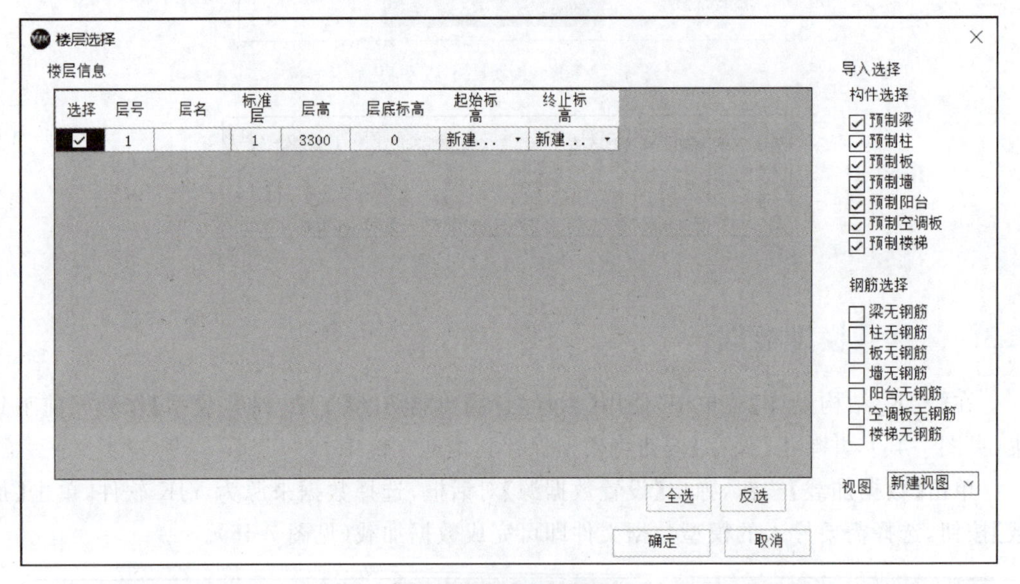

图 7-48 楼层选择

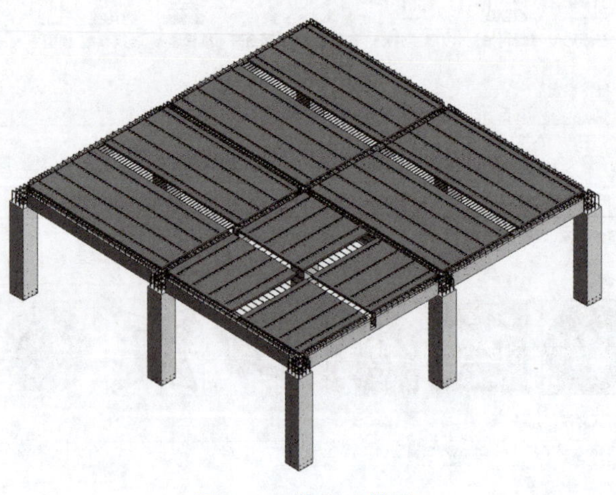

图 7-49 装配式模型

需要注意的是，如需进行预制柱和预制板转换，需要预先在软件中生成预制柱的二维详图和预制板的板底布置平面图，其他几类预制构件定义完成后就可以直接进行转换。

7.3.4　导入现浇混凝土结构模型

在导入模型之前，单击【转换参数】按钮，弹出模型参数设置界面，软件默认勾选【过滤预制构件】参数，此时导入的模型将不包含在软件中已定义为预制构件的梁、柱、墙等模型构件，避免出现构件重叠（见图 7-50 和图 7-51）。如需导入完整的现浇混凝土结构模型，可取消勾选【过滤预制构件】。

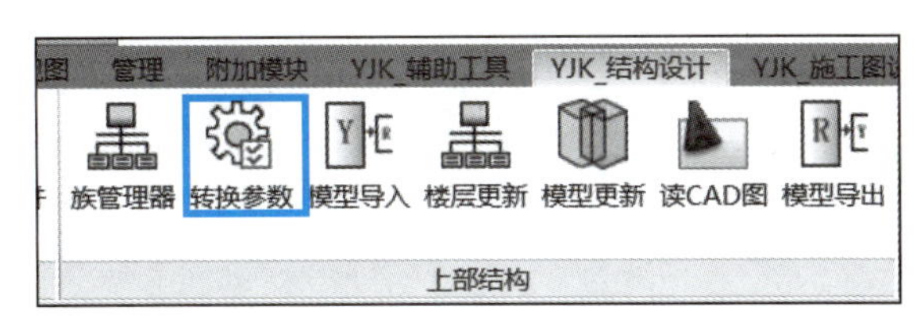

图 7-50　转换参数

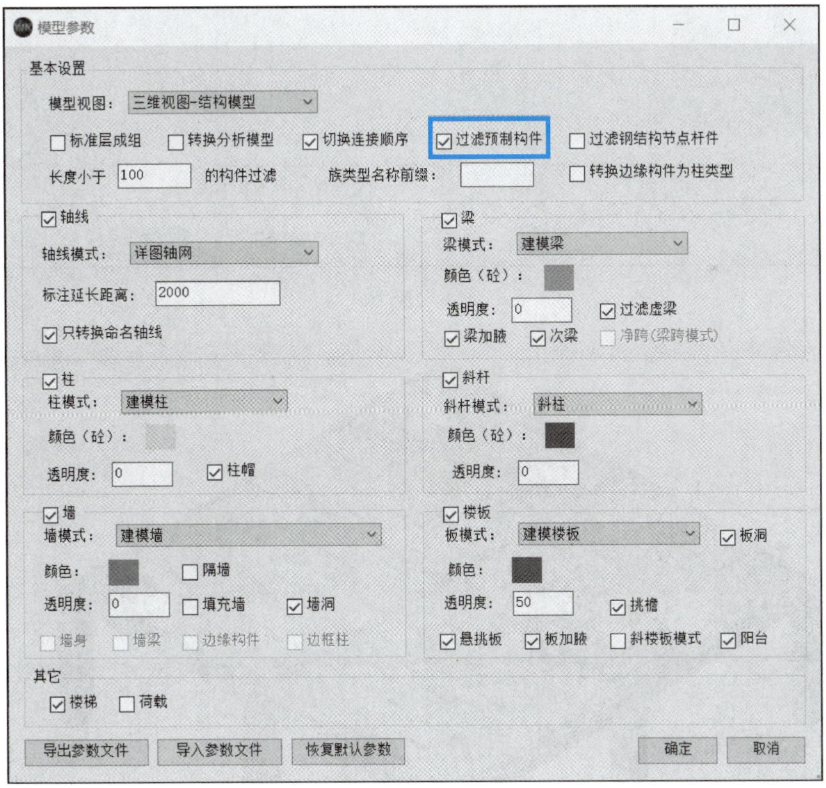

图 7-51　模型参数

完成转换参数设置后，单击【上部结构】菜单下的【模型导入】按钮，弹出【模型转换】界面，在该界面中可选择要导入的楼层。单击【确定】按钮，软件自动完成现浇混凝土构件导入（见图 7-52～图 7-54）。

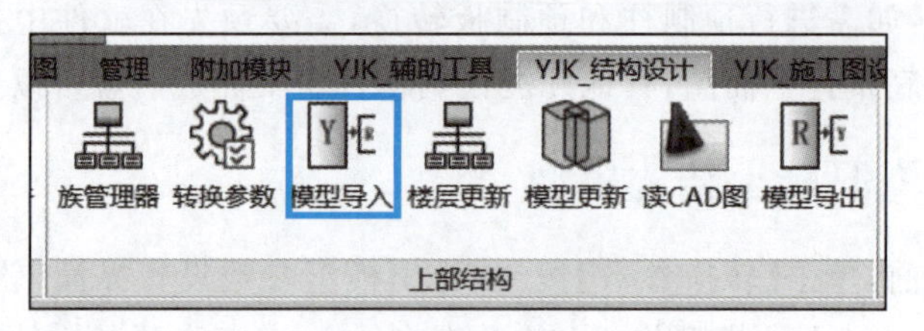

图 7-52　模型导入

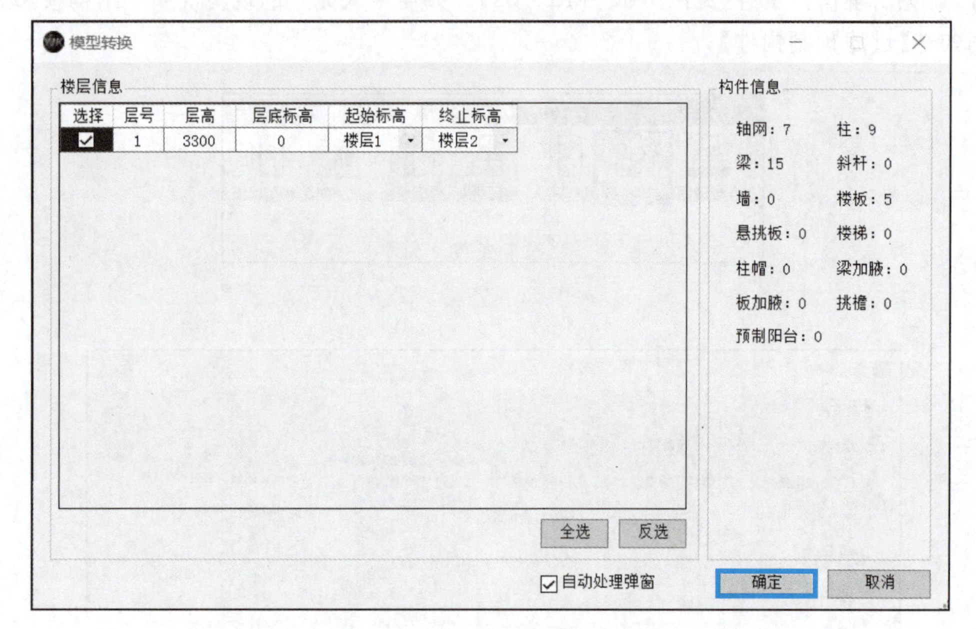

图 7-53　模型转换

图 7-54　导入现浇混凝土构件后的模型

7.4 接力预制构件加工和装配式建筑施工

7.4.1 预制构件明细表

预制内墙、预制叠合板、预制梁、预制柱可以分别统计混凝土方量、钢筋重量；预制外墙可分别统计外叶墙混凝土方量、不同规格钢筋重量、保温板体积、聚苯板体积、不同直径孔洞数量、线盒数量、斜支撑埋件数量、吊钉数量，内叶墙混凝土方量。

明细表可以输出成 Excel 的制式表格(见图 7-55)。

预制墙清单

楼层	类型	型号	数量	方量(m3)	混凝土方量	保温板方量	聚苯板方量	M.	MJ	DH	PVC(m)	CK(	CK(35	Φ6长度(m	Φ6重量(kg	Φ8长度(m	Φ8重量(kg	Φ10长度(	Φ10重量(	WGΦ6长	WGΦ6重
1	预制墙	WQCA-35	1	2.37	1.46	0.91	0.00	4	2	0	0.00			3250	0.72	31400	12.40	5600	3.46	488	0.11
1	预制墙	WQCA-26	1	1.91	1.22	0.69	0.00	4	2	0	0.00			2167	0.48	19560	7.73	4000	2.47	430	0.10
1	预制墙	WQCA-26	1	1.93	1.23	0.70	0.00	4	2	0	0.00			2167	0.48	19560	7.73	4000	2.47	2327	0.52
1	预制墙	WQCA-26	1	1.93	1.23	0.70	0.00	4	2	0	0.00			2167	0.48	19560	7.73	4000	2.47	581	0.13
1	预制墙	WQCA-26	1	1.91	1.22	0.69	0.00	4	2	0	0.00			2167	0.48	19560	7.73	1000	2.47	2200	0.50
1	预制墙	WQCA-35	1	2.37	1.46	0.91	0.00	4	2	0	0.00			3250	0.72	31400	12.40	5600	3.46	2979	0.66
1	预制墙	WQ-4230A	1	3.85	2.70	1.14	0.00	4	2	0	0.00									3820	0.85
1	预制墙	WQCA-30	1	2.23	1.35	0.88	0.00	4	2	0	0.00			2708	0.60	24880	9.83	4600	2.84	2920	0.65
1	预制墙	WQCA-30	1	2.11	1.31	0.81	0.00	4	2	0	0.00			2708	0.60	24880	9.83	4600	2.84	2670	0.59
1	预制墙	WQCA-35	1	2.36	1.46	0.89	0.00	4	2	0	0.00			3250	0.72	31406	12.41	5602	3.46	428	0.10
1	预制墙	WQM-363(	1	2.20	1.23	0.97	0.00	4	2	0	0.00	1								3219	0.71
1	预制墙	WQCA-30	1	2.23	1.35	0.88	0.00	4	2	0	0.00			2708	0.60	24880	9.83	4600	2.84	2919	0.65
1	预制墙	WQCA-30	1	2.23	1.35	0.88	0.00	4	2	0	0.00			2708	0.60	24880	9.83	4600	2.84	680	0.15
1	预制墙	WQM-363(	1	2.20	1.23	0.97	0.00	4	2	0	0.00		1							680	0.15
1	预制墙	WQCA-35	1	2.36	1.46	0.90	0.00	4	2	0	0.00			3250	0.72	31400	12.40	5600	3.46	2978	0.66
1	预制墙	WQCA-30	1	2.11	1.31	0.80	0.00	4	2	0	0.00			2708	0.60	24880	9.83	4600	2.84	680	0.15
1	预制墙	WQCA-30	1	2.23	1.35	0.88	0.00	4	2	0	0.00			2708	0.60	24880	9.83	4600	2.84	680	0.15
1	预制墙	WQ-4230A	1	3.85	2.70	1.14	0.00	4	2	0	0.00									3820	0.85
1	预制墙	NQ-2730A	1	1.25	1.25	0.00	0.00	4	2	0	0.00									2350	0.52
1	预制墙	NQ-2730A	1	1.19	1.19	0.00	0.00	4	2	0	0.00									2350	0.52
1	预制墙	NQ-2730A	1	1.25	1.25	0.00	0.00	4	2	0	0.00									2350	0.52
1	预制墙	NQ-2730A	1	1.22	1.22	0.00	0.00	4	2	0	0.00									2300	0.51
1	预制墙	NQ-2730A	1	1.22	1.22	0.00	0.00	4	2	0	0.00									2570	0.57

Excel格式的预制墙清单

图 7-55 预制墙清单(局部)

7.4.2 按照构件生产企业规则自动生成构件编号和物料编码

按照构件生产企业提出的规则，由软件对各种类别的预制构件自动生成构件的编号，其中所含的物料编码也按照构件生产企业规则自动给出。

对预制构件可给出详细 BOM 清单，BOM 清单格式及原材料物料编码都按照构件生产企业相关要求自动给出。

7.4.3 预制构件信息和数字机床自动生产线的对接

按照加工预制构件的数字机床生产线的要求，写出数据接口，从而把预制构件加工生产任务输入数字机床生产线，驱动生产线实现自动加工生产。

可将预制构件数据转换成 PXML、Unitechnik 格式的预制构件数据文件，与自动生产线对接指导预制构件生产(见图 7-56)。

7.4.4 和 PlanBar 软件接口

盈建科软件开发了与 PlanBar 软件的接口，在盈建科软件中生成的所有预制构件可以转入 PlanBar 软件中。

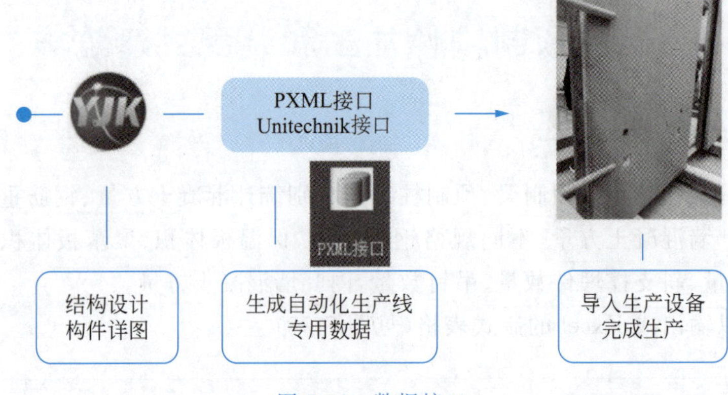

图 7-56 数据接口

图 7-57～图 7-62 为盈建科软件传给 PlanBar 的预制构件。

图 7-57 预制柱模型对比

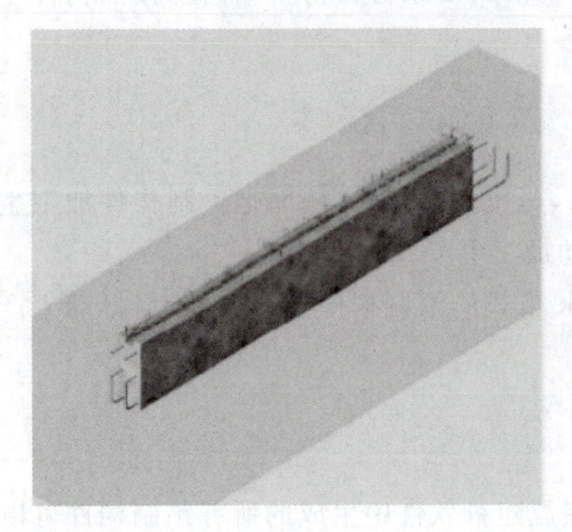

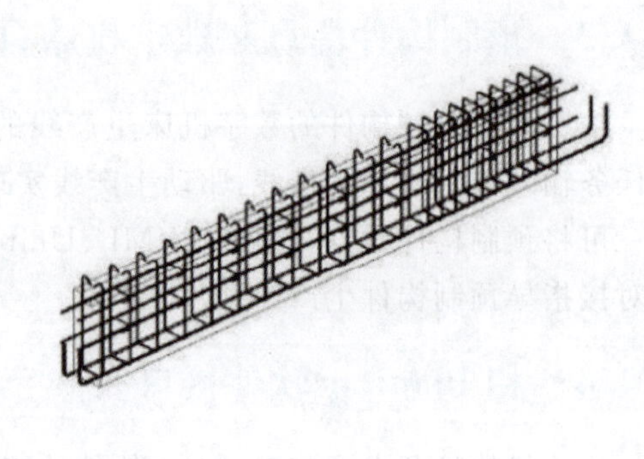

图 7-58 预制梁模型对比

图 7-59　预制外墙模型对比

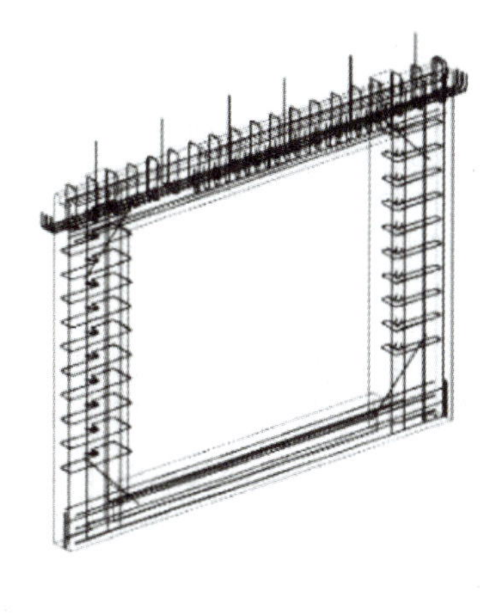

图 7-60　预制填充墙模型对比

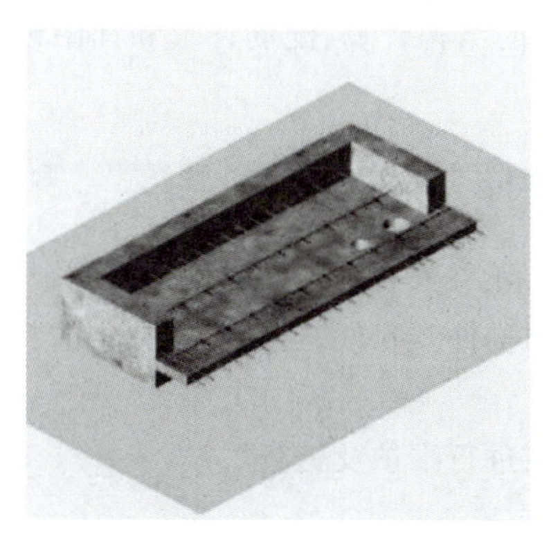
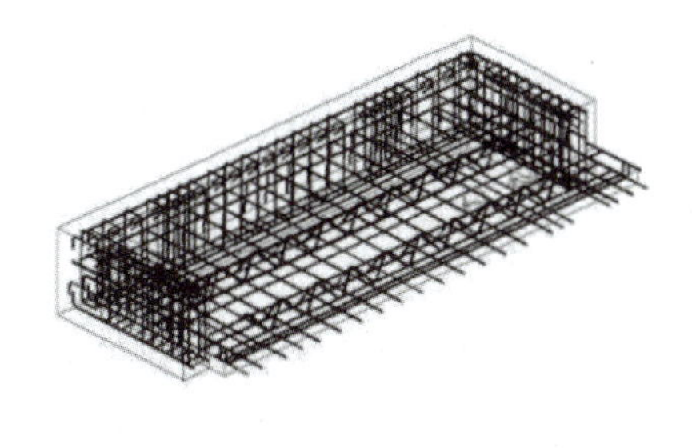

图 7-61　预制阳台模型对比

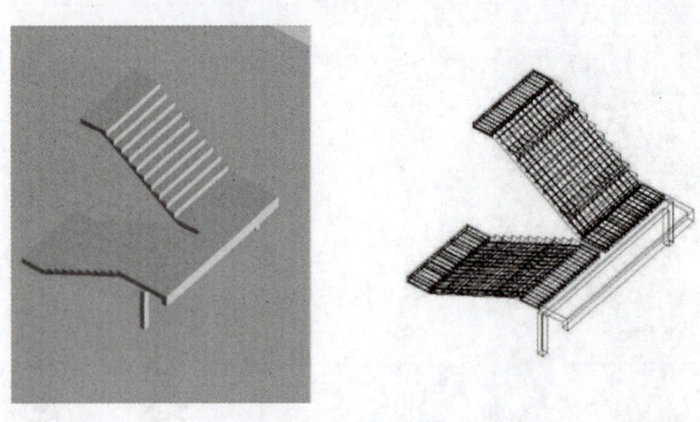

图 7-62　预制楼梯模型对比

7.4.5　预制构件生产加工企业导入设计图纸

1. 软件读取 DWG 格式文件转化模型的功能

对于生产预制构件的加工厂，可以把预制装配式建筑的各类设计图纸快速导入软件中。

(1) 读入平法钢筋图的配筋信息。可在梁平法施工图菜单，读入已有的梁平法施工图，读入设计图纸上的梁的实际钢筋配置，大大减少梁钢筋的输入工作。还可在剪力墙施工图菜单读入已有的剪力墙平法施工图，读入设计图纸上的剪力墙的实际钢筋配置，大大减少剪力墙钢筋的输入工作。

(2) 读取电气、水暖专业 DWG 平面图上的灯具布置信息生成预埋件布置信息，通过【楼板布置】下的【读取预埋件】功能，导入其他专业(电气、水暖)DWG 平面图，读取其上的预埋件布置信息，生成叠合板上的接线盒等埋件布置。

2. 利用软件建模工具方便快速地建模

详见本书 3.3 节内容。

3. 使用软件装配式设计功能完成预制构件加工详图

采用手工绘制各类预制构件的加工详图的方式工作量很大，而软件可完成各种预制构件的施工详图，配合上述图纸翻模，接力软件后续的结构计算、配筋计算和详图设计，可以快速完成预制构件的加工详图。

7.4.6　构件生产企业的装配式预制构件库

软件对各类预制构件提供了丰富的参数控制，还可根据企业要求扩充建立企业的构件库、附件库、节点大样库、项目库等数据库。对常用构件及附件参数化，不常见的自定义化，并提供使用者能自己建立参数化构件的能力。

数据库可布置在企业服务器上，并由企业自主进行维护及更新。

7.4.7　BIM 平台上实现预制构件三维施工模拟与碰撞检查

主要使用 Revit 作为各专业协同工作平台，使用 Revit 本身功能进行预制构件三维施工模拟与碰撞检查，详见本书7.2.4小节。

7.4.8　与构件加工厂生产管理系统集成

针对构件加工企业信息化应用现状，提供不同系统集成方案。对于企业已有的加工生产信息化管理系统，装配式结构的BIM模型数据、构件加工数据、材料统计清单等通过接口方式实现和原有系统的集成，对异型构件数据库采用中间文件方式集成，根据集成深度，还可实现嵌入式数据集成。对于应用德国TIM管理软件的系统，通过PlanBar进行数据对接，实现设计和生产加工数据的无缝对接，达到优化和提升原有管理系统的效率和数据准确性的目的。

装配式结构的材料清单可作为生产管理系统中物资采购、订单管理的数据基础数据，加工构件信息可作为生产计划管理的依据；通过软件构件库管理不断完善企业构件资源库，实现动态统一管理；预制构件模型信息直接接力数控加工设备，自动化进行钢筋分类、钢筋机械加工、构件边模自动摆放、管线开孔信息的自动化画线定位、浇筑混凝土量的自动计算与智能化浇筑，达到无纸化加工，也避免了加工时人工二次录入可能带来的错误，大大提高了工厂生产的效率。

针对装配式建筑工程总承包管理模式的特点，以BIM模型为基础，结合生产加工的MES系统，通过工厂中央控制室，应用BIM模型传送生产设备自动化精准加工，在构件生产工位通过信息三维可视化指导工位作业，利用物联网技术，通过构件二维码信息，实时跟踪构件的生产加工以及后续运输安装的不同状态，根据企业需求实现基于BIM技术的设计、生产、施工一体化解决方案。

【学习笔记】

复习思考题

一、单选题

1. 预制混凝土构件基于 BIM 的协同设计主要通过(　　)两个软件实现。

A. Revit-YJK 和 Revit　　B. CAD 和 Revit

C. Revit-YJK 和 MEP　　D. Revit-YJK 和 CAD

2. 预制混凝土构件三维模型碰撞检查单击(　　)模块中的【碰撞检查】,进行各专业模型的碰撞检查。

A. 注释　　B. 管理　　C. 协作　　D. 分析

3. 进行数据加载时,数据源不包括(　　)数据格式。

A. yjk　　B. e2k　　C. jws　　D. dwg

4. BIM 概念的引入是从(　　)行业得到的启发。

A. 农业　　B. 制造业　　C. 建筑业　　D. 信息通信业

5. 下列不属于 BIM 协调性特点的是(　　)。

A. 多专业的协同设计　　B. 构件与构件的空间位置关系

C. 一处修改处处联动　　D. 可通过仿真取得更好的解决方案

二、简答题

1. 简述 BIM 协同设计在各专业设计过程中的应用价值。

2. 简述 BIM 技术在装配式建筑施工过程中的应用。

3. 结合对装配式技术及 BIM 技术的认知,谈谈未来这两项技术对建筑行业的发展将会有哪些影响。

参考文献

[1] 王光炎,吴琳. 装配式建筑混凝土构件深化设计[M]. 北京:中国建筑工业出版社,2020.

[2] 王光炎. 装配式建筑混凝土预制构件生产与管理[M]. 北京:科学出版社,2020.

[3] 徐其功. 装配式混凝土结构设计[M]. 北京:中国建筑工业出版社,2017.